"十二五"普通高等教育本科国家级规划教材

普通高等教育"十一五"国家级规划教材

工业设计概论

第4版

主　编　程能林

副主编　何人可

参　编　张朵朵　宋立新　花景勇

主　审　陈汗青

机械工业出版社
CHINA MACHINE PRESS

本书前 3 版曾为普通高等教育"九五""十五""十一五"国家级规划教材（教高【1997】116 号，教高【2002】17 号，教高【2008】4 号），在使用中深受高等院校工业设计专业及设计艺术类专业本科生的欢迎。现第 4 版又经教育部批准为"十二五"普通高等教育本科国家级规划教材（教高函〔2014〕8 号）。本书是一本关于工业设计的基本概念和原理的入门教材，再版时特别强调了从工业设计的理念衍生出来的设计思维（Design Thinking）的一些基本理论与特征，它已成为不同行业的创新者所必须具备的一种思维方式，并将其应用到创新与创业的实践之中。

本书可作为高等院校工业设计专业及设计艺术类专业本科生的教材和设计类研究生考试的参考教材，也可作为工学、文学、经济及管理学相关专业的选修教材，同时可供从事工业设计工作的人员参考。

图书在版编目（CIP）数据

工业设计概论/程能林主编 . —4 版 . —北京：机械工业出版社，2018.5（2024.6 重印）

普通高等教育"十一五"国家级规划教材

"十二五"普通高等教育本科国家级规划教材

ISBN 978-7-111-58909-9

Ⅰ. ①工… Ⅱ. ①程… Ⅲ. ①工业设计 – 高等学校 – 教材 Ⅳ. ①TB47

中国版本图书馆 CIP 数据核字（2018）第 002873 号

机械工业出版社（北京市百万庄大街 22 号 邮政编码 100037）
策划编辑：刘小慧 责任编辑：刘小慧 王勇哲 王海霞 商红云
责任校对：刘雅娜 责任印制：李 昂
河北宝昌佳彩印刷有限公司印刷
2024 年 6 月第 4 版第 8 次印刷
205mm × 254mm · 19. 25 印张 · 549 千字

标准书号：ISBN 978-7-111-58909-9
定价：55. 00 元

第4版前言

　　IBM 前总裁约翰·汤普森有一句经典名言，即"好的设计就是好的企业"。也就是说，好的设计对于企业的发展是至关重要的因素。"IBM 公司好的设计的定义是什么？我们认为好的设计最主要的就是服务于大众，而非其他。"约翰·汤普森关于好的设计的定义今天仍具有重要的意义。在以机械化批量生产和批量消费为基础的工业设计时代，企业是以优异的产品设计，如令人惊艳的流线型汽车、舒适温馨的家居用品等来服务于大众的。"工业设计"在很多国家与"产品设计"是同义词。但是，在互联网时代，特别是移动互联网时代，企业服务于大众的内容和方式都发生了巨大的变化。企业服务于大众的不仅仅是物质的产品，也包括全方位、全流程、全接触点的服务和用户体验，设计理念早已超越了工业的范畴，"工业设计"一词正被更广泛的"设计"一词所替代。为适应工业设计的这些发展和变化，国际工业设计协会（ICSID）于 2015 年 10 月在韩国光州举行的理事会上正式更名为世界设计组织（World Design Organization，WDO），并发布了关于设计的最新定义：设计是一种战略性地解决问题的方法与程序，它能够应用于产品、系统、服务和体验，从而实现创新、商业成功和品质提升。

　　苹果公司的设计是今天设计发展的典型代表，其硬件、软件加服务的设计战略开创了企业以由产品为中心的设计向以创造设计生态为中心的转变。设计生态包括企业为消费者服务的产品设计、商业模式设计、服务模式设计，将产品、应用软件、线上线下相结合的服务融为一体，在为用户创造独特体验的同时，打造企业的品牌和竞争优势。近年来，我国的企业在设计生态的建设上取得了令人瞩目的成就，华为、小米、联想等企业的设计已得到了国际的公认。

　　工业设计是在市场竞争的环境下建立和发展起来的，具有明确的商业属性。这种以商业利益为导向的特征，常常会导致资源的浪费，成为整个社会过度消费的推动力，从而背离了工业设计服务社会、造福人类的终极目标。因此，如何平衡企业的经济目标与社会责任，实现人类社会在环境、文化、经济诸方面的可持续发展，是今天每一位设计师所面临的考验。在这样的背景下，可持续设计、社会创新设计等新的设计领域正成为设计师关注的焦点。

　　今天的社会，设计无所不在，已渗入到人们的日常生活和工作的方方面面。无论你是专业的设计师，还是一名普通的消费者都是如此。从工业设计理念衍生而来的设计思维（Design Thinking）一词，正成为不同行业的创新者所必须具备的一种思维方式。所谓设计思维，就是以创新为导向，以用户体验为核心，以信息和流程可视化为手段的一种思维模式，它可以帮助我们更好地发现和甄别消费者的真正需求，从而为消费者提供更好的体验。正因为设计思维的这种特质，设计师才在当下创新创业潮流中起到了越来越重要的作用。本书是一本关于工业设计基本概念和原理的入门教材，希望读者能够从中理解设计思维的一些基本理论与特征，并将其应用到创新与创业的实践之中。

本书第 4 版是"十二五"普通高等教育本科国家级规划教材，它是在第 3 版的基础上根据工业设计的最新发展修订而成的。本书共十章。参加本书编写的有程能林教授（第一、二章），何人可教授（第三章），张朵朵博士（第四、五、六章），花景勇副教授（第七、十章），宋立新副教授（第八、九章）。本书由程能林任主编，何人可任副主编，张朵朵负责组稿。武汉理工大学陈汗青教授任主审。湖南大学设计艺术学院研究生何雨威、李乐荣、谢慧玲为本书收集、整理了资料。在此一并表示感谢。

由于编者水平有限，书中难免存在缺点和不妥之处，恳请读者批评指正。

何人可

第3版前言

在新世纪进入到后现代主义时代之际，国际工业设计联合会（ICSID）于2001年双年会上发表的《2001年工业设计师宣言》中宣称：希望工业设计对"为什么"问题的评价更胜于"如何做"的问题；工业设计利用技术的进步去创造更好的人类生活条件；工业设计要促进多种文化间的对话；工业设计要追寻身体与心灵的完全和谐以及工业设计同时要将天然和人造的环境视为欢庆生活的伙伴，等等。这个宣言涉及了工业设计、商业设计、室内设计、包装设计、视觉设计、多媒体设计、机构设计、广告设计、展示设计等几乎所有设计行业的发展方向。2006年，该组织在对工业设计的新定义中指出："设计是一种创造性的活动，其目的是为物品、过程、服务以及它们在整个生命周期中构成的系统建立起多方面的品质。因此，设计既是创新技术人性化的重要因素，也是经济文化交流的关键因素。"这就要求从事设计活动的设计师们在设计生涯中要完成如下任务：增强全球可持续发展和环境保护（全球道德规范）；给全人类社会、个人和集体带来利益和自由；兼顾最终用户、制造者和市场经营（社会道德规范）；在世界全球化的背景下支持文化的多样性（文化道德规范）；赋予产品、服务和系统以表现性的形式（语义学）并与它们的内涵相协调（美学）。

设计与设计教育其实是两回事，接受不接受设计教育的人都会设计。在当今社会中的每一个人，只要其行动是意在改变现状，使之变得更加完美，其行为就是设计性的。这样说来，人人都会设计。人人都在对一连串的事或物做出判断和决定，就和说话、走路一样自然。设计对任何人而言，是一辈子都在探讨生活的一种方式。但是对于设计教育来说，无论是"由技入道"，还是"由理入道"，都要对"为什么"的问题做出评价，而不是"如何做"的问题。要鼓励学生对事物充满好奇心与主动探求问题的学习态度。工业设计教育研究的是适合人的技术，要求学生从人的需要出发对产品进行系统研究，并将形态形成过程中的机能、文化、技术、艺术、经济等各种要素统一起来进行产品的规划。工业设计教育要求学生具有广泛的工程知识、美学知识以及与产品设计有关的市场学、设计心理学、生理学和社会科学知识，还要具备一定的表现交流能力。而且工业设计更强调创意的重要性（不单是技术上的追求），要求学生具备一定的创造力、概念力和表现力，甚至有一定的领导和管理能力。但在知识和能力上要求既不可过分工匠化，也不可过分学术化。总之，"会设计"和"懂设计"是两回事。

我国的设计教育如何在国家大众教育的背景下培养出合格的设计人才，如何避免在培养过程中太专门化、太实用化、太功利化是一个一直进行探究的课题。技术知识、技术方法可以传授，设计不能替代，创意只能启发，只能在教师的启发下去"领悟"。德国设计教育家雷曼教授在教学中提倡的归纳法，就是从大量的现象、大量的资料信息中总结归纳出一个主题，在主题中表现出自己的创造性思维和才干，运用对创意研究的结果，以发散式的思考刺激想法。在设计中采用归纳的策略已经被证实对非逻辑及理性之产品的习作是适合的。

美国耶鲁大学校长理查德·奈温说过："通才教育以教育本身为目标，与实际功用无关，它主要是为了培养学生的自由思考能力，除此之外别无其他目的。"他强调通才教育不是教学生去思考什么，而是教学生如何去思考。他认为每个人都必须独立寻找自我，面对自我，才能真正发挥通才教育的效用。奈温校长认为好的学生必须有强烈的好奇心，有开放的心灵，有独立的思维，有个性。这些话不仅对于一般的高等教育，就是对于我们从事设计教育的学科来说，也是有所裨益的。

基于上面的思考，在《工业设计概论》（第3版）的修订中，修改与补充的篇幅较大，除整体的框架不变外，展望未来设计发展的新的趋势，加深并拓宽学生的文化视野与修养，增加工业设计的特征、工业设计原则、设计与符号学、设计与形态学、设计与美学等新的章节，目的是提高学生对造型感觉的独立判断能力。当然，整合的结果使全书仍然牢牢地把握从人的需要出发，回归于人的设计理念。

本书共十三章。参加编写的有湖南大学何人可教授（第三、六、七章），浙江大学许喜华教授（第四、五章），湖南大学宋立新副教授（第十一、十二、十三章），清华大学张朵朵博士（第八、九、十章），湖南大学程能林教授（第一、二章）。本书由程能林教授任主编。北京理工大学阮宝湘教授、湖南大学肖狄虎教授对本书进行了仔细审阅，并提出了许多宝贵意见；湖南大学设计艺术学院研究生李文杰、姚湘、蔺薛菲为本书收集资料。在此一并表示感谢。

由于编者水平有限，书中难免有缺点和不妥之处，恳请读者批评指正。

程能林

于岳麓山下

第 2 版前言

工业设计是我国一个新兴的、综合性的应用型专业。我国加入 WTO 以后，工业设计将对我国创造自己的知名品牌和知名企业，树立中国产品的形象和地位，发展有中国文化特色的设计风格，增强我国企业和产品在国际、国内市场的竞争力，促进国民经济的可持续发展起到特别重要的作用。工业设计是人类设计创新能力在工业生产过程中的体现。在现代经济体系中，工业设计正在向着产业化的方向发展，从消费者与市场的终端拉动生产的发展、资源的合理使用和效益最优化，极大地丰富了人们的精神与物质生活。工业设计的理念和方法还进一步地从工业生产领域扩大到其他创造性领域，充分发挥合理组织生产要素、跨行业优化资源配置的作用，形成知识经济时代最有活力的服务型、主导性产业。人类设计创新思维在经济成长及文化发展中的重要性已经越来越清晰地显现出来。

进入 21 世纪，我国的工业设计和设计教育都发生了巨大的变化。随着社会主义市场经济的发展和完善，工业设计受到了前所未有的重视，无论是国家还是企业，对于工业设计的意义和作用的认识都有了很大的提高。国家发展改革委员会为了适应新形势的需要，进一步全面提升我国的综合竞争力，加快我国工业设计产业的发展，正在制定工业设计产业发展政策。产业政策的制定和实施，对中国工业设计的发展有着十分重要的意义。近年来，高等教育正面临由精英教育向大众教育的转变，在这种大的背景之下，工业设计教育也经历了井喷式的大发展。截至 2005 年的统计，在教育部备案的工业设计专业就达 230 个，在全国设立最多的工科专业中名列前 8 名。如何在大众教育的背景下培养出合格的设计人才，满足国家工业设计发展的需要，是工业设计教育面临的挑战之一，也是设计教育发展和改革需要深入研究和探讨的重要课题。另外，随着我国的经济发展，逐步从"中国制造"迈向"中国设计"，我国工业设计必将在国内和国际两个舞台上与国际设计界展开竞争，设计教育的国际化也将是工业设计教育的研究课题。

为了促进我国工业设计和工业设计教育的健康发展，在教育部的指导下，高等教育工业设计专业教学指导分委员会组织有关院校的专家、教授编写了一套工业设计专业"十五"国家级规划教材，本书就是其中之一。本书的作者都是在我国设计教育界辛勤耕耘多年的资深教授，有较深厚的理论基础与丰富的实践经验。本书的第 1 版曾被列入"九五"国家级重点教材和面向 21 世纪课程教材，先后印刷了 8 次，深受读者的好评。本书的第 2 版在上一版的基础上，根据近十年来工业设计发展的趋势和最新研究成果，进行了较大幅度的修改和补充，加强了工业设计与文化、工业设计与社会发展等方面的内容，使之更加完善。

　　本书由浅入深，图文并茂，既可作为工业设计专业的教材，也可作为理工类、经济类、管理类等相关专业的选修课教材。

教育部高等教育工业设计专业

教学指导分委员会主任委员

何人可　教授

于岳麓山下

第1版前言

工业设计学科是科学与美学、技术与艺术统一的综合学科，是艺术、技术、经济多学科知识交叉联系的完整体系。它要求以科学的思考和艺术的陶冶为基础，对学生进行创造力培养的综合训练。美国最著名的设计大师雷蒙德·罗维（Raymond Loewy，1893—1986）曾经说过："当我能够把美学的感觉与我的工程技术基础结合起来的时候，一个不平凡的时刻必将到来"。当代科学家、诺贝尔奖获得者李政道博士在我国召开的"科学与艺术展览"开幕式上所做的"科学与艺术"的专题发言中曾指出："科学和艺术是不可分割的，它们的关系是智慧和情感的二元性密切关联的。伟大艺术的美学鉴赏和伟大科学观念的理解都需要智慧，但是随后的感受升华和情感又是分不开的。……艺术和科学事实上是一个硬币的两面，源于人类活动最高尚的部分，共同基础是人类的创造力，它们追求的目标都是真理的普遍性、永恒性和富有意义"。

随着现代化过程的推进，我国正在逐步走向一个从根本上改变生产方式和生活方式的信息时代，工业设计在创造物质文明和精神文明中，通过艺术与工程的一体化来提高人们的生活品质，扩大人类活动的文化领域，增加产品在国内外市场的竞争力，其作用正越来越重要。由于中国工业设计起步较晚，高水准的专业设计人员匮乏，不少企业的工业设计工作目前乃至今后大多仍依赖于工程技术人员来完成或配合完成。尽管设计是所有工程领域中都具有的一种技术决策活动，一项成功的设计综合了技术的、经济的、社会的、生态环境的诸多因素的思考，以及与产品制造阶段密切联系的构思与决策，但是如何在产品设计与开发过程中做出一定的审美判断，如何在实际工作中把物化的工程技术与文化、环境、美学、市场等设计要素结合起来，协调产品及其系统与人（使用者、消费者）的关系，协调人—机—环境的关系，涉及生理学、心理学、社会学、经济学等范畴，涉及人类的需要及偏好，以及在不确定的情况下做出抉择的价值判断，这些并非一般的教育所能解决的。基于这样的思考，全国高等学校机械工程类专业教学指导委员会工业设计专业指导组向国家教委提出编写一本适合理工科院校学生使用的《工业设计概论》限选课教材的申请，目的是普及工业设计的基础知识，介绍工业设计与各门学科的关系、工业设计的一般过程和设计程序、以视觉语言表达为基础的设计艺术内容，对现时在培养高等工程技术人才过程中全面提高素质教育具有一定的现实意义，尤其在当今知识经济迅猛发展、科技信息瞬息万变的形势下，对改革人才的培养模式，调整知识结构，拓宽专业知识，大力加强学生想象力、创造力和表现力的培养能起到不可低估的作用，同时也对提高大学生的艺术及文化素质，培养有一定审美能力和设计创造能力的综合性人才有着重要作用。这本教材经过专家评审，已被国家教委批准立项为"普通高等教育'九五'国家级重点教材"（教高【1997】116号）。

《工业设计概论》是一本供工学、文学及经济、管理相关专业本科生使用的限选课教材。本书较系统地概略介绍了工业设计学科的特征及覆盖的领域，通过对工业设计简史、设计与文化、设计与相关学科、设计与市场、设计与环境等专题介绍，让学生全方位、综合性地把握技术与艺术、设计与文化的相互关系，拓宽学生的文化视野，启发学生的创造性思维，培养学生自觉的设计意识，将本专业的知识与设计观念有机地结合起来。在工业设计实务方面，通过对工业设计三个主要领域——工业产品设计、视觉传达设计和环境设计的程序和方法的介绍，可以使学生对工业设计的实际运作过程有一定的了解和兴趣，并通过进一步的训练和实践，可以使学生从事一些初步的工业设计工作。本书还将从不同角度展望未来工业设计的发展趋势，以适应对跨世纪人才培养的需求。由于工业设计与造型艺术有密切的关系，本书安排有较大篇幅的插图，图文并茂，以帮助学生理解工业设计的形式要素，培养学生的视觉审美能力。

本书共十章，由湖南大学程能林教授主编，参加编写的有浙江大学许喜华教授（第三、六、十章），同济大学殷正声教授（第七、八、九章），湖南大学何人可教授（第二、四、五章）、程能林教授（第一章）。全书由北京理工大学阮宝湘教授主审，武汉工业大学陈汗青教授曾对本书的编写框架提出宝贵的意见，在此表示衷心感谢。

由于编者水平和学识有限，书中难免存有缺点和不足之处，衷心期待读者批评指正。

全国普通高等学校工业设计专业
教学指导组组长
程能林　教授

目 录

设计的名言启示

判天地之美，析万物之理。

——庄子《庄子·天下篇》

大自然是在其美的形式上形象地对我们说话。

——康德

人们总以为设计有三维：美学、技术和经济，然而更重要的是第四维：人性。

——A·J·普洛斯

设计是一连串的判断与决定，就和说话、走路一样自然，也和空气一般无所不在。设计带给人类生活意义与快乐，并直接冲击着个人与环境。

——美国国立建筑博物馆《为什么设计?》

当我能够把美学的感觉与我的工程技术基础结合起来的时候，一个不平凡的时刻必将到来。

——雷蒙德·罗维

没有情感的因素，我们的智慧能够开创新的道路吗？没有智慧，情感能够达到完美的成果吗？

——李政道《科学与艺术》

设计对我而言……是探讨生活的一种方式，它是探讨社会、政治、爱情、食物，甚至设计本身的一种方式。归根结底，它是关于建立一种象征生活完美的乌托邦的或隐喻的方式。当然，对我而言，设计并不一定限于为那些或精或简的工业生产的或好或劣的产品提供某种形式。

——埃托·索托萨斯

凡富于创造性的人必敏于模仿，凡不善模仿的人决不能创造。创造是一个最误人的名词，其实创造只是模仿到十足时的一点点新花样。古人说得最好："太阳之下，没有新的东西。"一切所谓创造都从模仿而来。我们不要被新名词骗了。新名词的模仿就是旧名词的"学"字;"学之为言效也"是一句不可磨灭的老话。

——胡适《信心与反省》

有人说一个设计师的命运75%来自他招揽生意的能力,我不同意。建筑师不能对人说:"请我吧!"自己的实力是最好的说服工具。怎么表现你的实力?那么就要敢于选择,敢于放弃,决定了的事情,就要有信心进行下去……这么多年,我敢说,我和我的建筑就像竹子,再大的风雨,也只是弯弯腰而已……人生并不长,我的原则是,只做自己认为美丽的事,创造出有震惊效果的美感。

——贝聿铭《我和我的建筑都像竹子》

提出一个问题往往比解决一个问题更重要,因为解决一个问题也许仅仅是一个数学上或实验上的技能而已,而提出新问题,新的可能性,从新的角度去看问题,却需要有创造的想象力,而且标志着科学的真正进步。

——爱因斯坦

技巧并不可贵,可贵的在于心灵对技巧的创造。

——周思聪

建筑师知识要广博,要有哲学家的头脑,社会学家的眼光,工程师的精确与实践经验,心理学家的敏感,文学家的洞察力。但最本质的,他应当是一个具有文化修养的综合艺术家。

——梁思成

第一章

绪　论

第一节　文化·文明·设计

一、关于文化

文化像一棵树一样，过去的历史做土壤，从那里吸收养分输送给未来伸展的枝条，使其叶茂、开花、结果。

——池田大作

文化是人类生活的全部表现。文化现象丰富多彩，文化成分无穷无尽，文化"形状"千姿百态，文化范围无所不在。在这个世界上，可以说，没有别的东西比文化更难捉摸。究竟文化是什么？什么是文化？厦门大学易中天教授说："这个问题真是好难回答。文化没有形状，无法描述；没有范围，难以界定。文化就像是空气，我们大天都生活在它当中，一刻也离不开它，但当我们试图伸出手去'把握'它时，却又会发现它无处不在，无时不在，唯独不在我们手里。"新加坡资政李光耀在《全球化过程中的东方文化》一文中指出："文化包含了一个民族、宗教团体或民族的价值观、传统、风俗信仰、社会形态、行为特征。一个通常是由单一民族和语言组成的社会，就是通过文化从集体经验中吸取教训，去芜存菁，再把有利于社会的知识一代一代传下去。"

文化是人类社会具有独立特性的综合体系，它主要包括社会生产与生活方式、社会组织形态和精神意识形态三个大层次。这三个大的层次是互相关联的，是人类的行为和精神活动的总称。从本质上说，这是一种总体性构成的观念。

古今中外的关于文化的定义不胜枚举。1952 年，美国具有代表性的人类学家克鲁伯（A. L. Kroeber）和克劳德·克拉克洪（Clyde Kluckhohn）在他们合著的《文化，关于概念和定义的探讨》一书中，罗列了 1871～1951 年至少 164 种关于文化的定义。1965 年在莫尔的《文化的社会进程》一书中出现了 250 种说法。之后，俄罗斯学者克尔特曼在从事文化定义的对比研究时，发现文化的定义超过 400 种。人类学家、社会学家等不同学术领域的学者也从不同的角度讨论了文化的含义。下面是一些有代表性的表述。

1871 年，英国人类学家爱德华·泰勒（Edward Tylor，1831—1917）在《原始文化》一书中指出："文化，或文明，就其广泛的民族学意义来说，是包括全部的知识、信仰、艺术、道德、法律、风俗以及作为社会成员的人所掌握和接受的任何其他才能和习惯的复合体。"

《辞海》（1999 年版）指出："广义的文化指人类社会实践过程中所获得的物质、精神的生产能力和创造的物质、精神财富的总和；狭义的文化指精神生产能力和精神产品，包括一切社会意识形式：自然科学、技术科学、社会意识形态。"

北京大学季羡林先生在《论东西文化的互补关系》一文中指出："凡人类在历史上所创造的精神、物质两个方面，并对人类有用的东西，就叫文化。"

此外还有许多内涵丰富的文化定义，列举一部分如下：

- 文化是一切人工产物的总和，包括一切由人类发明并由人类传递给后代的器物的全部及生活习惯。
- 文化根本就是一种造型，凭借着这种造型来记述全部的信仰、行为、知识、价值，以及那些标志任何民族的特殊生活方式之目的。
- 文化是指将人类与动物区分开来的所有造物和特征。
- 文化是个人适应其整个环境的工具，是表达其创造性的手段。
- 文化可以被定义为一套从社会活动中习得并传递的判断标准、信念、行为，以及因此而出现的行为的习惯模式，即物质的和象征意义上的产物。
- 文化广义是指一个民族的整体生活方式及其价值系统；狭义而言，文化可以指人类的精神生产及其成果的结晶，包括知识、信仰、艺术、宗教、哲学、法律、道德等。
- 文化是任何一群人的物质的和社会的价值。无论是野蛮人或文明人都有文化。
- 文化乃人类充分发挥较高能力时剩余精力的散发。
- 文化是由那些与行为相关的型模构成的。人的行为结果可以传衍给下一代。这里所谓传衍，并非借生物种质而行的传衍。
- 文化包含着在一群人之间流行着的行为。这种行为可以代代相传下去，或者从这一国流传到另一国。
- 文化是一个社会过去与现在怎样动作和怎样思想的全部总和。文化是传统，是代代相传的信仰、风俗或行动程序的总和。

钟敬文在《话说民间文化》一书中指出："凡人类（具体点说，是各民族、各部落乃至于各氏族）在经营社会生活中，为了生存和发展的需要，人为地创造、传承和享用的东西，大都属于文化范围。它既有物质的东西（如衣、食、住、工具及一切器物），也有精神的东西（如语言、文学、艺术、道德、哲学、宗教、风俗等），当然还有那些为取得生活物资的活动（如打猎、农耕、匠作等）和为延续人种而存在的家族结构及其他各种社会组织。"

朱厚泽在《对文化问题的几点非学说思考》一文中指出："凡地球上的非自然存在，以及打上人工印记的自然存在，都可以叫作文化。从社会存在的意义上说，文化就是历史演进过程的积淀及其轨迹。"

文化是由人创造、人工实现的，它只与人、人的活动及结果相关。"文化"的反义词是"自然"，自然界赋予人类的一切都不是文化，如山川奇石等。非人类所创造的也不是文化，如猴子所画的画、蚂蚁所堆积的蚁山、蜜蜂所造的蜂巢等。文化是人类有意识的创造，即使是人类在蒙昧时期所创造的，也都是文化。无意识形成的东西不是文化。自然之水不是文化，然而经过改造、加工过的水则显现出文化的意义。例如，世界著名作曲家谭盾指挥表演的水音乐可称为水文化。所以有学者指出"一件器物并非文化——所谓文化乃是器物背后的观念。""文化的本质是人化。"

二、文化的含义

文化的灵魂——意识　　　文化的形式——符号
文化的载体——产品　　　文化的核心——人心

据文献记载，两千多年以前就出现了"文化"一词。《周易·贲》中有"观乎天文，以察时变；观乎人文，以化成天下。"意思是说，统治者通过观察天象，可以了解时序的变化；通过观察人类社会的各种现象，可以用教育感化的手段来治理天下。即人类在与自然的关联中，利用自然，创造并传播文化的意思。但"文化"二字还没有连在一起。汉代刘向的《说苑·指武》中说："凡武之兴，谓不服也；文化不改，然后加诛。"晋人束晳在《补亡诗·由仪》中也曾写道："文化内辑，武功外悠。"将文化与国家军事手段（即武功）看成相对立的概念，即国家的文教治理手段。此处的"文化"是指与"野蛮"相对的教化。古代的"文"字就是在某物上做记号、留痕迹，或称之为刻纹、画纹，使某物上有纹路、纹花、纹样等；"化"则含有动态的实践过程，是指变化、造化、教化、化物、化人，使事物形态或性质发生改变。用现在的观点理解，就是将事物人工化，按人的标准和尺度去观察对象的行为和结果，使之变得更有条理，更为合理和好看。换句话说，即按人的愿望和方式改造世界，使外界事物带上人文的色彩，反过来又使人的发展更全面、更自由。从中国文化概念起源的角度看，文化是与人类共存亡的。

"文化"一词的英文为"Culture"，它来源于拉丁文，意指耕种、居住、练习、注意等；法文中也是栽培、种植之意，后来引申为对人的身体和性情的陶冶和品德的培养，特别是艺术和道德的培养，进而广泛指人们的生活方式、思维方式及人们在征服自然和自我发展中创造的物质财富和精神财富。

人类社会学家费孝通先生指出，每个人都生活在一定的文化之中，各种文化在多元文化的世界里都有一定的位置。他用"各美其美，美人之美，美美与共，天下大同"（图1-1）来高度概括文化自觉的本质内涵，并解释为："各美其美"就是不同文化中的不同人群对自己传统的欣赏；"美人之美"就是要求我们了解别人文化的优势和美感；"美美与共"就是在"天下大同"的世界里，不同人群在人文价值上取得共识，以促进不同的人文类型和平共处。

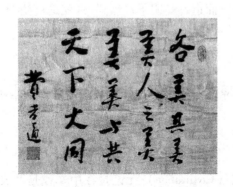

图1-1
费孝通为"东亚社会研究讨论会"题词

三、东方文化与西方文化

东方文化是精神文化，西方文化是物质文化。

——罗宾德·拉纳特·泰戈尔（Rabindranath Tagore）

下面首先了解什么是东方，什么是西方，以及二者如何划分。一种说法是源于古代的腓尼基人，腓尼基人是以经商为主的民族。公元前 2000 年中期，腓尼基人在地中海东岸建立起腓尼基王国（今黎巴嫩和叙利亚北部）。由于是海上活动，要求腓尼基人必须确定方向，他们把地中海以东的陆地称 As，意即"东方日出处"；地中海以西的陆地叫 Ebb，意即"西方日落处"。Asia 从腓尼基语 As 变化而来，音译为"亚细亚"，即"东方日出处"；Ebb 渐变为 Europe，音译为"欧罗巴"，即"西方日落处"。一种说法是希腊人首先把自己作为西方的代表，与东方相对称，东方是指希腊以东。罗马人沿用东西方的说法，《大不列颠百科全书》认为，拉丁文 Oriente 意为"日出处"，转意为东方；Occident 意为"日落处"，转意为西方。罗马人所说的东方是指意大利以东的地区，其中包括希腊。

东方文化是指东亚文化（以中国儒教文化为中心）、南亚文化（以印度的印度教文化为代表）、西亚-中亚-北非文化（以阿拉伯的伊斯兰文化为中心）。西方文化建立在古希腊的传统文化之上，在思维方式上以亚里士多德的逻辑和分析思维为特征。东西方文化的发展有着各自的轨迹，从社会背景上，古希腊社会强调个人的特征和自由，是一种以个人主义为中心的社会；而以中国为代表的东方文化，则建立在深受儒教和道教影响的东方传统之上，在思维方式上以辩证和整体思维为主要特征。因为古代中国社会关系是一种以集体主义为中心，强调等级与和谐的社会。季羡林先生用"唯求实用，不尚玄虚，貌似浅显，实亦邃密，整体思考，枝叶兼及，允执厥中，不务偏激"来高度概括中国文化的内涵，最大的特点在于有极大的包容性。海能纳百川，所以才成为其大。古人所说的"有容乃大"即这个道理。夏威夷大学的成中英教授在《西方文化对中国文化之需要》一文中认为："西方文化是一种'冲突文化'，中国文化是一种'融合文化'。西方文化具有强烈的上帝观和上帝意识：西方文化自希伯来时代以来就以信仰一位创造万物又超出万物之外的真神上帝为突出的特征。中国文化则不具有超越的宗教之神的上帝观，相反具有强烈的自然观和与之相应的自然意识。中国人的自然观是深信人自自然中演化创生，因而属于自然，而其生命的变化与自然的变化原理相符合。这就激发了人对生命和谐、生活和谐、人际和谐与天人和谐的追求。中国古代的上帝被转化为天，天又转化为道，而道终归明于自然。"这就是《道德经》所说："人法地，地法天，天法道，道法自然"，可视为中国人自然意识的根本写照。

四、文明·文化

世界文明古国，决不止中华一家，而文明兴旺发达垂五千年而未中断者，我中华实系只此一家。

——季羡林

文化（Culture）和文明（Civilization）无论是在中文或是西文中，都属于使用频率极高而又极为模糊的概念。有时候它们可以混用，有时又有严格的区别。文化是人类对自然进行加工、改造，即用劳动创造出来的在物质和精神方面的各种表现；文明则是文化发展到一定高度，从而脱离野蛮状态的一个社会阶段。在一定时间和地区内，一种文明是由多种文化汇合而形成的。文化和自然相对，文明和野蛮相对，文化可以有糟粕，文明则只能为精华。文明高于文化，且为综合和精华的表现。概括地说：文化推动文明进步，文明促进文化发展，文明是文化长期汇流而成的河。陈炎在《"文明"与"文化"》一文中指出，所谓文明是指人类借助科学、技术等手段来改造客观世界，通过法律、道德等制度来协调群体关系，借助宗教、艺术等形式来调节自身感情，从而最大限度地满足基本需要，实现全面发展所达到的程度；而文化则是人在改造客观世界，协调群体关系，调节自身情感的过程中所表现出来的时代特征、地域风格和民族样式。

文化与文明既有相同的一面，又有不同的一面。文明指的是随着社会的进步和发展，人类行为从野蛮状态向着真、善、美，向着理性和秩序发展以及由此而形成的社会状况。人类的智慧增加了，这就是"文明"。文化就是人类力量的向前进一步发展，即人类社会中的艺术、科学等智力的发展。文明是相对野蛮而言，文化是相对愚昧而言。文化是具体的、感性的、实践的行为；文明是概括的、总体的、历史的形态。文明是一元的，是以人类基本需求和全面发展的满足程度为共同尺度的；文化是多元的，是以不同民族、不同区域、不同时代的不同条件为依据的。易中天教授说："文明求同，文化存异。也就是说，文化，还得是我们民族自己的；文明，则必须属于全人类，也只能属于全人类。文明求同是因为人心相同。人同此心，心同此理。文明，讲的就是那个'共同之理'，即'核心价值'。文化'必定有异'，文明'难免有异'；文化'必须存异'，文明'可以存异'。这就是文明与文化的区别。"

文明是文化的内在价值，文化是文明的外在形式。文明的内在价值通过文化的外在形式得以实现，文化的外在形式借助文明的内在价值而有意义。例如，在日常生活中，穿着的衣服是否保暖，是否舒适，是否满足人类的基本需求，是一个文明问题。而穿西服或休闲服、牛仔服、唐装、旗袍、超短裙等则是文化问题。南宋哲学家朱熹（1130—1200）指出："饮食者，天理也；要求味美，人欲也。"战国思想家墨子（约公元前468—公元前376）指出："食必常饱，然后求美；衣必常暖，然后求丽；居必常安，然后求乐。"常饱、常暖、常安、求美、求丽、求乐都存在着文明与文化的问题。又如，语言、文字等因国家、民族、地域的不同所形成的不同符号系统，其本身无高低贵贱之分，都是文化、文明的体现。

在西方许多国家，文化和文明在词义上是相通的。国际上比较通行的看法是把"文明"理解为更广泛意义上的"文化"。更具体地说，文明是指占有一定空间的（或地域性的）社会历史组合体，包括精神文明和物质文明两方面，即人们有目的的活动方式及其成果的总和。在中国汉语中，往往把一定的文化类型，凝固在一定的社会结构中，并存续一段历史时期的文化，称为文明。这不仅涵盖了一定文化的特征，还涵盖了一定文化发展的程度。

五、设计·文明·文化

文明就是人类的生活或活动脱离了原始的、自然的状态，是人造物增多的阶段。

——宫原一夫

设计和文化、文明是密不可分的。有了人类就有了造物活动，就有了设计，有了设计就开始了文明，有了文明也就有了文化。文化是后天的，与人类进化同步。美国人类学者福尔森认为：“文化是一切人工产物的总和，包括一切由人类发明并由人类传递给后代的器物及生活的习惯。”德里克·德克霍夫（Derrick de Kerckhove）认为：“由于设计是文化意义上的人造物的可看、可听和有肌理质感的外在形式，所以设计是‘文化的肌肤’。”

因为设计与文化的核心问题是人，人在创造文化、享受文化的同时，又要受文化的约束，最终仍然要不断地改造文化。文化无高低之分，设计本身也无贵贱之分，只要满足自己的多样化、个性化、趣味化的要求，无论是从精品商店购买的或是从跳蚤市场上购买的东西，同样都是设计文化的体现。物质生活质量可能趋同，但精神文化生活却体现着高度的多样化，表现出设计在文化中牵引而来的文化“独特性”和保持文化的“时代性。”

凡是有文明价值的文化产品，无论是东方的还是西方的都可以兼收并蓄，为我所用。一个地区的固有文化和生活与世界上各种各样的文化发生碰撞、混合，发生均质化的同时，都存在着历史的继承和相互对持。设计作为一种信息巡回、漫游在世界之中，要么悠悠，一成不变；要么同化，失去原貌，都会给设计的创造带来影响。中国是一个古老文明的国家，又是一个在世界上经济突飞猛进，现代化进程深入发展的国家，在设计中保持、开发具有民族传统的特定的文化产品是很重要的。“国际风格”不应当也不可能消融一切不同民族、不同地区、不同文化传统的本土特色。不同类型的产品需要有不同的设计文化价值，不能因为全球的多元文化冲击而放弃自己民族的文化传统。德国设计教育家雷曼教授认为，如果为了全球文化而放弃自己国家的文化传统，那么世界将变得更单调且更贫困，我们也放弃了传统而长远文化产品的演进。他列举了中国的茶壶，毫无疑问它是一个属于特定文化的产品。雷曼教授指出：“‘设计’不仅是市场行销的工具，也确是嵌入于一个文化里的，在此文化中牵出文化的‘独特性’及‘价值’。”香港是个极富有创意的城市。创意，给这个城市带来活力，也带来高增值的潜能。我国香港设计师协会主席叶智荣说：“香港的历史和文化，造就了香港设计师的最大特点，是把中西方文化交融在产品设计中，把博大精深的中国文化及传统的工艺元素，用明快清晰的现代设计技巧再现铺陈，效果简洁有力而充满令人惊喜的创意。”

第二节　存在中的人与物

一、人是最宝贵的存在物

在人类被创造出来之前，地球上根本说不上有光荣，也根本说不上有伟大。

——古玛雅的传说

马克思指出：“人作为自然存在物，而且作为有生命的自然存在物，一方面具有自然力，生命力，是能动的自然存在物；这些力量作为天赋和才能，作为欲望存在于人身上；另一方面，人作为自然的、肉体的、对象性的存在物，和动植物一样，是受动的，受约束的和受限制的存在物。”即人原本就是一个既是“能动的”又是“受动的”存在物，“人作为对象性的感性的存在物，是一个受动的存在物；因为它感到自己是受动的，所以是一个有激情的存在物。激情，热情是人强烈追求自己的对象的本质力量。”

恩格斯指出：“有了人，我们就开始有了历史。”在世界的万事万物中，人是最可宝贵的存在物。先秦时期战国思想家荀子（约公元前313—公元前238）指出：“水火有气而无生，草木有生而无知，禽兽有知而无义。人有气、有生、有知亦且有义，故最为天下贵也。"人是世间万物最可尊贵者，所以人是世间万物的根本。人既是历史的创造者，又是历史的产物。人就是在创造历史和被历史创造的过程中实现自己的发展的。英国戏剧家威廉·莎士比亚（W. William Shakespeare，1564—1616）曾写道："人是一件多么了不起的杰作！多么高贵的理性！多么伟大的力量！多么优美的仪表！多么文雅的举动！在行为上多么像一个天使！在智慧上多么像一个天神！宇宙之精华！万物的灵长！"法国文学家让-雅克·卢梭（Jean-Jacques Rousseau，1712—1778）称"人性的首要法则就是维护自身的存在。"作家韩少功说："人没有特别了不起，其嗅觉比不上狗，视觉比不上鸟，听觉比不上蝙蝠，搏杀比不上虎豹，人与动物的差别在于人有文化有精神，在于人总是追求一种有情有义的生活。"中国古人称"人能弘道，非道能弘人""唯天地人之父母，唯人万物之灵。"在哲学的视野内，人是意识存在（按培根对意识的定义：意识就是一个人对自己思想里发生了什么的认识）。因为在万事万物中并不是任何存在物都有自我存在的意识，或意识到自我存在。比如，自然界一直客观地存在着，并且是一切存在物所以存在的总根源，但它并没有关于自己存在和如何从自己派生出其他存在物的自我意识，也不能对此认识并做出解释。只有当自然界发展出了人以后，在人身上，自然界才"获得了自我意识"。人是世界上唯一能够意识到并说出"我是人"或"我是作为人而存在的"的存在物，同时也是对自己存在做出解释的存在物。只有人才能永远不满足于现实和不囿于规定，不断地发挥自己的潜能，而成为一种永远的创造性的存在物。

人类在维系自身的生存和发展的过程中，在不断调整主体与客体利害关系的过程中，派生出认识与被认识的关系，把握住客体，满足主体的需要。例如，具有制造和使用工具（包括一切科技手段）的需要；具有依赖和凭借各种社会关系（包括一切社会制度）的需要；具有渴望和追求情感慰藉（包括一切精神享受）的需要。唯有如此，人类才有可能通过设计活动，实现对真的探索，对善的追求，对美的创造，达到真、善、美的完美境界。

人类同时具有外向的向外部世界求知的本性，也有内向的认识自我的本性。德国哲学家路德维希·安德列斯·费尔巴哈（Ludwig Andreas Feuerbach，1804—1872）认为真正的人类是理性、意志、心情的综合体现，一个完善的人应该具有思维的能力、意志的能力和心情的能力。思维的能力是认识的光芒，意志的能力是性格的力量，心情的能力就是爱。理性、爱和意志是最完善的品质，是最高的能力，是人之所以为人的绝对本质，也是人存在的目的。

关于人或人的本质或人的概念，马克思认为：

1）被理解为自由、自觉的活动，即实践。

2）被理解为历史的主动性和创造性，即主体。

3）被理解为不断产生新的需要和新的生活方式，即生活的理想、目的和意义。

4）被理解为全面发展的个性。

二、物质构成之谜

至大无外，谓之大一；至小无内，谓之小一。

——惠施《庄子·天下篇》

人类生存的世界是一个物质世界（肉眼看得见或看不见的都可用"物质"来概括），人类对自身所生存的物质环境是如此熟悉，但物质的不同组成和不同形态又使我们对物质的本质如此陌生。什么是物质？世上万物是由什么构成的？早在周代，中国古代思想家就把水、火、木、金、土作为构成万物的五种元素。《周易》中提出："无极生太极，太极生两仪，两仪生四象，四象生八卦。"解释为物质世界诞生之前称为无极，太极即世界的本源，两仪分别为天和地，四象即春、夏、秋、冬，八卦则是天、地、雷、风、水、火、山、泽，由它们演绎出世界万物。老子在《道德经》第42章里写道："道生一，一生二，二生三，三生万物。万物负阴而抱阳，冲气以为和。"二指阴和阳，阴阳统一为"冲气"，三是产生万物。万物之所以生，正是因为阴阳相合以后所生成的和气所致，所以天阳地阴而万物和。

这些学说还是有其科学之处的，即所有的物质都是由一些最基本的单位组成的。什么是最基本的单位？即分割到不能再分割的粒子。现在欧洲各国文字中的"原子"这个词，都来源于古希腊语的"Atoms"，即"不可分割"的意思。墨子在《墨经》的《经下》篇中提出："端，体之无厚（序），而最前者也。"端是物的起源，把物体分割到"无厚"，便达到最前端的质点。就是说物体可以两半两半地分下去，当分割到"无"的状态时，就不能再分割下去了。同时代哲学家公孙龙提出："一尺之棰，日取一半，万世不竭"。墨家认为：大量的端可以串成一条线（"尺"）；大量的尺可以排成一个面（"区"）；大量的区可以排成一个体（"穴"），即所谓的三维的物体。早期古希腊学者对物质的构成也一直在进行探讨。但真正对物质构成进行科学研究并做出科学解释则是近二三百年的事。

三百多年前，英国物理学家、化学家罗伯特·波义耳（Robert Boyle，1627—1691）提出物质的微粒学说，并对化合物和混合物进行了区分。1808年，英国化学家、物理学家约翰·道尔顿（John Dalton，1766—1844）提出原子是元素的最小单位，不同元素的原子互不相同。1869年，俄国科学家德米特里·伊万诺维奇·门捷列夫发现了元素周期表，即元素的性质呈现周期性变化。1897年，英国物理学家约瑟夫·约翰·汤姆逊（Joseph John Thomson，1856—1940）发现了电子（带负电）。1911年，英国物理学家欧内斯特·卢瑟福（Ernest Rutherford，1871—1937）发现了质子（带正电）；1920年，他又提出了中子（不带电）的假说，并由法国物理学家居里在1930年用实验所证实。1932年起，科学家在发现原子核、质子、中子、电子之后提出了原子核结构理论，即原子核是由质子和中子组成的。然后，科学家发现了更小的微粒。如1934年日本科学家发现介子，1937年发现μ粒子，随后又发现π介子、奇异粒子。所谓粒子，是指比原子核更小的微小颗粒，有几百种之多，但绝大多数在自然中并不存在。后来，科学家又证实，包括电子在内的所有粒子都有它的反粒子。如我国物理学家王淦昌发现带电的反超子。有的粒子参与强相互作用，有的参与弱力、电磁力和引力作用。基本粒子的大量发现，使人们怀疑这些基本粒子的基本性，夸克假说的提出使人们对微观世界的认识尺度分别缩小到原来的十亿分之一（原子）和万亿分之一（相对于原子核）。组成物质的这些最微小的粒子有没有结构？有没有质量？是否还可以再分下去？还需要科学家继续探索下去。

总之，在大千世界里有正物质，有反物质，有明物质，有暗物质，人类生活在其中，体现出"泛爱万物，天地一体"的景观。

第三节　设计中的人与物

一、设计的非物质性与非物质社会

事物总是对立和双沟的，有物质就有非物质，这是一个时代的命题。什么是"非物质"？

英国历史学家阿诺尔德·约瑟·汤因比（Arnold Joseph Toynbee，1889—1975）指出："人类将无生命的和未加工的物质转化成工具，并给予它们以未加工的物质从未有的功能和样式。功能和样式是非物质性的：正是通过物质，它们才被创造成非物质的。""非物质"不是物质，但它与"物质"又有一种不可分割的相辅相成的关系，没有物质作为基础，就不可能有非物质的"形式和功能"。有物质才有非物质，前者解决人类的生存问题，实现人的生存价值；后者解决人类的享受问题，实现人的享受和自我表现的价值。一句话，随着时代的进步，随着"形式"的非物质化和"功能"的超级化，逐渐使设计脱离物质的层面，向纯精神的东西过渡。因此，非物质性可以视为我们这个现实世界的一个全新的特征，设计学科是研究形态的生成、变换和感受的一门学科，通过非物质性的设计，不断为人类创造出一个和谐的生活环境及美好的生活方式。

形态的非物质性与非物质社会是两个不同的概念。所谓非物质社会，就是人们常说的信息化社会、数字化社会和服务化社会。在非物质社会中，其设计与传统意义上的设计可能是不一样的，传统意义的设计一般的理解是指一种周密的设想、计划和计算，目的是让人们获得一种自身需要的、固定的、有形的和美好的产品。产品达到的目的是可以提前预测和构想出来的。而非物质社会的设计却追求一种无目的的，有形变成无形的，有序变成无序的，不可预料的和无法准确预测的情感价值。它对传统设计的冲击还表现为设计内容的数字艺术化，设计形式的虚拟化，设计过程的无纸化及设计服务的个人化。凌继尧在《艺术设计十五讲》一书中指出：设计形式与其功能之间没有本质的联系，数码产品只是提供了一个实现其功能的载体，其形式与功能之间不再是一种表现与被表现的关系。如同我们直接享受了电子邮件带来的信息交流的便利，而看不到信息传递功能的服务形式。非物质社会的设计特征是服务化、情感化、互动化和共享化，是超越物质实体所能提供的物质服务上的服务，达到以精神来调节人的身心，使人们能够切实地享受生活的乐趣，情感的沟通与交流。而且，非物质化的数字资源可以同时为许多人所共有、共享。

二、人造物的问题

设计的根本就是解决从无物到有物，从无题到有题的问题。关于物质与形状的问题，老子在《道德经》第25章中提到："有物混成，先天地生"。1993年在湖北荆州出土的郭店竹简的《道德经》中，"物"字变成了"状"字，这说明古代的"物"与"状"两个字是相通的。有物就有形，有形就有状，既有现实可视的形状，又有属于心灵精神的形状。"物或状"的广延属性作用于人的肉体，"物或状"的思维属性作用于人的心灵，说明一切器物的背后都有一片精神的园地。哲学家张岱年在《直道而行》一书中提出"物统事理"的哲学命题，认为物是事事相续而具有一定之理的实用历程。他说："凡物皆历程，指其历程中之变化而言谓之事；指其变化中之规律而言谓之理。物统事理。事为实有，理亦实有，统含事理之物亦实有。"而这个抽象的"状"也一定包含在"事""理""物"之中，这是设计师一定要弄明白的事情。

那么，一件物品究竟最初是怎样出现的？

早在二千三百年以前，古希腊有一位有名的唯心主义的思想家、哲学家柏拉图（Plato，公元前427—公元前347）在其《理想国》一书中提出以"理念"（Iea）为中心的学说。他认为现实世界之外另有一个理想的世界，具体的物质世界则是理念世界的"影子""摹本"，而最高的理念便是神的创造，从而在欧洲哲学史上建立起一个庞大的客观唯心主义的哲学体系。"lea"在英汉辞典里表示某种已见到的或已知道的事物，某种想象的或想见的事物，某种模糊地认为的或被猜想的或被感觉的事物的形象或系统的说明。亚里士多德（Aristotle，公元前384—公元前322）解释为赋予形式（Form）的那种原因。伊曼努尔·康德（Immanuel Kant，1724—1804）解释为超验的、非经验的理性概念。"理念"最重要的特点是它的"非（无）对象性"。

什么叫"理念"？柏拉图认为："一切可感觉到的事物都是变化无常的、相对的，因而是不真实的；个别的、具体的事物都有一般的概念，一般的概念是永恒不变的、绝对的，因而是真实的。"例如，世界上存在着各种各样的美，有花儿的美、绘画音乐的美、社会制度的美等，而处于这一切特殊形式的美之上有一个一般的美，称作"美本身"。"美本身"是其他特殊形式的美的原型，被称为美的"理念"。按照柏拉图的观点，"理念"同个别事物分别处于不同的"世界"，个别事物是受时空限制的，有成有毁，因而是短暂的；而"理念"却处于时空之外，无成无毁，永恒常在。又如，每个具体的人是变化的，而人的概念是不变的，所以人的概念比具体的人更真实。再如，窗前的这棵树，早晚是要腐朽消失的，但是树的本身即树的理念却绝对不会消失；否则，没有了这棵树将不再有其他的树生长出来，因为"原型"没有了，仿本也就不可能有了。

柏拉图在《理想国》中以"床"为例子，"床"是怎样出现的呢？

第一种看法：自然界本来有的。

第二种看法：木匠制造的。

第三种看法：画家画的。

我们可以这样倒推描述，画家画的床模仿的是木匠制造的床，木匠制造的床依据的则是自然床的"理念"，那么床的"理念"又是谁设计出来的呢？于是柏拉图认为无疑是神的制造，因为没有任何人可以制造它，神成了一切的造物主。很明显，这是唯心主义的观点。作为认识论，哲学家们一直争论达两千多年。其实现在很清楚，人们制造出的第一件无论是什么器物，既不是一种"理念"，也不是依靠"神"的恩赐，而是在长期的劳动实践中逐渐认识和形成的。而且一切人造物的观念都来源于直接的实践活动和以往经验的积累。

德国人类学家朱利叶斯·利普斯（Julius E. Lips，1895—1950）在《事物的起源》一书中指出："原始时代没有亚里士多德、伽利略、伏尔泰、爱迪生或贝尔，没有一个人能被承认或尊崇为最早的发明家。并非有人'灵机一动'就发明了第一把石斧，第一个编织的篮子，第一座风篱或第一件毛皮服装，所有这些发明形成一道链条，它是一代一代无名发明者经验的逐步积累而造成的，是许多不同的发明相互结合的产物。我们无权假定史前时期每个人都是'天才'，需要什么就发明什么。"

英国"新自然学派"的创始人罗伊·华生（Loyal Watson）试图从生物学的立场来回顾各种各样的技术革新，新的构想和发明的起源，找出有关设计的自然学的立足点。自然物与人造物是否类似？如果类似，那么设计史也可以用查尔斯·罗伯特·达尔文（Charles Robert Darwin，1809—1882，英国博物学家，进化论的奠基人）的进化论来解释，即让最有利的特性保留下来，没有实用性的部分则被丢弃。

基于这样的思考出现了一种"直观设计论"的观点，即所谓好设计，与其说是发明不如说是启示。不是有关式样或流行的变化无常的判断，而是生态的意义更为确切。设计师通往生命的根源，最优秀的成果应该是世界上与生态相适应的最稳妥的形。因此，罗伊·华生指出：从生物学看设计（达尔文的进化论运用于设计的变迁），所谓好的东西是指看得见，可触及的。这是一种本能的设计论，认为人类具有认识良好设计的能力。根据生物学的"适者生存"的研究方法，设计与生物的进化都一样地经受着自然的淘汰，故可称为"有机设计论"。例如，锤子的历史变迁是从石锤、青铜锤、铁锤到使用蒸气的机动锤，留下的是形态最适合的锤子。蒸汽机的发明被认为是从瓦特在水壶中发现水蒸气开始的，这是一种谬误，蒸汽机的发明应该追溯到中国的织工，一个人或一个文明是不能制造蒸汽机的，只能看成是文明的连续性的相互连接而出现了18世纪后半期创造的蒸汽机。

当下设计中最可能留存的想法和特征是什么？应该是那些富于实用性、有创意的想法，它们是动态的，具有朝某种方向自然进化的倾向。归根结底，设计是按自然发展，无意识的过程进化，散发出生态系统的能量。不过也有例外，如寺庙，尽管没有人居住却也生机勃勃。这是由于寺庙占据着空间，即建筑物具有超越时代的感情，成为风景的一部分。

罗伊最后还提出设计应从进化论扩大到文化的要素，即物不仅是生物学的需要，还有因文化而变的因素，物仅仅依靠纯粹的机能还不能生存，它还与文化有很大的关系。他认为世界分为三类：①物质的客观世界；②想象的主观世界（设计的世界）；③纯粹的知识世界（图书馆书本中的世界）。从生物学的立场来看，设计师应如何面对三个世界？如果说自然物是按特有的规律进化，而人造物则是按一般事物发展规律进化的话，罗伊提出，一个好的设计师应无特定的信仰，也没有最完善的方法，而全凭当场良好的感觉。

关于在造物活动中，按照美的规律塑造形体的问题，传说在古希腊神话中有一个江洋大盗，名叫普罗克拉斯提斯，他很勇猛凶狠，专门拦路抢劫。他设置关卡并放置了一张床，强迫所有过路的行人经过关卡时都要躺在这张床上，比床短的人就把他拉长，比床长的人就锯掉他的脚或腿，以此来折磨无辜的行人。久而久之，普罗克拉斯提斯的床便成了一个成语，转义为"人造的尺度"。这显然也是形而上学的观点。故事从反面告诉我们，床之所以为床，既不是普罗克拉斯提斯规定的床，也不是按照"人造的尺度"制造的床，而是按照"人的尺度"制造的床。由于设计是人的有意识的行为，"人造的尺度"和"人的尺度"是截然不同的两个概念，人的任何一种创造都必须按照事物的自然尺度来进行。事物的自然尺度也就是事物本身存在和变化的规律。

真理有两种情景：一种是人造物一旦被科学意识物化之后，就变成了客观存在，并反映在我们的视觉之中；另一种是经验的判断和认识反映在我们的思维之中。当客观的真实无法视觉化的时候，只有凭想象来补充引导。所以设计师在设计中如何把握客观的真实和艺术的真实，其想象力是非常重要的。

三、人造物质形态与物化意识

世界的本质是物质的，世界无限复杂的多样性都是物质的特定的具体形态。人类生活在两个世界之中，一个是与其他生灵共享的自然界，另一个是人类通过创造所缔造的文明世界。

人类为了劳作和生存的需要发明了工具和语言。工具使人类能够借助自然物增强自身的力量，延伸躯体的功能，是人类创造力的物化形态。语言的出现使人类能够相互交流，构成了人类社会，是人类在信息科学领域中最早的发明。我们至今享受的一切文明成果，都是人类创造发明的产物。

物质在哲学上的概念是指不依赖于人的意识而可以为人的感觉和意识所反映的客观实在。物质既不能被创造，也不能被消失，但具体的物质形态则处于永恒的产生和消失之中。然而，人类现实生活中的物质形态却是具体的，如物质生产、物质生活、物质利益，通过人造的物质形态来满足人类生存和生活的需要。

人造物质形态概念是人类从物质世界中分化出来的概念，天然物质形态或自然存在物存在于自然之中，从宏观宇宙到微观世界，发生的所有变化全部依律自行，自动发生，自动发展，自动完成，处于永不停歇的创造出新的过程之中，即使人类消失后，仍然按其固有形态和规律存在和发展。例如，自然界的一切物体，不论是鸟、兽、虫、鱼，还是橡树、太阳、白云，都有自己的独特的造型。这些造型的形成，绝不是以人类认为它美或不美为依据的，而是也只能是以怎样使自身的物种存留于世并且得以发展为依据的。

那么，人和自然界呈现什么样的关系呢？自然是第一性的，非派生、原始的存在物。按照达尔文的观点，人是自然界演化过程中产生的一种最高级的生命体，是自然的一部分。从这个意义上说，人和自然界是同一性的，人同一于自然，一个具体的人作为一种自然躯体的对象存在，作为一种有条件的、受制约的存在物而置身于自然界中。但是，人的秉性又不同于自然界，作为一种生命体，其在本质上与石头、空气、水或草木的存在是不同的，表现出一种活动性的存在。这就是人类不仅具有自然之力（眼、耳、口、内脏等），还具有生命的活力（感觉、知觉、意识，有意识的欲望）。正因为如此，人类不只是适应自然环境，而且成为与自然界始终处于对立关系的主体。因为自然界永远不会满足于人类，人类也总是决心以自己的行为去改变世界，向自然界发出挑战，使自然趋于人类化（即人化了的自然）。人类改造自然界的过程就在于将天然物质形态转变成人造物质形态，最终赋予它以适合于人的需要的形式和意义。德国哲学家格奥尔格·威廉·弗里德里希·黑格尔（Georg Wilhelm Friedrich Hegel，1770—1831）说过："如果谈到本领，最杰出的艺术本领就是想象，它从实际所提供的材料中创造出第二自然。"所谓第二自然就是人类劳动所创造出的今天的生活环境，就是设计的世界，人为的世界。

有人认为当今生活的世界，与其说是自然界，远不如说是人造的世界或人工世界，因为如今的环境中几乎每一件事物都留下了人工的痕迹。例如，我们每天生活的工作环境温度被人工控制在20℃左右；我们所呼吸的空气的湿度被人工加大或减小，我们在衣、食、住、行中所接触到的有害物质基本上都是人工制造出来的。当然，自然界经过人工改造后变得更自然、更美丽的例子也是很多的。例如，北京颐和园的昆明湖和万寿山的最初原貌是湖面直顶着山，显得呆板、单调，而且山水对峙，极不和谐。后来园林家们在万寿山后面挖了湖，开了河，河泥堆积起来，形成山堆。就这样，一面挖湖，一面筑山。一个运用加法，一个运用减法，正负绝对值之和增大，其结果是万寿山比原来增高很多，显得更加壮丽，湖面也更加宽阔，形成了藏与露对比明显，虚与实矛盾突现的情景。从空中俯瞰，恰好形成了万寿山与昆明湖由山水直撞变成山水环抱的太极图格局，既体现出刚中有柔，柔中有刚，以柔克刚，刚柔并济而生变化的哲理；又体现出虚中有实，实中有虚，虚实相映，相辅相成的意念，表现出阴阳相互依存，相互排斥，互相转化的太极图像美和意念美之所在。

人造物应该具有能够满足人类生存需要的功能。从设计的角度看，凡是以将现存情形改变成向往情形为目标而构想行为方案的人都是从事设计的人。生活中经常会听到"应有的事"和"现有的事"这两句话，"应有的人类生活"是对"现有的人类生活"的反思，在反思的基础上开始构想。当然，满足于现状的设计师是不能发现人类生活现状中隐含的各种各样的问题的，更不能看到一种理想的状态。人造物一定是为了满足某种特定功能的需要，即对功能的追求。凡是丧失特定功能的人造物，就是废品。例如，设计的椅子不能坐，设计的床不能睡，设计的房子不能住，设计的汽车比人走路慢（最初的时速仅为6km），设计的火车比马跑得慢（最初的时速为8km）等。马克思说过："一件衣服由于穿的行为才现实地成为衣服；一间房屋无人居住，事实上就不称其为现实的房屋。因此，产品不同于单纯的自然现象，它在消费中才证实自己是产品，才成为产品。"有意思的是，在人造物中，许多东西都是拟"人"而称，以人度物。如桌腿、椅背、窗眼、门鼻、壶嘴、锅耳、床头、瓶胆、台面、菜心……因为这些东西都是为人服务的，或者说是人的所需功能的延伸，环境中几乎每一事物都留下了人工的痕迹。

设计的世界其实就是人造物的世界或人为的世界。设计师创造的人造物，不是"物"本身，因为物质本身是不能创造的，人也不能超脱物质、超脱自然进行创造。设计的创造是指能够创造出满足人类自身需要的非物质性的功能和样式。这是人类创造人造物的最初出发点和动力。需要的多样化，导致人造物的多样化，工业设计恰好是人造物目的性的具体体现。当然，要成功地创造人造物，单凭人的目的和需求还不够，还要依赖科学意识。因为人造物是对天然物质形态进行加工改造，一定要了解这些天然物质（包括人工合成的物质）的结构、属性和规律。从本质上看，人造物不过是科学意识的物化物，它一旦被物化出来，就变成了对象化了的客观存在，具有整体的结构和功能，具有自身内在的本质和规律，即不再依赖于认识主体及其意识而存在。因此，人造物质形态是以某种物质形态（天然的或人工合成的）为基础的，由科学意识物化的能够满足人类需要的人为（或人化）物质形态。

工业设计无疑是一种人造物的活动。在设计的过程中，对人来说表现为一种动作（设计计划、设计行为、设计活动）；对物来说表现为一种具体形式，其结果是使产品具有人的劳动物化的特征。其目的是通过人造物的活动来满足人类生存和发展的需要，从人的需要出发，又回归于人，人的需要就是目的。

物化意识有三个基本的内容：①规定物化人造物预先设计的目的；②规定人造物的本质和结构；③规定对人造物合乎目的的加工制作。物化意识的直接目的是物化人造物，以满足人类和社会的需求。这种需求从设计的角度来看，就是从人的需要出发，对人造物的实用、经济、美观与否做出价值判断。物化意识还表现出创造性，直接提供未来人造物的思想蓝图。就是说，在还没有人造物或人造客体之前，或者在物化人造物的实践活动之前，就事先在观念上提出生产的对象，把它们作为内心的图像，作为需要，作为动力和目标提出来。没有此物，先有此物的思想模式。其实，任何一项工程，都是先有工程设计；任何一件器具，都是先有器具的设计方案。人造物就是在物化意识所勾画的思想蓝图的指引下，采用可能的原材料，选择一定的方法被制造出来的。当然，工业设计必须经过第二次物化（即批量生产），这样才能实现最终目标。严格地讲，第二次物化不属于设计的范畴，但是如果没有第二次物化，设计就会变得毫无意义，而这正是工业设计的基本要求。相反，艺术设计（创作）进行的是一次性物化，不必考虑批量生产。

四、人的一辈子都在改变现状

从某种意义上说，每一种人类行动，只要是意在改变现状，使之变得完美，这种行动就是设计性的。

——赫伯特·A·西蒙（Herbert Alexander Simon）

人类生活中有一种其他动物所无法比拟的活动，就是造物。可以说人类是造物的动物。在造物过程中，人与物之间有三层关系：第一层，人是造物的；第二层，人是使用物的；第三层，人使用所造之物是为了发展自己。大家知道，人的一辈子都在与人打交道，只有与人在一起，才能享受作为一个人的全部乐趣。人的一辈子也都在与物打交道，只有物才能保证自己的生存需要，维持由"物"带来的享受与欲望。人如果脱离了造物活动，就不再具有人的特征。

现代中国思想家胡适先生说过："人是用智慧制造器具的动物。这样，人就要天天同自然界接触，天天动手动脚，抓住实物，把实物来玩，或者打碎它，煮它，烧它，玩来玩去，就可以发现新的东西，走上科学工业的一条路。"

英国哲学家罗素说过："人活在世上主要做两件事：一是改变物体的位置和形状，一是支使别人这样做。"

包豪斯设计学校的创始人及第一任校长瓦尔特·格罗佩斯（Walter Gropius，1883—1969）说过："一般说来，设计这一字眼包容了我们周围的所有物品，或者说包容了人的双手创造出来的所有物品的整个轨迹。"

他们都认为人都在自觉或不自觉地运用设计来创造或改变周边的一切事物，都在玩物，把握玩物的轨迹和规律。因为万事万物都不可能是十全十美的，所以，人要一辈子不知疲倦、永不休止地做下去。而且除人之外，没有任何一个存在物可以替代人去这样做。更何况人的本身存在状况也不是始终如一的（人从一生下来就在不断地变化和生长），是一种未完成的存在物，人不是力求停留在某种已经变成的东西上，而是始终处在变异之中，绝对的运动之中，始终蕴涵着可塑性和创造性。所以，人活在世界上，就要不断地进行造物活动（包括有形和无形的），不断地改变物体的位置和形状（其实，人自身的形状和位置也在不断地变化着），不断地支使别人这样做。通过自己的设计活动，创造出属于自己的新世界，新形象。这样的新世界就是自由，自由是人的本性最深刻的体现。所以，设计是人的天性、本性，设计是通往自由的桥梁。

应该说人的造物、玩物活动虽然表现出人对物的依赖，但"人依赖物"是为人的生存发展服务的。人对物的依赖或者人的造物设计活动应自觉通过物来表现自己的才能、智慧和价值。这样才能全面满足人们对精神、心理、情感、知识、能力以及真、善、美的需要与追求。

第四节　科学与艺术

一、科学与艺术是一枚硬币的两面

世之有道德者，无不有赖于艺术与科学。

——蔡元培

诺贝尔奖获得者李政道博士曾对科学与艺术的关系做过非常精辟的论述。他指出："科学与艺术是不能分割的，它们的关系是智慧和情感的二元性密切关联的，伟大美学鉴赏和伟大科学观念的理解都需要智慧，但是随后的感受升华和情感又是分不开的。""没有情感的因素，我们的智慧能够开创新的道路吗？没有智慧，情感能够达到完美的成果吗？"他说："科学和艺术事实上是一个硬币的两面，源于人类活动的最高尚部分，共同的基础是人类的创造力。它们追求的目标都是真理的普遍性、永恒性和富有意义。"

杨振宁博士发表过一篇名为《美与物理学》的文章，提出科学与风格的问题。特别提到两位物理学家保罗·狄拉克（Paul Adrie Maurice Dirac，1902—1984）和汤森伯的风格。

他用"性灵出万象，风骨超常伦"来描述狄拉克的方程。称赞狄拉克的方程是"无中生有，石破天惊"。"性灵"可以理解为性情、本性、心灵、灵魂、灵感、灵犀、圣灵。总括起来似乎是指直接的、原始的、未加琢磨的思路。狄拉克表示"让一个方程具有美感，比使它符合实验更重要。"数学家外尔说："我一辈子就是想把真和美结合在一起。如果实在结合不了，我就选择美。科学理论的成就在于美学价值，有缺陷的地方恰恰就是艺术上不足的地方。"

爱因斯坦曾经说过："人们总想以最适当的方式来画出一幅简化的和易领悟的世界图像，于是他就试图用他的某种世界体系来代替经验的世界并来征服它。这就是画家、诗人、哲学家和物理学家所做的，他们都按自己的方式去做。各人都把世界体系及其构成作为他的感情生活的支点，以便由此找到他在个人经验的狭小范围内所不能找到的安静和安宁。"无论是科学家或艺术家，在他们探索自然真谛的时候，其所表现的行为就是孩子们所具有的观念、好奇和想象力。爱因斯坦曾明确地表示，他是为寻找美感才从事科学研究的，大自然本身似乎就是按照某种美的法则来存在和运营的。

科学是严肃的，但也充满着乐趣。美国莱兹大学的化学家托尼教授于 2003 年在《有机化学》杂志 23 期上发表了一篇名为 "Synthesis of Anthtopomorphic Molecules"（《人形分子的合成》）的文章。在该文中出现了几对手舞足蹈、跳着拉丁舞的"男女"分子表达式。该分子式形象之生动，构思之巧妙，充分显示着科学家丰富的想象力和非凡的幽默感。

人形分子属于一类被称为"纳米莆田"的化学分子。这类分子的最大特征就是分子结构看起来酷似人的形象。但其基本形式却是一种被称为"纳米孩童"的分子构型。将"纳米孩童"分子溶于二元醇溶液中加热，发生化学反应后常常还会得到其他不同形式的人形分子。如"纳米运动员""纳米皇后""纳米博士""纳米面包师"等，展现出了妙趣横生的分子艺术。近来酷似释迦牟尼佛像，酷似嬉皮士形象的分子也被化学家相继发现（图1-2）。

文汇出版社在《关于文汇原创丛书》一文中指出："在科学创造中，个人的灵性最终淹没在对共性和规律的探讨中。而艺术的创造，则是一种无可替代的个人的灵性。如果没有牛顿，一定会有马顿或羊顿取而代之，因为苹果总是要从树上掉下来，万有引力总要被发现。然而如果没有达·芬奇、莎士比亚和曹雪芹，也许我们永远不会知道人类还能创造《蒙娜丽莎》《哈姆雷特》和《红楼梦》这样的不朽之作。"

图1-2
人形分子

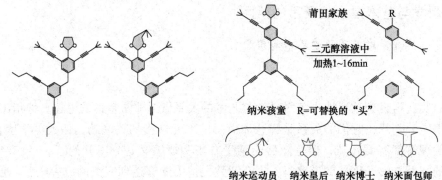

20世纪20年代，著名教育家蔡元培先生曾说过："世之有道德者，无不有赖于艺术与科学"。科学家揭开自然的奥秘，艺术家揭开情感的奥秘，科学家和艺术家的共同目标是构建世界图景。科学求真，艺术求善，肯定生活，肯定人的力量，肯定世界上美好的东西，并不断地向人类自身提出新的挑战，达到心物交融、天人合一的境界，这也是庄子在《天下篇》中所指出的"判天地之美，析万物之理。"的真谛所在。

二、科学与艺术的关系

当人们站在塔的不同侧面的底部时，他们之间相距很远，但当他们爬到塔的高处时，他们之间的距离就近多了。

——乔治·萨顿（George Sarton，1884—1956）

李政道博士指出：所谓艺术是用创新的手法去唤起每个人的意识或潜意识中深藏着的已经存在的情感。情感越珍贵，唤起越强烈，反映越普遍，艺术就越优秀。所谓科学是对自然界现象进行新的准确的抽象，这种抽象通常称为自然定律。定律阐述越简单，应用越广泛，科学越深刻。尽管自然现象不依赖于科学家而存在，但对自然现象的抽象和总结则是人为的，并属于人类智慧的结晶，这和艺术家的创造是一样的。

艺术的普遍性是没有时间和空间的限制，跨越时空，扎根于整个人类。例如，关于诗的普遍性，唐代诗人李白在《把酒问月》中写道：

青天有月来几时？我今停杯一问之。

……

今人不见古时月，今月曾经照古人。

古人今人若流水，共看明月皆如此。

而三百多年后，宋代诗人苏轼在《水调歌头》中写道：

明月几时有？把酒问青天。

……

人有悲欢离合，月有阴晴圆缺，此事古难全。

但愿人长久，千里共婵娟。

尽管今天的社会和李白、苏轼生活的时代已经完全不同了，但这些几百年乃至一千多年前的诗作，以及诗人的浪漫、奔放、天然、夸张、奇特的情怀仍然能够在当今人们心中引起强烈的感情共鸣。

科学的普遍性也是一样，虽然科学技术的应用形式会不断发生新的变化，但其科学原理并不随这些变化而改变。例如，19 世纪末 20 世纪初，科学上有两大实验，一个是美国阿尔伯特·亚伯拉罕·迈克尔逊（Albert Abrahan Michelson，1852—1931）和爱德华·莫雷（Edward Morley，1838—1923）在 1887 年做的光速实验，实验测量顺着地球自转方向的光和背着地球自转方向的光的速度，看看它们是否不同。粗想一下，很容易认为顺着地球自转方向走的光的速度快，背着地球走的光的速度就慢一些，但是测量结果却是两者的速度完全一样。

另一个是 1900 年德国马克斯·普朗克（Max Karl Ernst Ludwig Planck，1858 — 1947）对于黑体辐射的研究所发现的黑体辐射公式。众所周知，凡是发热的物体就会发光。例如，点燃蜡烛后就有光发出来。那么，热和发光到底有什么关系？普朗克认为能量的发送和接收是离散的，而不是像水流那样连续的，并在研究中提出了量子的假说。

前一个实验促使了 1905 年爱因斯坦狭义相对论的建立，后一个实验则为量子力学奠定了基础。而正是有了相对论和量子力学，才有了 20 世纪的科技发展，如核能、原子物理、分子束、激光、X 射线技术、半导体、超导体、超级计算机等；才有今天绚丽多彩的生活内容，以及生活方式需求多样化的不断满足。

在对科学与艺术关系的探讨中，李政道博士还尝试着将深奥的物理现象用深入浅出的比喻表现出来。他先后邀请李可染、吴作人、黄胄、华君武、吴冠中、袁运甫等我国著名的画家，将高温超导、超弦、量子引力、重离子碰撞、粒子物理、表面物理、自由电子激光，简单与复杂等尖端神奇的科学主题分别用绘画语言形式表现出来。科学家和艺术家的合和一致，非但没有引起消解冲突，相反却是适得其所，把他们引向意想不到的成功和创造，而且艺术活动中有许多方法是艺术家从科学中借鉴的。

诺贝尔奖获得者赫伯特·西蒙在《人工科学》一书中指出："无疑，有对音乐一窍不通的工程师，正如有对数学一无所知的作曲家一样。不管工程师有没有音乐耳朵，音乐家有没有数学知识，反正没有多少工程师或作曲家能围绕双方的专业内容进行交谈，并且都感到有收获。我认为，他们可以就设计的问题进行这种互益的交流，可以从头认识他们都在从事的创造性活动的共性，可以开始分享各自在创造性的、专业性的设计过程中取得的经验。"

艺术和科学虽然都需要丰富的想象力，需要直觉和灵感，但是科学和艺术毕竟是有差异的。科学中的美绝大部分是智力的对象，很少是目的本身，从来不占首要地位；而艺术中的美绝大部分是情感的对象，美的本身则是创造的目的，并且带有主观的性质。科学与艺术的手段也不一样，科学运用逻辑思维，从现象中找出本质，偶然中找出必然，个别中找出一般；艺术则运用形象思维，从一般中找出个别，创造出具有典型的个别。科学成果不允许有丝毫个人情感掺杂其中；艺术则是自由的，它体现出艺术家的生命和创造，而创造的心情是愉快的。艺术家若没有个人的感情，没有临场的喜怒哀乐和发挥，则会变得不可思议。著名导演黄健中说过："艺术家深思熟虑是没有希望的。"

著名数学家陈省身教授曾经说过："最好的科学是没有计划的。"这句话说明科学发现是不能计划的，科学研究是无功利的，突发奇想的事是不可能事先设计好的。杨振宁博士说过："科学家讲究准确，但文学艺术重要的是用不准确的方法把准确的东西表达出来。"他认为所有的诗句的好处是讲不清楚，如果都解释得清清楚楚，那诗意就没有了。在参观毕加索的画展时，有一个人问毕加索："你这幅画是什么意思？我一点也不懂。"毕加索就问他："你听过鸟叫吗？"那个人说："听过。"问他："好听吗？"那人说："好听。"毕加索又问："你懂吗？"那人说："我不懂。"这就是说，在欣赏这种抽象艺术时所表现出的抽象的感觉美时，也只能是意会而无法言传的。

三、设计源自心灵

看不见的联系比看得见的联系更牢固。

——赫拉克利特（Heraclitus）

最美丽最奥秘的情绪是神秘感，所有的真知灼见都是这种感觉赋予的。体验不到，人便不能探奇钩玄，虽生犹死。

——爱因斯坦（Albert Einstein，1879—1955）

李政道博士在谈到 20 世纪的许多科学之谜时，提到了宇宙中 90% 以上的物质是所谓的"暗物质"。由天文观察结果推算，宇宙中只有 4.4% 的物质属于原子等通常物质，其余是 22.6% 的暗物质和 73% 的暗能量。也就是说，我们无法直接看到宇宙中 95% 以上的物质。什么是暗物质？这种物质我们看不见，它不发射任何光，只知道它有引力。这种物质占了整个宇宙空间的 90% 以上，就是说绝大部分物质是我们所不清楚的物质。

联想到老子在《道德经》中对万物起源的描述："道生一，一生二，二生三，三生万物……。天下万物生于有，有生于无。"老子认为看不见，听不到，摸不着，其实是一种东西，这种东西就是"道"。韩非在《解老》中指出："道者，万物之所然也，万理之所稽也。"即把"道"解释为万物产生、变化的总规律。与具体事物的"器"相对，将看不见、听不到、摸不着的道看成是"无物"，将"器"看成是"有物"。《管子·内业篇》指出："不见其形，不闻其声，而序其成，谓之道。道也者，口之所不能言也，目之所不能视也，耳之所不能听也。"《易传·系辞上》指出："形而上者谓之道，形而下者谓器。""形而上"是指无形的或未成形体的东西；"形而下"则是指有形的或已成形体的东西。"道"是无形象的，含有规律和准则的意义；"器"是有形象的，指具体事物或名物制度。

余治平在《道、器、形之间》一文中指出："'器'是物自身，是本体之物，自在之物，它在我们的感觉之外永远都不可能被我们的感觉系统所认知。而'形'则是器在我们感觉中的存在样态，是器在我们的感觉经验系统中所呈现给我们的样态，它是有形的，看得见的、摸得着的事物，是能够被我们的眼、耳、鼻、舌、身等感觉系统所感觉到的世界存在物，一如色、声、香、味、触觉之类。而'道'则超越于形，比形更格式化，是世界存在物在人心意识中相对稳定的记忆残留。一个物有一个物的道，同一个物在不同人的思维中，其道也是不同的。同一个人在不同时期看同一个物、道也一定有不同的呈现。"

有物就有形，称有形；无物也有形，称无形。"器"是心灵的物化形状，从有形的器物中去还原无形的心灵，这是设计师的智慧显现。设计师应该在人人熟视无睹的东西中，从"有"找出"无"；在人人未曾想过的事情中，从"无"发现"有"。从熟知的框框中跳出来，打破常规的道路，才能通向智慧的殿堂。人为什么是创造者？是由于世界本是"无"字，如果人世间一切皆有，那么人只能是一个加工者或改造者。所以，对设计师来说，对

"无形"的理解比"有形"更深刻，更有意义。真正的"无限"就在"有限"之中，从"有限"中发现"无限"，从有限的物理形式上尽情发挥自由和创造力的幻想，才能够从寻求无限之中获得快乐和慰藉。

李敖先生说："要是我们的大脑能够起飞，一个是当你看到抽象东西的时候，你应该尽量使它变得具体；反过来说，当你看到具体东西的时候，你应该尽量使它变得抽象。"

世界著名建筑设计大师贝聿铭对"好奇"的意义有一段表述，他说："我容易受影响到天真的程度，但是又很好奇。我认为好奇是一种很重要的癖好。由于好奇，我总是寻根究底。当一个人这样做时，他就会得到各种不同的答案。因此，我不会被任何单一信条所蒙蔽。"在长达 70 年的建筑设计生涯中，他设计了 70 多件作品，如法国卢浮宫博物馆、美国国家艺术馆、肯尼迪图书馆等，其中博物馆项目占大部分。64 岁时，他应法国总统密特朗的邀请参加卢浮宫重建，并为卢浮宫设计了一座全新的金字塔。当时法国人非常不满，说他会毁了"法国美人"的容貌，高喊着"法国不要金字塔""交出卢浮宫"。法国人不断地表示不满，翻译都吓倒了，几乎没有办法替他翻译他想答辩的话。当时的压力之大可想而知。贝聿铭认为做事情最重要的是维持十足的信心，相信自己，把各种非议和怀疑抛诸脑后。旁人接受我与否不是最重要的，我得首先接受自己。总而言之，建筑设计师必须有自己的风格与主见，随波逐流肯定会被历史淹没。后来金字塔获得了巨大的成功，改建之后参观的人数比之前多了一倍，法国人称赞"金字塔是卢浮宫里飞来的一颗巨大的宝石"，贝聿铭也被总统授予了法国最高荣誉奖章。建筑是什么？音乐家说是"凝固的音乐"，诗人说是"有形的诗"，画家说是"立体的画"……它是一种独特的艺术，标志着人类向空间的拓展和对时间的挽留。贝聿铭在《我和我的建筑都像竹子》一文中指出："有人说一个设计师的命运 75% 来自他招揽生意的能力，我不同意。建筑师不能对人说：'请我吧！'自己的实力是最好的说服工具。怎么表现你的实力？那么就要敢于选择，敢于放弃，决定了的事情，就要有信心进行下去。……这么多年，我敢说，我和我的建筑就像竹子，再大的风雨，也只是弯弯腰而已。……人生并不长，我的原则是，只做自己认为美丽的事，创造出有震惊效果的美感。"加拿大著名世界摄影大师尤素福·卡什（Yousuf Karsh，1908—2003）说过："拍照并不难，难的是拍出人的灵魂。"中国画常运用"留白"来"蕴境"，给观者留下画面之外的想象的空间。"空"而不空，求美在笔墨，造美在空白，空白美可以产生强烈的空灵感，而空则灵，实则拙。艺术的灵气就是以少胜多，以淡胜浓。著名画家林风眠曾说："画鸟就在于画鸟像人，画花像少女，其实画鸟只像鸟，那又何必画呢？拍照好了。"著名漫画家华君武在《我的漫画》一文中就作者爱用《无题》做漫画标题的现象指出："漫画其标'无题'时，作者是有题的，只是用一种含蓄的方法，让读者自己去破题，得异想天开之妙，产生会心的微笑。"著名导演谢晋说过："在创作中，我就是凭感情，每一次都把自己烧进去。"著名画家、导演陈逸飞说过："我怀着孩子一般的好奇心去窥视生活中所有美的东西。"著名画家周思聪曾说过："技巧并不可贵，可贵的是在于心灵对技巧的创造。"著名画家吴冠中说："美术是视觉的，画眼看沧桑，沧桑一画，须由造型的规律来剖析、组织、创造赏心悦目或触目惊心的作品。……当人们掌握了技巧，技巧就让位于思考。于画中思，或于思中画，都会从不同方面予人美感。"张大千先生晚年时对学生说："大抵画一种东西，不应当求太像，也不应当故意求不像。一定要在像与不像之间，得到超物的天趣，方算是艺术。"著名画家许钦松先生说过："画山水画，很讲究虚实关系，虚的这一块，让人捉摸不透，不能让你看得明白，这样才能产生很大的吸引力，引领你进入画中的情景。"有人说音乐中的空白就是无声，沉默也是一种语言。这里所表述的"美感""好奇""美丽""灵魂""空白美""心灵""感情""修养"等都是看不见、听不到、摸不着的东西，都是作者的"无物""无形""无题""心画"的宝贵精神所在。作者的心是表现在物上的，在心对物之争中，征服了物，凭借物、利用物表现出来的。设计源于生活，源于文化（生活的精华），源于思想。人的需求是创意之本，设计创意所显示的表象印记是设计者文化、艺术修养的结晶。从作品（物品）本身挖掘设计理念的过程，去把握从客观的真实和艺术的真实中展现出"想象力"的飞跃。

孔子有一句名言：和则生物，同则不继。从设计的角度看，"同"是排除多样性与差异性的抽象的同一，是形而上学的无差别的同一，简单重复，只有量的增加，没有质的变化，不可能产生新的事物；而"和"是指包含多样性的统一或尊重差异性的和谐，包含着差异、矛盾和多样性，设计需要的是"和"的"千人千面"，而不是"同"的"千人一面"。《国语·郑语》中指出："声一无听，物（色）一无文，味一无果，物一不讲。"就是说五声和谐才能成为好的音乐，单调的一种声音就不好听，一种颜色就没有美丽的画面，一种味道势必倒人胃口，只有一种东西就无从比较好坏。创造意味着对现实的否定性评价，设计意味着对现实的不满足和改造，意味着对现实中没有的东西的探索和营构，意味着对理想世界的追求和建设，以达到真、善、美的统一。设计若处于没有多样性的绝对同一的状态，则只能使世界"不继"，设计也就停止了发展的生机。

四、梦是设计的原动力

先生们，我们应该会做梦！……那么我们就可以发现真理……但不要在用清醒的理智检验之前，就宣布我们的梦。

——弗里德里克·奥古斯特·刻库勒（Friedrich August Kekulé）

【例1】

卓别林问爱因斯坦是怎样想起要发明相对论的。

爱因斯坦的夫人做了回答。她讲述了人类科学发生转折的那天早晨的情景："博士和往常一样，穿着他的睡衣从楼上走下来用早餐，但是那天他几乎什么东西也没有吃。我以为博士不太舒服就问他哪儿不痛快，他说：'我有一个惊人的想法！'他喝完了咖啡，就走到钢琴前开始弹钢琴，他时而弹几下，时而停一会儿，又记下了一些什么东西，然后他又说：'我有一个惊人的想法，一个绝妙的想法！我得把它推导出来。'博士又继续弹琴，有时停下来，用笔写些什么，大约经过半小时，然后回到楼上的书房里，并告诉我别让人打搅他。从此，他在楼上一待就是两个星期，每天叫我把饭菜送上楼去，黄昏的时候，他出去散一会儿步，活动活动，然后又回到楼上去工作。一天，博士终于从他的书房里走下来了，他面色苍白，一面对我说：'诺，就是这个。'一面把两张纸放在桌上，那就是他的举世闻名的相对论。"

卓别林紧紧握住爱因斯坦的双手，深情地望着他，激动的泪水夺眶而出。他是为科学家的杰作而流泪，是为爱因斯坦突发奇想，在钢琴的奏鸣声中冲破障碍，夺得科学的皇冠——相对论而流泪。他再次大喊起来："爱因斯坦先生是艺术家，是地地道道的浪漫主义艺术大师。"

【例2】

幻想与现实。

英国有一位名叫克拉克的科幻作家，他生于1917年，孩提时就对科学有兴趣，尤其对天空，发表了不少科幻小说，特别是1945年的科幻作品《地球外的传播》，使现代通信技术从昨日的幻想变成了今日的现实。通过通信卫星，可以将地球上某个地区的电视节目或无线电信号传送到其他任何地方，这个好主意就是克拉克想出来的。当时已经开始使用微波通信，微波通信的优点是容量大、质量好，但微波波长很短，传播不远就会离开地面进入太空。要解决这个问题，人们需要在地面上建立许多微波中继站，像接力赛跑一样，把接收到的微波信号再传播出去。但是，一个50m高的微波通信站，其有效的传播距离只有50km。

克拉克在《地球外的传播》这一科幻作品中大胆设想，如果把中继站建到地球以外的太空中去，由于中继站的位置高，传播的微波覆盖面积就大。他通过详细的计算，认为如果在地球的上空有三个静止不动的中继站，它们传播出去的微波几乎就可以覆盖除两极以外地球上的任何地方。怎样才能使中继站"静止"在地球的上空呢？克拉克指出，在距离地球35800km的上空有一条可以使中继站保持与地球自转速度一致的轨道，这样从地球上看去，它们就像"静止"在地球上空一样稳定。克拉克还提出，人造地球卫星可以把中继站送入这一太空轨道。当时火箭还没有上天，要发射一颗人造地球卫星进入35800km太空谈何容易，这种在作品中提出的大胆设想，无一人敢相信。然而随着火箭和制导技术的发展进步，特别是美国在1963年发射了第一颗叫"晨鸟"的同步轨道通信卫星，使巴西、尼日利亚和美国新泽西州的部分地区之间实现了通话和电视转播，克拉克也因此成为世界上最杰出的科幻小说家之一。现在几乎所有国家都可以通过卫星收看到电视节目和新闻现场报道，天涯咫尺，这个好主意首归克拉克的功劳。正如美国火箭专家戈达德所说的：世界上几乎没有什么是办不到的事情，因为昨天的梦想，可以是今天的希望，并且将成为明天的现实。

【例3】

碳原子为什么能形成几百万种化合物？

大家知道，含碳原子的有机化合物有几百万种，是什么原因使碳原子与众不同，以至能形成这样多的化合物呢？1854年，德国有机化学家刻库勒（August Cecile）在伦敦乘坐公共马车时得到了该问题的答案：

"一个晴朗的夏天，我正乘坐末班公共马车回去，和往常一样，我坐在外座。车子经过伦敦寂静的街道，它在其他时候是充满生机的，我沉浸在梦幻之中。看！原子在我眼前跳跃……我不断地看到两个较小的原子连接起来形成一对，一个较大的拥抱着两个较小的，另一个较大的紧拉着三个或四个较小的，同时它们全都在一个令人眩晕的舞蹈中回旋着。我看到这些大的原子如何形成一条链……。我当晚就花了一些时间记下了至少是这些梦境的梗概。"

现在很清楚，也很简单，是由于碳原子能够彼此连接起来，其连接的规模是任何其他元素的原子所不能达到的，碳原子可以形成长达几千个原子的链，或形成各种大小不同的环，这些链和环可以带有支链和交联。例如，在结构上类似王冠的有机化合物冠醚，其冠醚结构上的总原子数为9~60个，可以组成33种不同的环状聚醚。它们彼此连接的方式很符合美学中的对称与均衡、比例与尺度、安定与轻巧、对比与协调等形式法则，从而形成许许多多奇

　　妙无穷的、肉眼看不到的、全凭科学家想象的、微观的艺术世界（图1-3）。

图1-3
部分冠醚的分
子结构

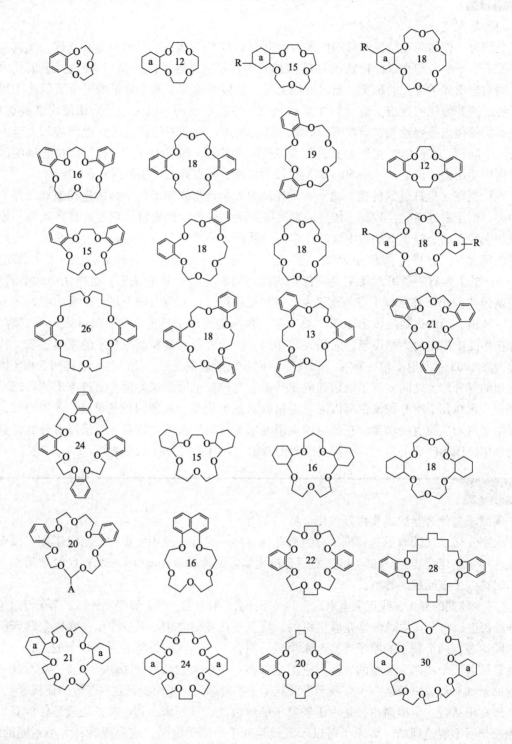

【例4】

　　宇宙中不存在直线。

设计一条长400m的大货柜船时，甲板的形状一定是带有轻微的曲线以配合地球的曲线。从中间点至甲板两端有1cm的高度差异，如果设计成一条只有直线甲板的船，则船易破裂。因为地球是圆的，地心引力向着地球中心作用，因此，几何形的直线、平行线、正方体与地球引力不相容（结晶体例外），也就是说自然中没有东西能允许直线的观念。

【例5】

先想象后计算。

对设计师来说，直觉是很重要的，计算是在直觉性创造用尽后才开始的。例如，鸟雀的飞行已历经数百万年，相反，空气动力学的研究只有70～80年的历史。如果按计算去考虑黄蜂如何飞行，将黄蜂的重量、翅膀的尺寸、鼓动翅膀所需的能量和所有可以想象得到的因素都一一加以考虑，经过空气动力学的计算，从数学上计算的结果来看，大黄蜂是根本不可能飞行的！得出的结论是，大黄蜂根本就不可能飞行。然而科学家目前在珠穆朗玛峰海拔5600m以上的地方发现了大黄蜂，它们甚至可以在人工重现的海拔9000m的空气条件下自如飞行。9000m这一高度（比珠穆朗玛峰还要高）的气压约是海平面处气压的1/3，所以飞行会变得更困难，因为翅膀扇动的空气更少了，况且在这种情况下呼吸也变得很困难。然而，黄蜂和其他的昆虫、鸟雀一样，在天空中自由自在地飞翔了千百万年！

【例6】

球体轮胎。

1985年日本筑波国际博览会展出的一部四座位城市小汽车，其行驶速度为80km/h。任何人第一次看到它都会大吃一惊！因为它的轮胎是球形的。行驶时，当箭头指向前时，车子会向前直行；若将箭头指向旁边，车子马上开始像螃蟹 般向旁边移动，自由自在。在2016年的日内瓦车展上，美国的轮胎大厂固特异橡胶公司（Goodyear）宣布推出一款被称为"Eagle-360"的球体概念轮胎。这种球体轮胎（图1-4）靠磁悬驱动，取消了固定的移动轴，在轮胎中内置电动机，保持四个车轮都能轻松转向，360°无死角转向，人人都能"任性漂移"。据说球体轮胎的灵感来源于一个人们意想不到的创意源：脑珊瑚，其外部模仿了大脑表层的珊瑚结构，布满了多方向的块状纹路和凹槽，以增加抓地力，而且兼顾雨天排水和散热，同时很好地解决了安全问题。终有一天，现在人们司空见惯的汽车形状都将消失，汽车设计将有一次又一次惊人的飞跃。

图1-4
球体轮胎

【例7】

　　节水洗衣机一次只用一杯水。

　　英国利兹大学的科研人员研发出一种节水洗衣机，只需用一杯水的水量即可完成洗涤过程，耗水量及能耗不到传统洗衣机的 2%。这种节水洗衣机利用数千条塑料片进行工作，每条塑料片长约 0.5cm，总重达 20kg。这些塑料片被装在洗衣机背后的滤筒中。

　　洗衣时，人们先将衣物放入洗涤筒内。洗衣机开始运转后，装在滤筒中的塑料片会被全部投入洗涤筒中。同时加入洗涤筒的还有一杯含有洗涤剂的水。塑料片在洗涤剂的帮助下，吸附衣物上的污渍。最后依靠这一杯水的水量彻底除去衣物上的咖啡渍、口红渍等日常生活中经常出现的各种污渍。这些塑料片在每一次洗涤结束后都需要进行清理。不过，它们可以循环使用，最多可达 100 次，大约相当于一个家庭 6 个月的洗衣的次数。如果能在全英国范围内投入使用，这种洗衣机每年将为英国节省几十亿升水资源。英国克赛罗斯有限公司是节水洗衣机创意的推动者，并将负责这种节水洗衣机的市场推广。

　　目前，英国每年销售 200 多万台传统洗衣机。这意味着，如果英国人都转为购买节水洗衣机，其市场总价值将高达 10 亿英镑。

课后思考题 Ｖ

1. 如何理解设计与文化、文明三者之间的关系？
2. 为什么说设计是人的天性、本性，是通往自由的桥梁？
3. 阐述物质社会与非物质社会的设计特征。
4. 谈谈你对"设计源自心灵，梦是设计的原动力"的理解。

第二章

设计与工业设计

第一节 设计的概念

一、什么是设计？

在这个世界上，只要是人做的东西，没有一样不是经过设计的。平时我们不以为然的一切东西，其实全部都是经过设计的。因此，人们在日常生活和工作中经常使用"设计"这个词，由于使用得非常普遍，导致"设计"一词语义界限混淆不清。有的指外观质量，有的指内在质量，在日常口语中如"动脑筋""想办法""找窍门"等，也都是对设计的一种表达。

设计的好坏，必须要对相同功能的数种产品进行比较，才能做判断，只有一种产品是无法比较和选择的。当今世界各国许多著名的企业都纷纷提出"设计第一"的口号，因为当生产几乎都进入用同一种原料、同一技术水平生产同一类产品的自动化快速阶段时，设计便成了决定性的因素，成为产品看得见的质量表现形式。大家知道，批量生产的产品与一件单一的产品在生产过程中的思考角度是不同的，单件产品随时可以修改，也许最终的产品与最初的设想完全不同也可以接受。而大批量生产的产品就不可以这样，必须事先规划好，或者说设计好。产品的形象是按计划去执行的，就是说两者的设计意识是不同的。

"设计"一词在国外使用得也很普遍，均以英文"design"的解释为主。"design"译成图案可能源自拉丁语"designare"（动词）或"designatio"（名词），意指"将计划表现为符号"或"在一定的意图前提下进行归纳"。意大利语"disegnare"、法语"desseign"和德语"design"都作意匠、设计、图案等解释。就是说"design"主要用于与艺术有关的事物，作图案解释时有构思、计划的含义。不过图案容易给人以平面的感觉，它很具体，很实际，也很形象，容易让人联想到具体器皿上的装饰。意匠虽然给人以细微的立体感，但与其说它是针对功能，不如说仍给人以装饰的感觉。"图案"在 16 世纪前后主要表现艺术家心中的创作意念，通过"草图"具体化。"图案"也曾被定义为"以线条的手段来具体说明那些早先在人的心中有所构思，后经想象力使其成形，并可借助熟练的技巧使其显现的事物"。特别是在 19 世纪，无论是最佳制作的工艺美术品，还是大量生产的产品，都是对产品的外表进行美化装饰。所以，当时的设计家同时也是装饰图案或花样的设计家。

进入工业化社会之后，"design"由"纯艺术"或"装饰图案艺术"的范围扩大到现代工业产品，使设计概念及其语义的内涵更加广义化，而趋向于强调该词结构的本义，即"为实现某一目的而设想、计划和提出方案"，表示出一种思维、创造的过程。这种思维创造的结果最终将以某些符号（语言、文字、图样及模型等）的形式表达出来。

英国《韦伯斯特大辞典》对"design"做出的解释如下：

作为动词解释时，表示：①在头脑中想象和计划；②谋划；③创造独特的功能；④为达到预期目的而创造、规划、计算；⑤用商标、符号等表示；⑥对物体和景物的描绘、素描；⑦设计及计划零件的形状和配置等含义。

作为名词使用时，则表示：①针对某一目的在头脑中形成的计划；②对将要进行的工作预先根据其特征制作的模型；③文学、戏剧构成要素所组成的概略轮廓；④音乐作品的构成和基本骨架；⑤艺术作品、机械及其他人造物各要素的有机结合；⑥艺术创作中的线、局部、外形、细部等在视觉上的相互关系；⑦样式、纹饰等。

1786 年的初版《大不列颠百科全书》中，对"design"的解释：是指艺术作品的线条、形状，在动态和审美方面的协调。在该书 1974 年第 15 版中对"design"又有了更明确的解释：是指进行某种创造时的计划、方案的展开过程，即头脑中的构想。一般是指能用图样、模型表现的实体，但并非最终完成的实体，只指计划和方案，它的一般意义是为产生有效的整体而对局部之间的关系进行调整。其有关结构和细部的确定则可有以下四方面的考虑：

1）可能使用什么材料。

2）这种材料适用何种制作技术。

3）从整体出发的部分与部分之间的关系是否协调。

4）对旁观者和使用者来说，整体效果如何等。

"意匠"一词最早源于中国的晋代，唐代著名诗人杜甫（712—770）在《丹青引》一诗中写道："诏谓将军拂绢素，意匠惨澹经营中。"晋代文学家陆机（261—303）在《文赋》中写道："意司契而为匠。""契"指图案，"匠"为工匠，均有诗文或绘画等精心构思的意味。在日本，也有"意匠"一词，"意"即"心"的意思，"匠"即"技"的意思，即设计之表现。

日本表达设计含义的有两个词：汉字"設計"和外来语"デザイン"。在日本的《廣辭苑》辞典中，将汉字"設計"解释为"在进行某项制造工程时，根据其目的，制订出有关费用、占地面积、材料，以及构造等方面的计划，并用图纸或其他方式明确表示出来"。这与我国《现代汉语词典》中将"设计"一词解释为"在正式做某项工作之前，根据一定的目的要求，预先制定方法、图样等"相类似：

1）与计划有关，将计划看成是一个整体，如何将整体中的各个部分有效地连贯起来。

2）与表现有关，如用工程图、平面图、效果图、模型等将产品或建筑物的特征表现出来。

"设计"一词在建筑、土木工程、机械等方面使用得较多，如工程设计、建筑设计、机械设计等。到了 20 世纪二三十年代，随着科学技术的发展和工业经济的繁荣，设计的中心不再是装饰、图案，而是逐步转向对产品的材质、结构、功能和美的形式进行规划和整合，反映出在工业化大生产（批量生产）前提下，赋予设计以时代的意义：

1）设计要反映工业化大生产和市场经济前提下的各种要求。

2）设计要反映出双方的利益，以及消费者、使用者的生理、心理上的要求，是一项综合性的计划。

因此，现代的设计概念是指综合社会的、人文的、经济的、技术的、艺术的、生理的、心理的等各种因素，纳入工业化批量生产的轨道，对产品进行规划的技术。或者说设计是为某种目的、功能，汇集各部分要素，并做整体效果考虑的一种创造性行为。在这种情况下，很难再用图案或工程的概念来表达设计的内涵。日本在反映当代的设计特点时首先注意到这个问题，很少再使用固有的汉字"設計"，而是使用外来语"デザイン"（译自英语中的"design"）。日本《廣辞苑》辞典中对"デザイン"的解释是："在制造生活中所必需的产品时，要讨论产品的材质、功能、生产技术、美的造型等各种因素，以及来自生产、消费等方面的各种要求，并对之进行调整的综合性的造型计划。"

日本意匠法第二条对"意匠"的定义是："根据法律，所谓意匠是指物品的形状、模样或者色彩，或者是这些的结合，通过视觉使之产生美感。"

我国专利法中对外观设计（Industrial Design）的定义是："对产品的形状、图案或者其结合以及色彩与形状、图案相结合所做出的富有美感并适于工业应用的新设计。"

英国、美国、德国、法国等国家不将色彩列入保护对象，认为色彩本身不具备设计专利条件和发明（创造力）的能力。

以上论述表明，设计是按照特定的目的进行有秩序、有条理的技术造型活动，是谋求物与人之间更好的协调，创造符合人类社会生理、心理需求的环境，并通过可视化表现达到具体化的过程。

产品设计必然涉及形，形是一个重要的、必需的因素。形和型稍有差别："形"是指由于人的意识活动能做出的肉眼可见的或可以用手摸到的行为；而"型"则包含着形、色、质感、肌理等概念。我国专利法中外观设计的"形状"是指对产品造型的外部形状设计，也就是指产品外部由点、线、面连接与组合而呈现出来的外表轮廓。造型是指按人的意志进行形体塑造，或者以可视或可触及的质材要素为基础，进行形、色等有关的创造。这样解释，则绘画、雕塑以及日常生活用品制造（如烹饪、缝纫等）、城市规划、建筑、园林设计等都是造型。可以说，凡是人类生活意识的表现均为造型，包含立体的形（Form）和平面的形（Shape）。

二、设计的理性与感性

为什么"设计"一词从形式和内容上适用于各行业的各个不同的领域，如工程师、建筑师、工业设计师、科技人员、经济策划师、立法者、管理者、社会活动家等，人们都有意无意地用上"设计"一词呢？原因是人们对设计的认识集中在一个对实体（有使用价值的产品）认识的出发点不同。由于人们对实体认识的角度和标准不一样，因而出现了许多专门的领域。一种是以科学物理认识为主，追求理性的和定量的，注重功能和实用性的标准。理性的创作是人们左脑的运作，其重点在于逻辑与推理，其结果是客观的并有论据支持。因为一个复杂的产品系统必须有合理的逻辑并客观地进行考虑才能成为一件实用的产品。另一种是以感性认识为主，追求艺术形式和非定量的，注重个人感受的精神标准。感性的创作是人们右脑的运作，其重点在于情绪与感情的表达，因此其结果是主观的且不一定有可循的标准，设计因而有个人发挥的空间。两者最大的差别是：一种注重功能，一种注重感觉形式，理性代表的是客观事实，感性代表的是人类态度。它们之间虽然不同，却互相补充。前一种是主流，后一种则是营养，它滋养着人类对工业的想象力。

在对问题的求解过程中，工程师的"设计"偏向理性一边，艺术家的"设计"偏向感性一边，"设计"偏向于认识的任何一方都相对较为容易，但要同时兼顾两种认识标准的要求却很难（图2-1）。

图 2-1
设计的两极性

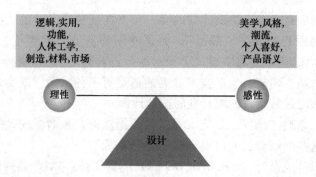

偏向精神实体的感性认识，将会出现过多的装饰、过多的造型，华而不实，主观臆断和个性主义虽然有一个独特的外表，但不能真正解决使用者面对的问题；偏向物理实体的理性认识，则过分强调工程技术、结构功能，使产品外观冷冰、毫无人情味。设计恰好是在感性与理性，具象与抽象，艺术与技术，形式与功能之间架起一座桥梁，从两种不同的认识标准中使得科学与艺术有机地结合起来，从两种不同实体认识的标准中创造出设计的文化与价值（图 2-2）。

图 2-2
设计的本质与
设计评价范围

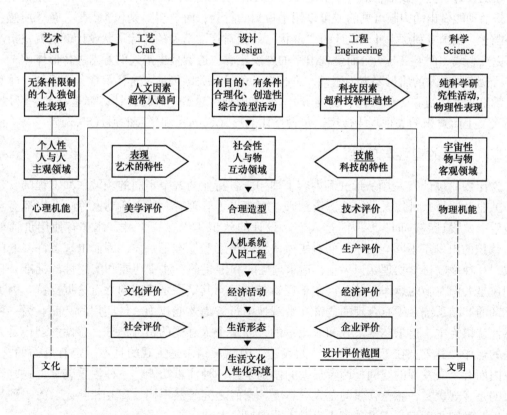

有人说，感觉中的东西有时比存在的更真切。人类如何把握自己，追求更美好、更充实的生活目标，只能靠设计。当然，在实际的产品领域中，理性与感性并非有恒常的比例，不同的产品有不同的侧重点。一个产品的生命周期阶段在设计上往往会影响其理性与感性的需求。

三、设计是个多义词

设计的广义解释为包括人类活动的所有领域；狭义解释是为实现某种目的、功能，汇集各部分要素，并做整体效果考虑而联系在一起的创造性行为。而且工业越发达，对设计概念的研究也越深入。尤其是进入信息化社会之后，设计一词的含义更为扩大，不单只是构思、构图、规划、造型计划，也更不只是动脑筋、找窍门，而是扩大到以地球、生命、历史、人类智慧为依据的对未来的想象（如人工环境设计、生态设计等），设计是为地球上一切有生命的东西而存在的。日本设计学会曾经对设计用语做过一次广泛的调查，提纲是：

1）对设计的广义解释。

2）对设计的狭义解释。

3）设计是一种造型行为还是造型结果。

在得出的 34 个答案中选择两个做如下介绍：

1）广义解释：设计是谋求物与人之间更好的协调，为创造历史、社会的价值而将人为的环境改变成符合人类社会、生理、心理的需求的造型计划。

狭义解释：造型的构成要解决与目的有关的各种问题（如社会价值观，用户需求，心理、生理的满足，现代感的认识，功能、形态、色彩、材质等），通过视觉达到具体化的过程。

结论：设计是一种造型行为（意指为谁设计）。

2）广义解释：按某种特定的目的意识进行有秩序、有条理的造型活动。

狭义解释：是一种构思，用图示—制造—完成来表示的综合的、有目的的造型活动。

结论：设计是一种造型行为（包括思考过程）。

综上所述，设计是一种造型计划、造型行为、造型活动。无论是纸上的计划（图案），创造发明的精神活动（构思），还是实际的制作（产品），都是设计的内容。

日本曾经在 1984 年召开的工业设计讨论会第三次会议上，要求对设计用语进行定义并找出 100 个关键词（key word）时指出：

1）设计是一种创造，因此，所谓设计的学科即创造性的学科。

2）设计是一种形象的生成、变换、感受的学科。

王受之在《世界现代设计史》一书中指出：所谓设计，指的是把一种设计、规划、设想、问题解决的方案，通过视觉方式传达出来的活动过程。其核心内容包括：①计划、构思的形成；②视觉传达方式；③计划经传达之后的具体应用。由于设计是一个多义词，存在感性的"设计"表达、理性的"设计"表达和以"设计"作为科学与艺术之间桥梁的表达，也有从经济、哲学、文化、文明的角度来表达等，存在着设计含义的多样性。以下是部分有关"设计"的多义性的解释或描述：

- 设计是为地球上一切有生命的东西而存在的。
- 设计是以求真的科学为基础，透过求美的艺术表现，达到求善的创造行为。
- 设计就是通过创造与交流来认识我们生活在其中的世界。
- 设计是存在的本质特征。
- 设计是人类本性的物化和外化。
- 设计是一个符号素质，它代表着一个改善了问题处境的解答。
- 设计是指事先在心中酝酿，在想象中已绘出结果，并能通过实践使之成为现实的可视物。

- 设计是以解决问题为导向的创造性活动。
- 设计是由抽象概念发展至具体可实施的架构，或产生具有效益的人造物。
- 设计是一项前瞻性的活动，每一种新产品或概念产品的诞生，都预示了社会、文化与生活形态的未来走向。
- 设计是为赋予有意义的次序所做的有意识的和有功效的努力。
- 设计是从现实的事实转向未来可能的想象。
- 设计是围绕目标的求解活动。
- 设计是使人造物产生变化的活动。
- 设计是高风险、高不确定性的决策过程。
- 设计是一种创造行为，透过产品表现优质的创意结果。
- 设计是一种造型活动，应用科技手段表现造型的美学效果。
- 设计是一种经济行为，满足使用者与生产者不同的需求。
- 设计是一种文化创意，经由产品营造日常的生活文化。
- 设计是指以将现存情形改变为向往情形为目标而构想行为的方案。
- 设计是从客观现实向未来可能富有想象力的跨越。
- 设计是在获得足够把握之前对未来产品尽可能多地进行模拟。
- 设计是从无到有的创造，创造新的、有用的事物。
- 设计是表达一种精神信念的活动。
- 设计是把某种计划、规划、设想和解决问题的方法，通过视觉语言传达出来的过程。
- 设计是在一定约束条件下，最合理地满足社会的需求。
- 设计是始终对应着外在环境的变化而思考着内涵的转变。
- 设计必须在技术条件和艺术涵养之间加以调和，并在界定范围内做出决定。
- 设计的宗旨是以科技的趣味为手段来沟通人际关系。
- 设计扎根于科学之上，要更深入地透过美学探讨来强调情感上的需求。
- 设计是为人类创造一种合理的生活方式。
- 设计是指在制造各种人工产品之前，对未来产品的规划活动，尤其指对未来产品的功能、形态诸方面进行创造，并能够将设想的结果用图形表现出来。
- 设计是一种创造性活动，创造前所未有的新颖而有益的东西。
- 设计是一种满足需求的行为。
- 设计是一种达到既定目的的手段。
- 设计是一种创新事物与想法的技术工具。
- 设计是一种将艺术融入生活与文化的表现途径。
- 设计是一种属于产品和服务的附加值的模式。
- 设计是一种自然科学与人文科学整合应用的技术方法。
- 设计是一种生活哲学的具体化程序。

第二节　设计的领域

德国哲学家埃德蒙德·胡塞尔（Edmund Husserl，1859—1938）指出："除了最基本的先验意识的世界外，人类基本面临着三个世界：生活世界、科学世界、哲学世界。在生活世界的历程中，随着普遍价值观念的形成，人类将能达成互相理解与取得共识，失去生活世界的设计犹如失去土壤的植物，不但无处着力，更将逐渐枯萎。"生活世界是由人、社会、自然共同组成的，以人（Man）—自然（Nature）—社会（Society）构成的生活世界三要素为对象，可将设计分成三个领域，即视觉传达设计、产品设计和环境设计。人类要进行真、善、美的探索、追求和创造，就必然会面对人与自然、人与社会、人与自身之间的重要矛盾——克服这些矛盾只能靠设计。图2-3所示为设计的世界，图2-4所示为设计与诸学科的关系配置图。

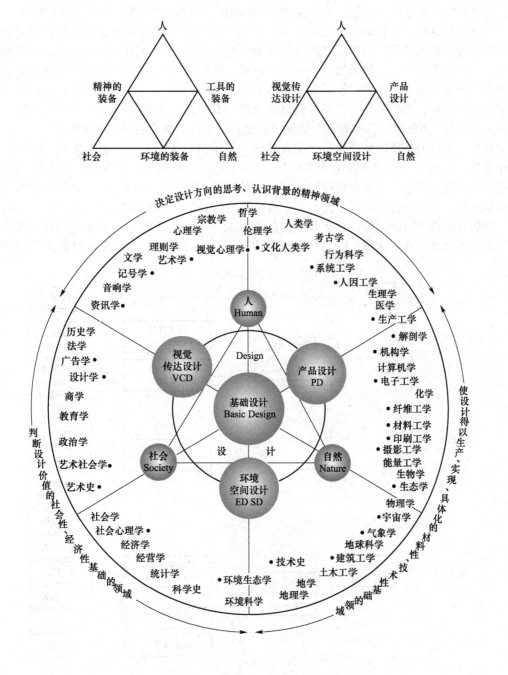

图 2-3
设计的世界

图 2-4
设计与诸学科
的关系配置图

一、视觉传达设计

视觉传达设计（Visual Communication Design）是人与人之间实现信息传播的信号（Sign）、符号（Symbol）的设计，即将"听得到的传达"转变为"看得见的传达"。它是一种以平面为主的造型活动，是人与所属社会间的精神媒介。Communication 源于拉丁文，含有"共同享有"或"共同地分享或给予"的意思。因此，视觉传达设计也可指以人与人之间的意志、情感与信息的传递和交换的需要为目的，对语言、音响、文字或图形等媒介实现的传递活动所进行的设计。视觉传达使用视觉的语言与读者沟通，具有传播的六项功能：①指示性功能；②情感性功能；③意动性（指令性）功能；④诗意的或美学功能；⑤交际性功能；⑥无语言性功能。

人类的信息传达与其他生物之间最大的区别，在于人类能使用包括语言在内的各种记号来达到传递信息的目的。当然，其他生物在遇到危险时，也会运用其特有的方式来互相传达信息，如猿猴借助声音、蟑螂借助气味、蜜蜂通过舞蹈形式来完成同类之间的沟通。人类利用视觉、听觉、嗅觉、味觉、触觉五种感觉器官，借以感知形、音、色、味、表面状态以及重量等各种信息，其中视觉所接受的信息量最多。据统计，人类的信息83%来自眼睛，11%来自耳朵，其余6%来自其他器官。这说明视觉性信息传达具有特殊的重要性。

符号是信息的载体。视觉符号是指人类视觉（眼睛）能看到的，表现事物一定性质（质地或现象）的符号。每种事物凭借其大小、色泽、形状、材料等，具有视觉符号意义的形式。所谓传达，是指信息发送者利用符号向接收者传达信息的过程。两者必须具备部分相同的信息知识背景，即信息传达所用的符号至少有一部分已储存在接收者的记忆系统中，只有这样，传达才能有效果。因此，设计师必须根据接收者的知识背景与传达内容来选择符号媒介，这是视觉传达设计的基本原则。图 2-5 所示为视觉传达设计系统。上海设计师顾永江设计的月

图 2-5
视觉传达设计
系统

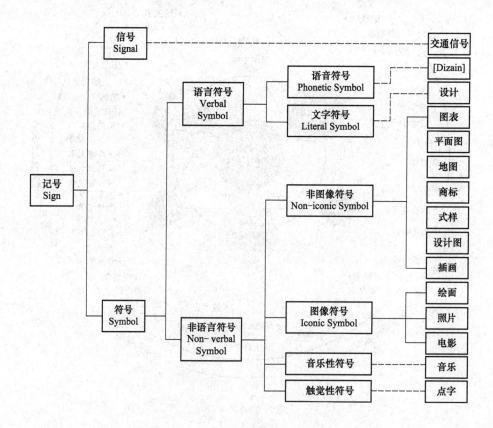

球探测工程标识（图2-6）以中国书法的笔触，抽象地勾勒出一轮圆月，一双脚印踏在其上，象征着月球探测的终极梦想，圆弧的起笔处自然形成龙头，象征中国航天如巨龙腾空而起，落笔的飞白由一群和平鸽构成，表达了我国和平利用空间的美好愿望。整体图形由一弧两点巧妙地形成古文"月"字，写意的笔触旨在传达一种探索的信念，同时表现出中国书法文化内涵深厚，是取之不尽的设计源泉。

图2-6
月球探测工程
标识（上海设计
师顾永江设计）

二、产品设计

产品设计（Product Design）是人为了生存发展而对以立体工业品为主要对象的造型活动，是追求功能和使用价值的重要领域，是人与自然的媒介。

日本川登添在其著作《什么是产品设计》一书中，做了一段生动的描述："人类置身于大自然中，在逐渐脱离自然的过程里，产生了两种矛盾。第一种矛盾是人类不在乎自己是大自然的一分子，而勇敢地向大自然挑战；第二种矛盾则在于人类一个人孤单地出生，又一个人孤单地死去，但是却无法一个人孤单地独自生存。为了克服第一种矛盾，人类创造了工具；为了解决第二种矛盾，人类发明了语言。"工具和语言都是人类意识活动的结果，可以说，语言是思维的直接现实，工具是思维的间接现实。这段话恰好适用于"设计"一词。为了联系人与大自然的关系，人类在工具世界中创造了各种产品设计；为了连接人与人之间的关系，人类在信息传达世界中创造了视觉传达设计；为了调和复杂的人类社会和大自然之间的关系，使之趋于平衡，人类在艺术世界中创造了环境设计。其中，产品设计在设计领域中占有很大的比重。

关于产品设计的本质可以这样说：人类基于某种目的，有意识地改造自然，创造出自我本体以外的其他物质。这种基于生活需要所发明创造的物品，除了具有实用性以外，还应包括美感及社会性的动机和用途。其中，实用性是指物品被使用的价值和功能；社会性是指物品在生活中所扮演的角色；美感是指物品刺激人类大脑所引起的感觉。一般说来，人类设计出来的物品多半具有双重价值，甚至上述三种价值共存，只是各自的价值程度不同而已。图2-7所示为自行车的外形变化。

三、环境设计

环境设计（Environment Design）是以整个社会和人类为基础、以大自然空间为中心的设计，也称空间设计，是自然与社会的物质媒介。由于空间设计的"空间"范围太大，应该被

图2-7
自行车的外形
变化

1818年，德国的德赖斯发明木制、带车把的两轮自行车，靠双脚蹬地行驶

1861年，法国的米肖父子发明前轮大、后轮小，并在前轮上装有曲柄和能转动的踏板的自行车，它于1867年在巴黎博览会上展出，曾一度掀起自行车热

1886年，斯塔利推出第二款安全脚踏车

当代自行车

概念自行车

限定在一定的范围内，即人类能够生存和生活的场所。这个场所必须具备人类存活的必要条件，以及充分满足人类生活的需求（图2-8）。环境设计是以生活空间为对象进行的设计，包括建筑设计、室内外环境设计、城市规划设计等各个领域。图2-9所示为2010年上海世博会中国国家馆。极富中国建筑文化元素的"斗冠"造型以及表面覆以"叠篆文字"的主题构思，将无数中国人对于世博会的憧憬和梦想寄托在独特的建筑语言中。中国国家馆建筑外观以"东方之冠"的构思主题，表达了中国文化的精神与气质，其设计理念可以概括为：东方之冠，鼎盛中华，天下粮仓，富庶百姓。

图2-8
环境设计的各
个领域

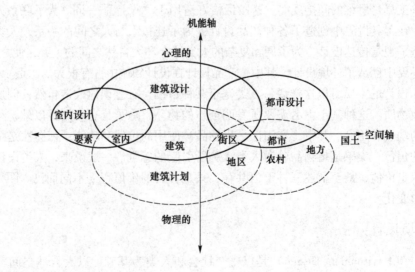

图 2-9
2010 年上海世博会中国国家馆

第三节 设计的平等化与个性化

众所周知，产业革命后所形成的工业化社会的特征之一，就是在以机械科技为背景下的大量生产与大量销售。建立市场经济，通过机械的功能主义的设计，尽力表现机械所具有的功能美，以实现大众社会的需要。工业设计是产业革命的产物，是工业化发展的产物，其使命是代替手工艺设计，利用机器的原有特性、重复的操作工艺、单纯的基本形，将机器生产的大批量产品输送到社会生活中，并加以重新组合，使整个社会形成一个稳定的价值体系。工业设计发展初期之所以具有广泛的民众基础，是因为它从人的需要出发，实现对生活水平的改善和提高。例如，快的总比慢的好，便宜的总比贵的好，均只限于改善的目的，以产品的"形"来协调产品与人之间的关系。从人们的生活背景和生活方式这一点看，其价值观念带有普遍性，设计成了人们最普遍、最简单的要求。设计与个人创作的独一无二的艺术品不同，是为满足世界上的共同需要和普遍要求而对制品进行设计。因此可以说在工业化时代开辟了设计平等化的道路。

随着科学技术和经济的迅猛发展，特别是面对信息化时代的到来，人们对所接受事物的判断标准或兴趣发生了改变，尤其是置身于一个任何东西都雷同的世界里，人们对产品的情调和品味充满着强烈的渴望，渴望表现自己的个性，以便重新获得生活的乐趣，这说明消费趋势已经发生了结构性的变化。从消费需求来看，模仿型排浪式消费阶段基本结束，满足个性化、多样化的消费渐成主流的消费趋势。工业设计引导着产品向个性化、多样化发展，让人们在生活中获得满足，享受生活。当然，个性化的产品不一定是昂贵的产品，在跳蚤市场上也能买到个性化的产品。尤其是以计算机为手段和新材料、新工艺的应用，使产品出现许多新的形式特征，同时也使生产出来的任何东西都变得廉价而有效率。当然，并不是说个性化产品都是小批量、多品种的产品，而是说大众化的产品也可以有个性，人与物的关系不再是使用关系，而是情感关系。人们看重的是有形背后的"无形"——精神的东西，人们购买东西是想通过"形"的背后，得到服务和情感的慰藉。

个性化不一定高贵，大众化不一定低俗，复杂的内涵可能简单（如收割机的设计），简单的内涵可能复杂（如手术刀的设计）。当然，多品种、多样化的设计肯定会使个性化产品的感情因素得到充分的表达。例如，一把母体刀（或小刀模型）可以引发出 131 种不同类型的小刀；10 种母体餐具柜可以诱发出 47 种不同的餐具柜。在由美国《商业周刊》主办、美国工业设计师协会评审的 2004 年度最佳工业产品设计大赛中，获得大奖的有复杂的产品，也有极为简单的产品。例如，雷佛莱将经典小货车与敞篷小汽车相组合，推出了超级运动敞篷车，获得了金奖。在概念设计类中，为出差在外的商务人员设计的圆形便携式打印机获得了金奖。与传统打印机纸张平直进出不同的是，打印纸在这款便携式打印机中是呈环形转动的。评委认为这个构想激发出很强的想象力，是一款革命性的产品。而获得银奖的是一个重量前置的锤子，从手柄到锤子顶端的重量前置，着力点皆采用连续曲线形设计，这使得锤子的重心上移。使用这种锤子可以用更少的力气产生更大的冲击力。牙刷是人们必需的生活品，事实证明人们对牙刷的需要远远胜于对汽车和计算机的需要。世界上第一个将牙刷生产投入工业化（1720 年）的是英国的威廉·艾利斯（William Ellis），至今，牙刷的设计从来没有停止过发展的脚步。有的牙刷可以包住牙齿的各个面，以便更好地清洁牙齿；有的牙刷上带有专门的舌部刮板；有的牙刷刷柄可以自由弯曲，使得刷毛可以探到牙齿的各个角落。人们还发明了电动牙刷、音乐牙刷——音乐不停，刷牙不止。由此可见，一个很简单、很不起眼、司空见惯而且极便宜的小产品，其设计既符合了包豪斯的设计理念，又体现了"以人为本"的精神。

当今世界，网络、计算机的使用在发达国家已经不是什么新鲜事，但是世界上还有许多贫困不堪的地方，那里没有电，教育落后，信息闭塞。科技工作者和设计师有责任为这些贫困地区的人们开发和设计各种物美价廉的生活用品和工具，使第三世界的广大人民也能享受高科技带来的便利与舒适。例如，美国《时代》周刊介绍：60 多岁的设计师尼古拉斯为世界贫困地区的孩子设计了售价仅 100 美元的最便宜的便携式电脑；斯拉特和阿米特合作设计了一种可替代油灯的新型强力灯，它防水、防震，可以用作手电筒、桌上阅读灯，也可以固定在屋顶作室内照明灯。这种强力灯使用太阳能，充电 8h，即可持续照明几万小时，而其售价仅为 45 美元。总之，在由设计平等化向设计个性化转化的过程中，设计的自由度大大增加，产品的特征也由"物质"向"精神"过渡，如何寻找"形"的自身价值，将是 21 世纪的设计师所要面对和研究的课题。

第四节　设计是人的本质力量的体现

大自然是在其美的形式上形象地对我们说话。

——康德

设计是人类特有的一种实践活动，是伴随着人类造物和创形而派生出来的概念。无论是远古时代，还是科学技术迅猛发展的今天，人类要生存和发展，要在自然和社会中获得安全的生存空间和和谐的生活环境，每时每刻都离不开对造物的苦思冥想和实际的造物活动，借此调节主体和客体之间的关系。这些关系包括趋利避害的利害关系，把握客体变化规律的认知关系，以及使客体很好地满足主体的需要（包含精神方面的需要）而出现的愉悦情感的审美关系。可以说，人类发展史就是人类在人造物的创造过程中对主客体关系的调节史。人和动物最根本的区别，就是人能够有目的、有意识地造物并能制造和使用生活工具。动物为什么不能制造工具？因为动物只有感应和感知两个层次的信息处理能力，不能认识外界事物的变化规律，更不能按其规律去改造外部世界，所以动物没有任何创造和发明。据报道，恩格斯在英国《自然》杂志上看到科学家们在文章中谈到蚂蚁具有与人类不同的眼睛，可以看到我们看不到的紫外线。于是他提出一个问题：对这种人的眼睛看不到的紫外线，人和蚂蚁究竟哪个认识得更深刻？恩格斯的回答是"人"。人现在知道有紫外线这种东西，知道有关它的许多事情。因此，恩格斯做出一个判断：人的眼睛的特殊构造并不是人的认识的绝对界限。他说："人虽然看不见紫外线，但可以在所看见别的东西形成的知觉的基础上，获得对紫外线的种种认识"。他进一步说："除了眼睛，我们还有别的感官，而且还有我们的思维活动。"珍妮·古多尔在《黑猩猩在召唤》一书中指出："野生黑猩猩能够利用草棍作'钓竿'，从白蚁洞中钓白蚁；为了吸取树洞中的'泉水'，黑猩猩将树叶'制造'成'海绵'，利用它吸水，这可以说近似于用手制造工具。但是，人们从来没有发现过黑猩猩能用一种工具去制造另一种工具。"

人为什么能制造工具？因为人的认识有感应、感知和思维三个层次的对信息进行处理的能力，在面对外界刺激、调整（实践）主客体关系时，人不仅存在生理层次上的无条件反射活动，而且还有生理—心理层次上的条件反射活动，以及人类心理层次上的抽象思维、想象推理的意识活动。正是这种有意识的生命活动，才表现出人在造物过程中的创造性，才直接把人与动物的生命活动区别开来。马克思在《1844年经济学哲学手稿》中指出了人造物的本质："实际创造一个对象世界，改造无机的自然界，这是人作为有意识的类的存在物（即这样一种存在物，它把类当作自己的本质来对待，或者说把自己本身当作类的存在物来对待）的自我确证。诚然，动物也进行生产，它也为自己构筑巢穴或居所，如蜜蜂、海狸、蚂蚁等所做的那样。但动物只生产它自己或它的幼仔所直接需要的东西；动物的生产是片面的，而人的生产则是全面的；动物只是在直接的肉体需要的支配下生产，而人则甚至摆脱肉体的需要进行生产，并且只有在他摆脱了这种需要时才真正地进行生产；动物只生产自己本身，而人则在生产整个自然界；动物的产品直接同它的肉体相联系，而人则自由地与自己的产品相对立。动物只是按照它所属的物种的尺度和需要来进行塑造，而人则懂得按照任何物种的尺度来进行生产，并且随时随地都用内在固有的尺度来衡量对象。所以，人也是按照美的规律来塑造物体。"这就是人造物的本质，这种所塑造的物体的外观在审美过程中对人具有特殊意义，是人的主观能力（感觉、知觉、想象、知性等）的构造物，是人的创造。

徐晓庚在《现代设计艺术学》一书中指出："人类制作的早期工具，无论是一个什么样的形态，都是物质和精神的统一体，只不过物质的成分、实用的成分占主导，而艺术的成分是附属。"人类早期的"设计"非常注意工具的功能性、实用性，这是很自然的现象。就是现代的人，在天天与物打交道的过程中，首先要解决的仍然是生存的问题，在生存需求得到满足之后，才谈得上美的享受和表现自己的美。王朝闻先生在为邓福星的《艺术前的艺术》一书所做的序中写道："人类第一件工具的创造，当然在特型特征方面要服从它的实用目的。这种目的支持了劳动工具的创造，却又同时创造了另外的价值。这种以功利性目的即善为主的原始工具和后来的体现审美即美为目的的艺术品的创造，当然有不可混淆的质的区别。但是即使最简陋的石器的制造，也顾及用起来方便、省力，以引起主体的快感。石斧、石铲有造型方面的均衡、对称和尽可能光洁的特点，同时具备了被当作视觉艺术来观赏的审美性质。它已经在产生实用价值的同时具备一定程度的使用价值，已经具备了一定意义的视觉艺术的艺术美。"

什么是"尺度"？尺度是衡量事物性质、特征、度量的标准、规范。《美学小辞典》指出：马克思在《1884年经济学哲学手稿》中将"尺度"分为种的尺度、任何一个种的尺度和内在的尺度三种。这个概念被运用于美学，指人既能按照某类物种和各类物种的尺度、规律去认识、衡量事物，更能按照自己内在的尺度，按照主体的规律性，人的本质力量的丰富性，人自己的标准去评判事物，按照客体规律性和主体目的性去自觉、自由地改造客观，创造新的事物，创造美。只有认识和按照自己内在的尺度去观察、衡量事物，才能把握任何物种的尺度；只有在实践中把握任何物种的尺度，才能通过内省、反思激起自我意识，认识自己和人类的本性，从而把握自己内在的尺度；只有将两者有机地统一起来，才能合规律、合目的地进行能动创造，按照美的规律创造美、发展美。

马克思指出"美"的本质就是"人的本质力量的对象化"。人类通过自己的社会实践，在实践对象和实践所创造的一切成果中都打上了自己本质力量的印记，表现出了人类的意志和愿望。这种不以人的主观意志为转移的美的本质，就是对象化了的人的本质力量的体现。人的本质就是"自由的、有意识的活动"。所谓本质，即衡量与判断美的内在尺度（或人的尺度）。人越能深刻地掌握对象的规律，就越能使更多的"自在之物"转化为"自我之物"。所谓自然的人化，是指人在劳动实践中将自己的本质力量外化于自然，使自然人化，成为"人化的自然"，确证了人的本质力量，因而自然才美，才成为人的审美对象。

什么是美感？美感是客体对主体的刺激而引起的情感反应，美感的产生总是离不开审美主体（人）和审美客体（物）两者或两者之间的信息交流。离开审美对象，美感将不能产生。英国牛津大学哲学教授伯纳德·波桑葵（Bernard Bosanquet，1843—1923）认为，美感经验的本质必须具有以下三种特性：

（1）美感是经久稳定的感情（It is a stable feeling）　美感是一种精神活动，而不是要满足现实的需要，所以能超然物外，稳定不移。

（2）美感是关联自足的感情（It is a relevant feeling）　心与美相连，创造和欣赏美的事物时，心与对象彼此融合不分，完全陶醉于美感之中。

（3）美感是公共普遍的感情（It is a common feeling）　美感经验应与众人分享而且日益增强，但必须依赖"教育的结果"才能教人正确地喜欢与厌恶。

美感经验是"体现于表象之内，实现于想象之中"的一种愉快感情的体会。因为审美对象为表象，但美感的愉快则产生于想象领域之中，所以想象力的真义及品味的判断都与美感有关。

什么是美的规律？美的规律包含两层意思：一层是包含着美学意义上的各种形式法则，如调和、均衡、对比、比例、尺度、对称、节奏、韵律、连续等；另一层是按照人的理想和需要来塑造物体。马克思在《资本论》中阐述创造的问题时，认为"美的规律"是"人类在自然物中实现自己的目的"。他指出："蜘蛛的活动与织工的活动相似，蜜蜂建筑蜂房的本领使人间的许多建筑师感到惭愧。但是，最蹩脚的建筑师从一开始就比最巧的蜜蜂高明的地方，是他在用蜂蜡筑蜂房以前，已经在自己的头脑中把它建成了。劳动过程结束时得到的结果，在这个过程开始时就已经在劳动者的表象中存在着，即已经观念地存在着。他不仅使自然物发生形式变化，同时他还在自然物中实现自己的目的，这个目的是他所知道的，是作为规律决定着他的活动方式和方法的，他必须使他的意志服从这个目的。"可以说，人的造物活动是人的本质力量的体现，是一种有意识的生命活动，并在长期实践中逐步掌握了表现事物的形式规律。人造物总是为了满足某种特定的需要而创作的，它们有着对满足人类生存和发展需要的功能追求。这种追求是人类造物活动的原始出发点和动力，通过人们长期的生活和生产实践推动着社会的进步和人类文明的发展。

第五节　工 业 设 计

一、工业设计的基本概念

工业设计是由英文"Industrial Design"翻译而来，由美国艺术家约瑟夫·西奈尔（Joseph Sinell，1903—1972）于1919年首次提出的，是国际上公认的学术用语，如今"工业设计"已成为国际上的通用语，至今仍然是现代设计的主体。工业设计涉及的内容和范围越来越广泛，包括整个人类的需求和欲望。其中大部分的物品都能由工业化的生产方式得到，或以工业产品的形式来满足。

工业设计是指以工业产品为对象的创意设计，它有别于手工业产品或工艺美术品的设计。也可以说，工业设计是将工业化（Industrialization）赋予可能的、综合而有建设性的设计活动，突出的问题是工业化的问题。不言而喻，工业是其最本质、最直接的对象。在讨论工业设计时，首先要展开对工业化的研究，在计划将某一对象物转变为工业化产品时，要考虑到该产品将给人类社会、人们的生活结构和文化价值观念带来怎样的变化。反之，工业化进程本身又有可能促使社会结构发生变化，人们的生活水平得到提高，以及随之而来的按照工业化的原则扩大市场销售、原有传统产业和产品的改造、新产品开发和近代工业经营等问题。

工业设计不同于工程技术设计，它包含着美的因素，是以机械技术为手段的造型活动。但是，又不能单纯地将工业设计理解为只是产品的美观设计，尽管设计是一种以视觉感受为基础的工业产品的造型活动，是一种形态的生成、变换和表达过程。然而在造型活动中，要求对生产、对人体科学、对社会科学，以及对设计方法论等都要有一定的研究。在进行工业产品设计时，要考虑到产品对人类生活的存在价值、产品与社会环境的关系，设计的产品对人的动作行为是否合理而有效率，以及生产技术的可能性、经济的合理性，同时要求产品在形式与功能上均能符合各种要求，既能满足使用者生理上、心理上的要求，又能合理地进行生产，以客观分析的结果为依据来进行设计工作，这样才能提高产品开发的成功率和市场占有率。著名工业设计师乔治·尼尔森（George Nelson，1908—1986）在《设计的问题》一书中曾预示，虽然工业设计在短时间内被普遍认为是具有实用性价值的服务性行业，但为了持续地为社会整体做出更深远且具体的贡献，它本身仍处于自我实现的转化历程之中。美国当代设计家德雷夫斯（Henry Dreyfess，1903—1972）曾说过："要是产品阻滞了人的活动，设计便告失败；要是产品使人感到更安全、更舒适、更有效、更快乐，设计便成功了。"有人认为，科学家能发明技术，制造商能造出产品，工程师能使产品具有功能，市场商人能销售商品，但是只有设计师才能洞察并组合所有方面，并将概念转变成想要的、可行的和商业上成功的产品，以提高人们的生活质量和生活的价值。其实，产品不只是功能信息的载体，同时也是消费者显示自我的符号，设计所提供的不只是产品，而是一个虚拟经验或虚拟程序的服务。因此，选择产品也成了消费者的一种创造行为。

因为是现代化批量生产，是以机械技术为手段的造型活动，是以生活用品、公共性商业与服务业用品、工业及机械设备用品和交通运输工具等为主要对象的设计，所以，选择工业化的目的一定是作为提高人类的社会服务为手段，是人造物的目的性所在。当然，以工业化为目的的产品设计理论或思考过程也在不断地丰富，即使是相同的产品也是如此，这种思考的过程是在产品制作前就确定的，美学特征也预先在设计中确定了。工业化批量生产的对象物（产品）一定会给人类生活方式带来影响和变化，形成与现代化相适应的价值系统。如计算机的使用普及化缩短了人与人之间的距离，使人感到时间的宝贵。这是"物"的现代化对人的生活方式的反馈。加之工业化的批量产品的出现，将更有利于产业的不断改革，有助于生产能力和销售能力的提高，有助于市场的扩大和近代经营的改进。因此可以说，工业设计的产生原因是现代技术，存在条件是现代社会，服务对象是现代的人，工业设计与现代技术、现代社会和现代人类存在着不可分割的密切关系。

二、工业设计的若干定义

"工业设计"一词是工业化发展的产物。随着世界工业突飞猛进，社会、经济、科学技术不断发展，它的内容也在不断地更新和充实，其领域不断扩大。广义的工业设计是指为了达到某一特定目的，从构思到建立一个切实可行的实施方案，并且用明确的手段将其表示出来的系列行为。它也包含了"一切使用现代化手段进行生产和服务的设计过程"。狭义的工业设计是指产品设计，产品设计是工业设计的核心。产品设计是指针对与人的衣、食、住、行、用相关的产品的功能、材料、构造、工艺、形态、色彩、表面处理、装饰等各种因素，从社会、经济、技术的角度进行的综合设计。产品设计既要符合人们对产品的物质功能的需要，又要满足审美的需要，即应对关系到人与自然的工具、器械或物质性装备做出积极的响应。设计活动的兴起首先必须建立完整的设计理念，才能正确地引导整个设计界的发展方向。世界各国对工业设计的理解不尽相同，这里仅介绍几个有代表性的定义。

1. 国际工业设计协会联合会（International Council of Societies of Inndustrial Design，ICSID）的定义

1957 年，世界上 60 多个国家成立了国际工业设计协会联合会。由于各国的国情不同，对于工业设计的认识也不同，因此曾多次给工业设计下过定义。其在 1980 年举行的第 11 次年会上公布的最新修订的工业设计的定义是：就批量生产的产品而言，凭借训练、技术知识、经验及视觉感受而赋予材料、结构、形态、色彩、表面加工以及装饰以新的品质和规格，叫作工业设计。根据当时的具体情况，工业设计师应在上述工业产品的全部侧面或其中几个方面进行工作，而且，当需要工业设计师对包装、宣传、展示、市场开发等问题的解决付出自己的技术知识和经验以及视觉评价能力时，也属于工业设计的范畴。

2006 年再次修订的工业设计定义如下：

目的：工业设计是一种创造性的活动，其目的是为物品、过程、服务以及它们在整个生命周期中构成的系统建立起多方面的品质。因此，设计既是创新技术人性化的重要因素，也是经济文化交流的关键因素。

任务：工业设计致力于发现和评估下列项目在结构、组织、功能、表现和经济上的关系：

——增强全球可持续发展和环境保护（全球道德规范）；

——给全人类、个人和集体带来利益和自由；

——兼顾最终用户、制造者和市场经营（社会道德规范）；

——在世界全球化的背景下支持文化的多样性（文化道德规范）；

——赋予产品、服务和系统以表现性的形式（语义学）并与它们的内涵相协调（美学）。

设计关注于由工业化（而不只是由几种工艺）所衍生的工具、组织和逻辑创造出来的产品、服务和系统。限定设计形容词"工业的（industrial）"必然与"工业（industry）"一词有关，也与它在生产部门所具有的含义，或者其古老的含义"勤奋工作（industrious activity）"相关。也就是说，设计是一种包含了广泛专业的活动，产品、服务、平面、室内和建筑都在其中。这些活动都应该和其他相关专业协调配合，进一步提高生命的价值。

2. 国际设计组织（World Design Organization，WDO）的定义

国际工业设计协会联合会（ICSID）于2015年10月17日在韩国光州召开的第29届年度代表大会上，将沿用近60年的"国际工业设计协会联合会"正式更名为"国际设计组织"。会上再一次宣布了工业设计的最新定义：

工业设计旨在引导创新，促进商业成功及提供更高质量的生活，是一种将策略性解决问题的过程应用于产品、系统、服务及体验的设计活动。它是一种跨学科的专业，将创新、技术、商业、研究及消费者紧紧联系在一起，共同进行创造性活动。它针对需要解决的问题，提出解决方案，进行可视化，重新解构问题，并将其作为建立更好的产品、系统、服务、体验或商业网络的机会，提供新的价值以及竞争优势。工业设计是通过其输出物对社会、经济、环境及伦理方面问题的回应，旨在创造一个更好的世界。

3. 美国工业设计师协会（Industrial Designers Society of America，IDSA）的定义

工业设计是创建和发展概念及规格的专业服务，以便优化产品的功能、价值、外观以及系统，而使用户和制造商共同受益。

通过收集、分析和综合由客户或制造商的特殊需求产生的数据，工业设计师发展这些概念和规格。训练有素的设计师能使用图样、模型和口头描述来准备好清晰和简洁的建议。

经常是由与开发团体的其他成员有合作工作关系的内部来提供工业设计服务的。典型的团队包括管理、市场、工程和制造专家。工业设计师表达的概念要能体现由团队确定的所有与使用相关的设计准则。

工业设计师的独特贡献是把重点放在最直接与人的特性、需求和兴趣相关的产品或系统方面。这就需要设计师心系用户，具有对视觉、触觉、安全和方便性、标准等各方面的专门理解，才能做出此贡献。在预见影响用户的及被用户感知的心理、生理和社会诸因素方面受到的教育和经验是基本的工业设计资源。

工业设计师也需要对加工技术过程及需求，市场时机和经济约束，以及分配销售和服务过程保持实际的关注。他们的工作是保证设计建议能有效地使用材料和技术，并遵从所有法律和规则的需要。

除了为产品和系统提供概念设计外，工业设计经常要解决客户用图形表达出的各种问题。这些任务包括产品和机构的识别系统，通信系统的开发，内部空间计划和展示设计，广告设施和包装，以及其他相关的服务。通过搜寻客户的专家级经验来帮助建立工业标准，调整指导方针和质量控制程序，以便改进加工操作和产品。

作为专业人员，指导工业设计师的是他们对自己义务的了解，他们知道要履行对客户的契约责任，保护公众的安全和福利，期望环境的改善和遵守商业道德惯例。

4. 加拿大魁北克工业设计师协会（The Association of Quebec Industrial Designers）的定义

工业设计包括提出问题和解决问题两个过程。既然设计就是为了给特定的功能寻求最佳形式，这个形式又受功能条件的制约，那么形式和使用功能相互作用的辩证关系就是工业设计。

工业设计并不需要纯粹个人化的艺术作品或者纯艺术家式的天才，也不受时间、空间和人的目的所控制，它只是为了满足包括设计师本人和他们所属社会的人们某种物质上和精神上的需要而进行的人类活动。这种活动是在特定的时间、特定的社会环境中进行的。因此，它必然会受到生存环境内起作用的各种物质力量的冲击，受到各种有形的和无形的影响和压力。工业设计采取的形式将影响到心理和精神、物质和自然环境。

比较上述几个定义可知，国际工业设计协会联合会主要指出工业设计的性质；美国工业设计师协会除此之外，还谈到了工业设计与其他专业的联系，以及进行工业设计所必须考虑的问题；加拿大魁北克工业设计师协会则指出了工业设计中产品外形与使用功能之间的辩证关系，强调工业设计并不需要纯粹个人的艺术作品或者纯艺术家式的天才，而是为满足人们需要所进行的人类活动。上述定义在整个时代进入到后现代社会及 21 世纪后，已无法涵盖所有涉及范围及议题，因此，在汉城（现名首尔）2001 年双年会上提出了《2001 年汉城工业设计师宣言》。

三、《2001 年汉城工业设计师宣言》

1. 我们现在所处的状态

1）工业设计不再只依赖工业上的制造方法。

2）工业设计不再只是对物体的外观有兴趣。

3）工业设计不再只热衷于追求材料的完善。

4）工业设计不再为"新"这个观念所迷惑。

5）工业设计不会将舒适的状态（state of comfort）和缺乏运动觉模拟（absences of kinesthetic stimulation）两者相混淆。

6）工业设计不会将我们身处的环境视为和我们自身隔离。

7）工业设计不能成为满足无止境需求的工具或手段。

2. 我们希望达到的状态

1）工业设计对"为什么"问题的评价更甚于"如何做"的问题。

2）工业设计利用技术的进步去培育更好的人类生活状态。

3）工业设计要恢复社会中业已失去的完善意含（the lost meaning of integrity in the society）。

4）工业设计促进多种文化间的对话。

5）工业设计推动一门能滋养人类潜能及尊严的"存在科学"（existential science）。

6）工业设计追寻身体与心灵的完全和谐。

7）工业设计将自然环境及人造环境同时视为欢庆生活的伙伴。

3. 我们希望成为何种角色以达到此目标

1）工业设计师是介于不同生活力量间的平衡使者。

2）工业设计师鼓励使用者以其独特的方式与所设计的对象进行互动。

3）工业设计师开启使用者创造经验的大门。

4）工业设计师需要接受重新发现日常生活意义的教育。

5）工业设计师追寻可继续发展的方法。

6）工业设计师在照顾企业及资本之前会先注意到人性及自然。

7）工业设计师是选择未来文明发展方向的创造团队成员之一。

随着科学技术的进展，上述各种定义在务实的操作方面或许应该有所增添，但其就"设计本质"的陈述经得起时间的考验。可以整理为如下重点：

1）设计是创造行为，透过产品表现优质的创意结果。

2）设计是造型活动，应用科技表现造型的美学效果。

3）设计是经济行为，满足使用者与生产者的不同需求。

4）设计是文化创意，经由产品营造日常的生活文化。

第六节 工业设计的程序与基本原则

一、工业设计的程序

在工业产品开发中，工业设计的任务就是根据市场的需要（包括不断涌现出新的需要），充分利用已有的物质技术条件和科技成果，从人的需求出发，将多种要素统一起来决定产品形态，它是一种造型活动。其过程为：在新产品的开发规划阶段，要求工业设计人员根据当时市场的需求和购买者的心理，分析原有产品的过去、现在并预测将来的情况，还要对它的功能、结构、工艺、材料、成本、使用环境等进行周密的市场调查、分析、比较和设想，提出新产品开发的依据和初步设计规划；在方案构想效果图到模型制作阶段，要求工业设计人员最大限度地进行广泛自由的构想、创意（设计思维是一种超前想象思维），要充分运用创造—表现—评价的设计步骤，不断进行展开、评价、集中，以使人们能够从效果图和与实体相仿的模型中理解新产品的形态、设计意图，把握产品的方向；在新产品的方案正式审定合格并决定试制和投产阶段，要求工业设计人员与工程技术人员及销售人员等密切配合，共同协商，从产品的技术设计到工艺方法，从外形到色彩，从投产到包装等均能按审定的造型方案去实现。最后在新产品投产、销售时，还需调查产品的销售情况及收集消费者的信息反馈，找出需要改进之处，使构思有所发展，并为更新的产品规划做准备。总之，工业设计人员必须看到其竞争者看不到的东西，理解消费者无法用语言表达的欲望，重视那些重要但难以量化的东西。最重要的是在消费者的期望、公司获得利润的需求以及技术限制性和可能性三者发生矛盾的地方找到平衡点和真正合理的解决方案。设计师有责任向企业提供有价值的设计产品，同时更有责任使整个社会受益。

以上说明工业设计人员在企业的新产品开发过程中，在兼顾生产者与使用者双方对产品外观、造型、色彩、结构、功能及安全性等方面要求的条件下，始终站在生产者与使用者（或消费者）之间，用适宜的形态将产品的使用要求与美观结合起来，将产品的社会价值与销售的经济要求结合起来，将产品的民族传统与时代的流行风格结合起来，将产品的外形美感与使用舒适感结合起来，表现出丰富的创造能力和想象能力（包括在产品归消费者使用前对产品进行宣传、广告、陈列、展示等视觉表现能力）。

如今，为了提升生活品质与社会文化层次，设计已不再只是追求功能的发展与优美的造型，而是致力于对人文与文化因素的分析，将各种文化信息表达到产品设计上，透过设计达到科技与人性的结合。图 2-10 所示为文化产品的设计程序。

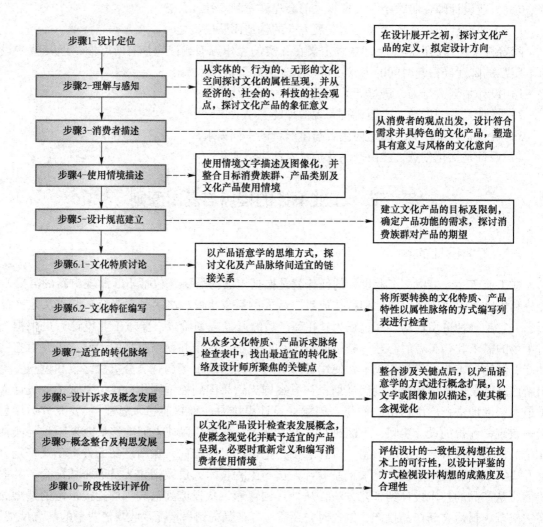

图 2-10
文化产品的设
计程序

二、工业设计的基本原则

1）工业设计是一种创造性的行为，其目的是决定工业产品的真正品质。所谓真正品质，并非仅指外部特征，更重要的是结构和功能的相互关系，使其从生产者和消费者双方的观点来看均能达到令人满意的结果。

2）工业设计是将生产者与使用者双方的需要具体化，对成为最终产品时的构造及功能，而且对包括人类一切环境在内的全盘进行恰当设计的一种创造性活动。

3）工业设计是在批量生产的前提下对产品及系统加以分析，并进行创造和发展，其目的是在投产前使产品获得一种能为广大用户所接受的最佳形式，并在一般水准的价格和合理利润下进行生产。

4）工业设计追求的是公众审美意识，它不同于单件艺术品的追求，其标准受经济法则、自然法则和人—机（产品）—环境因素制约，是追求精神功能和物质功能并存的实用的、美的产品。

5）工业设计不同于单纯的工程技术设计，它包含审美因素，产品的美学特征是在批量生产前就决定了的。工程技术设计是将新技术成果引进产品开发，从结构、工艺、材料入手进行的技术设计活动，从科学技术的角度去解决零件与零件、零件与部件、部件与部件内在机械连接的关系，实现产品的使用功能要求。工业设计则是处理人与产品、社会、环境的关系，探求产品对人的适应形式，集中表现人们对新生活方式的需求，更多地反映在注重产品的外观质量和视觉上的艺术感受。

三、什么是好设计

下面列举一些人们关于好设计的表述：

1. 《为什么是设计？——工业设计导论》关于好设计的陈述

在由英国设计协会（The Design Council）出版，彦斯·伯森（Jens Bernsen）所著的《为什么是设计？——工业设计导论》中，所罗列的优良设计的本质是：

1）好的产品设计就是好的企业运营（good business）。

2）好的产品设计就是创新（innovation）。

3）好的产品设计就是满足人类的需要（the fulfillment of human needs）。

4）好的产品设计就是合理的生产方式（rational manufacturing）。

5）好的产品设计就是好的工程设计（good engineering design）。

6）好的产品设计就是好的功能（good function）。

7）好的产品设计就是合乎人因工程（human factors）。

8）好的产品设计就是具有产品的个性（product personality）。

9）好的产品设计就是与环境保持良好的关系（a good relationship with the environment）。

2. 《什么是现代设计?》中关于好设计的陈述

美国学者埃德加·考夫曼（Edgar Kaufmann）曾在《什么是现代设计?》一书中将现代设计归纳为 12 项特征：

1）现代设计必须满足近代生活具体而切实的需要。

2）现代设计应体现时代精神。

3）现代设计必须不断吸取艺术的精华和科学的进步。

4）现代设计应灵活运用新材料、新工艺，并使其得到发展。

5）现代设计通过运用适当的材料和技术手段，不断丰富产品的造型、肌理、色彩等效果。

6）现代设计表现的对象要清晰，机能要明确。

7）现代设计必须如实表现出材质美。

8）现代设计在制造方法上不得用手工艺技术代替批量生产，技术上不能以假乱真。

9）现代设计在实用、材料、工艺的表现上融为一体，并在视觉上得到满足。

10）现代设计应单纯，其构成在外观上要明确，避免过多修饰。

11）现代设计必须熟悉和掌握机械设备的功能。

12）现代设计应尽可能为大众服务，设计上避免华丽，需求有所节制，且价格合理。

有人认为这 12 项特征过分强调了产品的功能，而忽视了产品如何与生活环境、人的情感、兴趣等整体地达到协调和和谐。

3. 德国著名设计师戴特·拉姆斯（Rams Dieter）提出的设计十诫信条

1）好设计是创新的。

2）好设计使产品有用。

3）好设计是美观的。

4）好设计帮助我们理解产品。

5）好设计是不扎眼的。

6）好设计是诚实的。

7）好设计是耐用的。

8）好设计会解决细节问题。

9）好设计会注意环境。

10）好设计是尽可能少的设计。

他认为设计师赋予产品个性，但并不将自身的个性强加于产品之上。他将设计师视为无声的服务员（Silent Servant）。他说："能够让产品说话。在最理想的状态下，产品本身具有自我说话的能力，而且能节约使用者研读那乏味的操作手册所花去的大量时间。"

第七节　设计为地球上一切有生命的东西而存在

人们总以为设计有三维：美学、技术和经济，然而更重要的是第四维：人性。

——A·J·普洛斯

工业设计历史表明，曾经以技术与艺术融合而登场的设计，在与商业结合，经历了形的符号化和商品化过程之后，成为对物的附加价值的追求。随着当今数字化时代的到来，世界信息网络的扩大（设计本身也是作为一种情报在世界传播），意味着人类由读写时代进入了视听的新感觉时代。人们通过信息化、网络化形成的新的感觉经验，以及感性评价重于理性评价的思维方式，迫使现有的设计成果和设计所面临的问题也同时在地球各个角落蔓延、渗透，其结果是使得人们生活在各个领域中的价值观不断发生共存和多样化，有可能在超越时空的地球社会中为人类寻找并建立一个新的价值体系。例如，当今日本之所以能成为设计大国，其建设原动力的背景是"和魂洋才""和魂汉才"的思想起着重要作用。表现为日本的设计以情绪、直感为代表的感性和西欧的设计以理性、理论为基础的智慧性并存，不断接受外来文化的影响，让这些文化相互碰撞、刺激、融合，既酿造和形成了日本文化的独自性，又与西洋、东洋的差异更为明显，形成不同文化共存的文化体系，在设计领域内则表现为完整的审美体系。又如当今计算机的使用，信息网络的扩大，使所有的东西都发生了质的变化。数字化时代的到来，使人类通过信息化和网络化形成新的感觉经验、感性方式、实践方式和思维方式，从而产生新的感性文化，创造新的文明。从宇宙规模到电子水平；从想象、虚拟世界到现实、实体世界，用计算机进行设计，都可以准确地捕捉所有的意象，使意念更具象化，是一种难得的工具。由计算机信息处理所组合的智能客体也将不断涌现，意味着今后的设计将继续需要同等重要的计算机知识。但是否会因此而出现全部委托给计算机设计的时代呢？如果这样，人的本能是否可能退化？又如何进行隐喻（Metaphor）的研究？

21 世纪，"形"的自由度必将大大增加，必然带有更加个性化的意味。美国的帕崔克·惠特尼（Patrick Whitney）指出："在由批量生产（Mass Production）时代移向柔性生产（Flexible Production）时代时，对在工业领域中曾经给产业以想象，成为产业振兴的关键词——'工业'发生了动摇，提出了修正，即在设计领域中脱离批量化成为重要的研究课题。"德国的 H·范登堡在为李乐山的《工业设计思想基础》写的序中指出："设计必须为人服务，决不能让技术来虐待人和奴役人，也不能用技术来苛求人。只有通过美学、心理学和工程科学的紧密合作，才能产生一个人道的世界环境。"这就是说，曾经以技术为主体的设计转向以技术为客体的设计，设计由有序的理性转向无序的感性，由共性转向个性。这与后工业社会人类文明多元化共存的趋势是一致的，同时也符合社会进步对人的个性充分发展所提出的要求。当然，感性的提升并非意味着要否定理性，相反，恰恰是人类理性的提升为感性的丰富提供了现实的可能。理性代表的是客观现实，感性代表的是人类的态度。例如，人类的共同利益驱使设计界的有识之士提出绿色设计的口号，建筑是人类居住的场所，是人类的家园，是阳光、空间和绿化的三项基本享受。反对使设计沦为污染环境、浪费能源、掠夺资源的媒介。这说明道德标准已衍生为设计中的伦理思想，从而保持着对人类归宿的终极关怀。标志着 20 世纪"大量生产、大量消费"模式如今已发生了变化，消费者很可能将感受到"物"已经足够，不必再像以往那样大量而频繁地消费。社会财富的无序浪费，科技手段的滥用，过度消费着日益紧缺的社会资源，有形或无形地挤压着人们有限的生存空间。"未来的奢侈"将告别非必需品而追逐必需品。在消费疯狂增长的影响下，紧俏的、稀有的、昂贵的及受青睐的将不再是高速汽车、金表、成箱的香槟和香水等大街上随处可见的东西，而是宁静的时光、足够的水和空气等基本条件。这就是奢侈未来的走向。对于生活者来说，消费"物"并不是生活。早晨散步、慢跑、享受自然、短途旅行等，这才是生活的一部分。没有必要为了把各种东西都带回家而终日忙忙碌碌。人们关心的事情，将慢慢转移到健康、安全、自然、环境以及知识和文化等方面。因此，设计的下一个时代将迫使人们从"物"的所有价值向脱离"物"的所有价值转换，实现"心"与"物"的统一，实现人与自然的和谐。总之，"物"的时代终将结束，非物质化将成为未来经济的新趋势。世界将进入一个重视"身心"价值的时代，通过设计使生活者实实在在地感受到生活的价值。

当前，设计者普遍关心的问题还有对人类环境的总体规划。环境的复杂与压力，早已超过了我们所能处理和忍耐的极限。要求创造有"空白"的共享空间，使物与物之间"交接处"的规律、次序的惯有紧张感分离，通过供游乐、供欣赏的设计，使人们得到松弛、舒畅、缓和、欢乐，消除沉闷、紧张的气氛，让自己快乐一点、兴奋一点，以追求内心的平衡、至高的欢愉。现代人越来越重视身心健康。要求以设计的态度和责任去发现享乐，欣赏享乐带来的心灵涤荡。此外，在人们生活的环境中，移动环境的总和所占比例越来越大，速度成了人们生活中的一个非常重要的坐标。在手机、电视等介入我们的生活之后，尤其是网络时代所提供的虚拟空间和虚拟景象，人们判断真实感的坐标在哪里？此外，设计也可以看成信息化社会的"运输工具"，从设计中反映出环境与生活变化之间的关系。当然移动的另一层含义是情感的交流，摩托车、汽车、高速列车等作为情感交流的交通工具，设计时要与人形成一体化，在移动的同时要赋予人的价值。

例如，以 20 世纪工业化为代表的汽车设计曾经是经营上的重要资源，是经营战略上的需要。汽车设计成为创造市场、表现企业形象、描述未来时代的象征。当今进入到 21 世纪，汽车设计却要追求与人更为接近的关系，汽车设计就是人们生活设计的同义词，但在崇拜汽车的同时是否应该想到汽车会给自然、社会、文化以及我们的性格带来什么影响？19 世纪下半叶，人类发明的两样东西改变了城市，一是电梯，一是汽车。于是出现了摩天大楼和高速公路，摩天大楼让出了街道，腾出了空地，汽车便理所当然地侵入。其结果是，城市的步行空间被汽车占领，使人失去了站在街道中的自由，高速公路使人类过多地依赖于汽车。而且在全球气候变暖危及人类安全的今天，汽车仍一如既往地向空气中排放尾气。今后要求从人造物的时代转向人造事物的时代，必须制造出与人类有共同情感的汽车。设计师要尽自己的职责，创造出与世界上人们有共同感觉的价值观的事物和真实的事物。

除此之外，面对 21 世纪的设计课题还有认知机构（Mechanism）与人的界面（Human Interface）的研究，继承文化资源，传统与风格的设计，设计的社会价值与设计伦理，人工的生理设计系统等。

设计是什么？是梦的实现，但绝不是噩梦。人类的未来就是梦的未来，设计史就是人类发展史。丹麦未来学家沃尔夫·伦森认为："人类在经历狩猎社会、农业社会、工业社会和信息社会之后，将进入一个以关注梦想、历险、精神及情感生活为特征的梦幻世界，人们消费的注意力将主要转移到精神需求。其需求的特点：量有限，质无限。"

李政道博士在为《设计·21 世纪生活风格》丛书所做的序中指出："设计是人类一项重要的创造性活动，是一项提高人类物质文化生活和美化生存环境的重要活动。人类所生产的产品和使用的工具，人类居住的建筑和城市，都是经过人们有意识设计的产物。而我们现代生活的周围环境等，也和设计有密切的关系。在某种程度上可以说，设计的发展和人类文化水平及生活意义是分不开的。现代工业社会和科学技术的进步，极大地推动了设计及实践的发展，显示了设计在人类物质生活和文化生活中的重要作用。"

21 世纪是一个依靠设计、依靠想象的世纪，设计和想象都将在未来的社会、经济、文化生活中起着更为重要的作用，设计是一种思维活动，是一种哲学，是一种理念的传达。设计应作为对事物及人类生活可以得出客观见解的途径，并非模仿实在，而是发现实在。现在是后物质时代，今天，看不见、摸不到的东西占据我们的时间越来越多，对我们的影响越来越大。在 20 世纪之初，2/3 的美国人是靠制造业谋生的；到了 21 世纪，90% 的美国工作人口是白领，2/3 的工作是依赖知识、经验做决策的。有人认为创新不是在原创技术上，而是在设计上进行提升。这个设计，不是传统意义上的工业设计，而是将用户体验设计、商业模式设计和工程技术、结构设计、软件设计等进行融合的设计，只有这样，产品拿出来才会人见人爱，才能从消费者的内心深处打动他们。设计既是一门技术科学，也是一门艺术美学，把科学技术和与艺术美学更好地结合起来，创造一个科学与人文、技术与艺术相融合的人类生存环境，应该是当代和未来设计学科致力发展的一个重要方面。

总之，设计是新时代的"预言者"，是人类构筑起的巨大财富。面对信息化社会的飞速发展，设计师的责任就是以人为本，将物质上的"形"转变成精神上的"形"，将产品从"硬件"转变成与生活息息相通的"软件"，真正体现设计是从人的需要出发，又回归于人的哲理。

课后思考题 V

1. 归纳设计的含义以及在当代背景下以人为本的设计理念。
2. 分析人与物之间的使用关系与情感关系。
3. 为什么说人造物活动是人的本质力量的体现？
4. 谈谈你对"设计是为地球上一切有生命的东西而存在的"的理解。

第三章

工业设计简史

工业设计发展的历史形象地反映了人类文明的演进，综合地体现了不同历史阶段的社会、经济、文化及科学技术的特征。了解工业设计史对于吸取历史文化的精华，借鉴过去的经验教训，从而正确地把握工业设计的未来都有一定的意义。

本章将简略地叙述不同历史时期，特别是工业革命以来设计演变的脉络，包括各种代表性的设计学派、设计风格、著名设计师及其作品，并且从社会和文化的角度介绍设计发展的历史条件，这些对于理解工业设计发展的内在动力与源泉是十分必要的。

工业设计是一门古老而年轻的学科。作为人类设计活动的延续和发展，它有悠久的历史渊源；作为一门独立完整的现代学科，它则经历了长期的酝酿阶段，直到 20 世纪 20 年代才开始建立。

人类设计活动的历史大体可以划分为三个阶段，即设计萌芽阶段、手工艺设计阶段和工业设计阶段。设计萌芽阶段可以追溯到旧石器时代，原始人类制作石器时已有了明确的目的性和一定程度的标准化，人类的设计概念便由此萌发了。到了新石器时期，陶器的发明标志着人类开始了通过化学变化改变材料特性的创造性活动，也标志着人类手工艺设计阶段的发端。

手工艺设计阶段一直延续到工业革命前，在数千年漫长的发展历程中，人类创造了光辉灿烂的手工艺设计文明，各地区、各民族都形成了具有鲜明特色的设计传统。在设计的各个领域，如建筑、金属制品、陶瓷、家具、装饰、交通工具等方面，都留下了无数的杰作，创造了丰富的设计文化。而工业革命的兴起，使人类开始用机械大批量地生产各种产品，设计活动便进入了一个崭新的阶段——工业设计阶段。

第一节　工艺美术运动与新艺术运动

从 1750 年工业革命兴起至第一次世界大战爆发，是工业设计的酝酿和探索时期。在此期间，工业设计的基础逐步建立，并完成了由传统的手工艺设计向现代工业设计的转变。工业革命后出现了机器生产、劳动分工和商业的发展，同时也促成了社会和文化的重大变化，这些对于此后的工业设计有着深刻影响。随着商品经济的发展，市场竞争日益激烈，制造商们一方面引进机器生产，以降低成本，增强竞争力；另一方面又把产品的外观设计（或者说是外观装饰）作为迎合消费者审美趣味而得以扩大市场的重要手段。但制造商们并没有对由新的制造方式生产出来的产品进行重新思考。他们不理解，机器实际上已经将一个全新的概念引入了设计问题。他们坚信产品的艺术性是可以从市场上买到，并运用到工业上去的东西，即把装饰与设计等同起来，而不是将艺术与技术紧密结合，形成一个有机的整体。为了满足新兴资产阶级显示其财富和社会地位的需要，许多家用产品往往借助各种历史风格来附庸风雅并提高身价，不惜损害产品的使用功能。例如，在 1851 年伦敦"水晶宫"国际工业博览会上，大多数展品极尽装饰之能事而近乎夸张。这种功能与形式分离，缺乏整体设计的状况，从反面激发了一些思想家、设计师对新条件下的设计展开探讨，从而拉开了从 19 世纪下半叶到 20 世纪初设计改革浪潮的序幕。在这场设计改革浪潮中，影响最为深远的是工艺美术运动和新艺术运动。

一、工艺美术运动

工艺美术运动（The Arts and Crafts Movement）是 1880～1910 年间以英国为中心的一场设计革命运动，波及不少欧美国家，并对后世的现代设计运动产生了深远影响。工艺美术运动产生于所谓的"良心危机"，艺术家们对于不负责任、粗制滥造的产品以及对自然环境的破坏感到痛心疾首，并力图为产品及其生产者建立或者恢复标准。在设计上，工艺美术运动从手工艺品的"忠实于材料""合适于目的性"等价值观中获取灵感，并把源于自然的简洁和忠实的装饰作为其活动的基础。工艺美术运动不是一种特定的风格，而是多种风格并存，从本质上来说，它是通过艺术和设计来改造社会，并建立起以手工艺为主导的生产模式的试验。工艺美术运动的理论基础源于英国作家和批评家拉斯金（John Ruskin，1819—1900）的设计思想。拉斯金本人从未从事过实际设计工作，而主要是通过他那极富雄辩和影响力的说教来宣传其思想。拉斯金对"水晶宫"博览会中毫无节制的过度设计甚为反感。但是他将粗制滥造的原因归罪于机械化批量生产，因而竭力指责工业及其产品，其思想基本上是基于对手工艺文化的怀旧感和对机器的否定，而不是基于努力去认识和改善现有的局面。

在反对工业化的同时，拉斯金为建筑和产品设计提出了若干准则，这些准则成了后来工艺美术运动的重要理论源泉。这些准则主要是：①师承自然，从大自然中吸取营养，而不是盲目地抄袭旧有的样式；②使用传统的自然材料，反对使用钢铁、玻璃等工业材料；③忠实于材料本身的特点，反映材料的真实感。拉斯金把用廉价且易于加工的材料来模仿高级材料的手段斥为犯罪，而不是简单的失误、缺乏良好意识或用材失当。

拉斯金思想最直接的传人是莫里斯（William Morris，1834—1896）。莫里斯继承了拉斯金的思想，但他不只是说教，而是身体力行地用自己的作品来宣传设计改革。莫里斯师承了拉斯金忠实于自然的原则，并在美学上和精神上都以中世纪为楷模。为实现自己的理想，莫里斯与几位好友建立了自己的商行，自行设计产品并组织生产，这是 19 世纪后半叶出现于英国的众多工艺美术设计行会的发端。尽管莫里斯与别人一道设计过家具，但他主要是一位平面设计师，即从事织物、墙纸、瓷砖、地毯、彩色镶嵌玻璃等的设计。他的设计多以植物为题材，有时加上几只小鸟，颇有自然气息，反映出一种中世纪的田园风格，这是拉斯金"师承自然"主张的具体体现，对后来风靡欧洲的新艺术运动产生了一定的影响。拉斯金、莫里斯在英国产生了很大影响，一些年轻的艺术家和建筑师纷纷效仿，成立了一批类似莫里斯商行的设计行会组织，并成为工艺美术运动的活动中心。行会原本是中世纪手工艺人的行业组织，莫里斯及其追随者借用行会这种组织形式，以反抗工业化的商业组织。这些行会中集合了一批设计师、手工艺人和艺术家，其目的是打破艺术与手工艺之间的界线，工艺美术运动的名称"Arts and Crafts"的意义就在于此。工艺美术运动对于对机器的态度十分暧昧，"手工艺"一词越来越多地是与以手工艺方式为基础的美学，而不是与"手工劳作"本身相联系，也就是产品设计要反映出手工艺的特点，而不论产品本身是否真正是手工制作的。

阿什比（Charles R. Ashbee，1863—1942）的命运是整个工艺美术运动命运的一个缩影。他是一位有天分和创造性的银匠，主要设计金属器皿，这些器皿一般通过锻打成形，并饰以宝石，在造型上采用了各种纤细、起伏的线条（图 3-1），是典型的工艺美术作品。1888 年他组建了"手工艺行会"，最初设在伦敦东区，在闹市还设有零售部。1902 年他为了解决"良心危机"问题，决意将行会迁到农村以逃避现代工业城市的喧嚣，并按中世纪模式建立了一个社区，生产各种手工艺品。这场试验比其他设计行会在追求中世纪风格方面都要激进，影响很大。但阿什比却忽略了这样一个事实，即中世纪所有关键性的创造和发展均发生于城市。由于行会远离城市，也就切断了它与市场的联系，并且手工艺也难以与大工业竞争，这次试验终于在 1908 年以失败告终。阿什比开始认识到，工业毕竟是有长处的，并开始抨击他称之为拉斯金、莫里斯的"理智的卢德主义"的思想（19 世纪初，卢德主义主张用捣毁机器的方式来反抗工业化，并形成了自发的工人运动）。1915 年阿什比对手工艺感到失望，于是到开罗大学当了一名英语讲师。工艺美术运动对于设计改革的贡献是重要的，它首先提出了"美与技术结合"的原则，主张美术家从事设计，反对"纯艺术"。另外，工艺美术运动的设计强调"师承自然"，忠实于材料和适应使用目的，从而创造出了一些朴素而适用的作品。但工艺美术运动也有其先天的局限性，它将手工艺推向了工业化的对立面，这无疑是违背历史发展潮流的。由于工艺美术运动的影响，19 世纪下半叶不少设计师投身于反抗工业化的活动，而专注于手工艺品的设计制造。但也有一些设计师在为工业化生产进行设计，成了第一批有意识地扮演工业设计师这一角色的人，其中最主要的代表是英国的德莱赛（Christopher Dresser，1834—1904）。

图 3-1
阿什比 1902 年
设计的银质水具

德莱赛和英国许多企业有设计业务关系，设计了大量的玻璃制品、生铁制品、日用陶瓷和金属器皿。他最富有创造性的作品是为伯明翰几家大公司设计的金属器皿，这些作品造型简洁，强调了一种完整的几何纯洁性，并与金属加工技术和材料的特点相一致。德莱赛是率先以合理的方式分析形式与功能之间关系的设计师之一，他设计的水壶十分强调把手与壶口的有效功能关系，造型极为独特，强调采用倾斜的把手，将人机学和隐喻两个方面熟练地结合起来（图 3-2），德莱赛的设计呈现了一种萌芽状态，然而是积极地奔向未来的起点。

二、新艺术运动

"新艺术"是流行于 19 世纪末和 20 世纪初的涉及建筑、美术及实用艺术的一种设计风格，其在时间上发生于新旧世纪交替之际，在设计发展史上也是由古典传统走向现代运动的一个必不可少的转折与过渡，它的影响十分深远。新艺术潜在的动机是与先前的历史风格决裂。新艺术的艺术家们希望将他们的艺术建立在当今现实，甚至是最近未来的基础之上，为探索一个崭新的纪元打开大门。为此，必须打破旧有风格的束缚，创造出具有青春活力和时代感的新风格。在探索新风格的过程中，他们将目光投向了热烈而旺盛的自然活力，即努力去寻找自然造物最深刻的根源，这种自然活力是难以用复制其表面形式的方法来传达的。新艺术最典型的纹样都是从自然草木中抽象出来的，多是流动的形态和蜿蜒交织的线条，充满了内在活力。它们体现了隐潜于自然生命表面形式之下、无止无休的创造过程，这些纹样被用在建筑和设计的各个方面，成了自然生命的象征和隐喻。

新艺术风格的变化是很广泛的，在不同国家、不同学派具有不同的特点；使用不同的技巧和材料也会有不同的表现方式。在新艺术广泛流行的比利时、法国、西班牙等国家，新艺术表现出一种极富装饰性的三度空间的优美造型。吉马德（Hector Guimard，1867—1942）是法国新艺术的代表人物，他最有影响的作品是其为巴黎地铁所做的设计，构成了巴黎一道独特风景线，所有地铁入口的栏杆、灯柱和护栏全都采用了起伏卷曲的植物纹样。吉马德 1908 年设计的咖啡几（图 3-3）也是一件典型的新艺术设计作品。在德国以及后来的奥地利，新艺术蜿蜒的曲线因素开始受到节制，并逐步转变成以直线和方块构图为特征的几何形式，标志着新艺术开始走向理性。新艺术在本质上仍是一场装饰运动，但它用抽象的自然形态，脱掉了守旧、折中的外衣，是现代设计简化和净化过程中的重要步骤之一。

第二节　德意志制造联盟与包豪斯

第一次世界大战前后，德国出现了两个重要的设计组织，即德意志制造联盟和包豪斯设计学校。它们努力探索新的设计道路，以适应现代社会对设计的要求，主张功能第一、突出现代感和扬弃传统式样的现代设计，从而奠定了现代工业设计的基础，特别是包豪斯设计学校的创建，进一步从理论上、实践上和教育体制上推动了工业设计的发展。

一、德意志制造联盟

19 世纪下半叶至 20 世纪初，欧洲各国都兴起了形形色色的设计改革运动，它们在不同程度上和不同方面为设计的新态度做出了贡献。但是，无论是英国的工艺美术运动，还是欧洲大陆的新艺术运动，都没有在实际上摆脱拉斯金等人否定机器生产的思想，更谈不上将设计与工业有机地结合起来。工业设计真正在理论上和实践上有所突破，是来自于 1907 年成立的德意志制造联盟。这是一个积极推进工业设计的舆论集团，由一群热心设计教育与宣传的艺术家、建筑师、设计师、企业家和政治家组成。制造联盟每年在德国不同的城市举行会议，并在各地成立了地方组织。制造联盟的成立宣言表明了这个组织的目标："通过艺术、工业与手工艺的合作，用教育、宣传及对有关问题采取联合行动的方式来提高工业劳动的地位。"显示了联盟对于工业的肯定和支持态度。

制造联盟的设计师们为工业进行了广泛的设计，如餐具、家具以及轮船的内部设计等，这些设计大都具有无装饰、构件简单、表面平整的特点，适合机械化批量生产的要求，同时又体现出一种新的美学风格。但联盟中最富创意的设计并不是为那些以各种形式存在许多世纪的东西而进行的设计，而是那些为适应技术变化应运而生的产品所做的设计，特别是新兴的家用电器的设计，这在今天也是难能可贵的。在联盟的设计师中，最著名的是贝伦斯（Peter Behrens，1868—1940）。贝伦斯出生于汉堡，曾在艺术学院学习过绘画，后来改行学习建筑，1893 年成为慕尼黑新艺术运动组织"青春风格"的成员，接受了当时激进艺术的影响。1907 年，贝伦斯受聘担任德国通用电器公司 AEG 的艺术顾问，开始了他作为工业设计师的职业生涯。由于 AEG 是一个实行集中管理的大公司，使贝伦斯能对整个公司的设计发挥巨大作用。他全面负责建筑设计、视觉传达设计以及产品设计，从而使这家庞大的公司树立了一个统一、完整、鲜明的企业形象，开创了现代公司识别计划的先河。贝伦斯还是一位杰出的设计教育家，他的学生包括格罗披乌斯（Walter Gropes，1883—1969）、路德维希·密斯·凡德罗（Ludwig Miens van der Rohe，1886—1969）和勒·柯布西埃（Le Corbusier，1887—1965），他们后来都成了 20 世纪最伟大的现代建筑师和设计师。联盟成立之时，贝伦斯就积极参与联盟的工作。他在 AEG 各方面的设计成就，正是符合联盟所追求的目标的一个范例。1909 年，他设计了 AEG 的透平机制造车间与机械车间（图 3-4），其造型简洁，摒弃了任何附加装饰，被称为第一座真正的现代建筑。贝伦斯还为 AEG 做了大量的平面设计，其中 AEG 的标识经他在几年内数易其稿，不断完善，一直沿用至今，并成了欧洲最著名的标志之一。作为工业设计师，贝伦斯设计了大量的工业产品。这些产品多数都是非常朴素而实用的，并且正确体现了产品的功能、加工工艺和所用的材料。另外，他还积极探索对有限的标准零件进行组合以提供多样化的产品。从他于 1910 年设计的电钟（图 3-5）上看不到任何的伪装与牵强，使机器即使在居家环境中也能以自己的语言来进行自我表达，而不再借助于过去的风格。在这一点上，他被称为现代工业设计的先驱是当之无愧的。

图 3-4
贝伦斯 1909 年设计的 AEG 透平机制造车间与机械车间

图 3-5
贝伦斯 1910 年设计的电钟

贝伦斯十分强调产品设计的重要性。1910 年他在《艺术与技术》杂志上总结他的设计观时说："我们已经习惯于某些结构的现代形式，但我并不认为数学上的解决就会得到视觉上的满足。"对于贝伦斯来说，仅有纯理性是不够的，因而需要设计。他指出："不要认为一位工程师在购买一辆汽车时会把它拆卸开来进行检查，他也是根据外形来决定购买的，一辆汽车看上去应该像一件生日礼物。"这表明设计的直觉方面对他来说是十分关键的，也反映了他对产品市场效果的关注。德意志制造联盟于 1934 年解散，后又于 1947 年重新建立。

二、包豪斯

两次世界大战之间的年代是现代工业设计在经历了漫长的酝酿阶段之后走向成熟的年代。在这期间，设计流派纷纭，杰出人物辈出，从而推动了现代工业设计的形成与发展，并为第二次世界大战后工业设计的繁荣奠定了基础。在这一进程中，由著名建筑师、设计师格罗披乌斯所创建的包豪斯设计学校奠定了现代工业设计的理论与教学体系基础。尽管包豪斯实际的工业设计产品并不多，对批量生产及其市场没有很大的影响，但它在理论上的建树对于现代工业设计的贡献是巨大的。包豪斯的成就实际上是现代设计思潮的集大成。它总结了自英国工艺美术运动以来各种设计改革运动的精髓，继承了德意志制造联盟的传统。实际上，许多现代艺术各个流派的代表人物都曾到包豪斯学校任教或讲学，促进了现代设计观念的融合、发展，并使其达到高潮。

包豪斯的创始人格罗披乌斯是德意志制造联盟的成员，他早就认为，必须形成一个新的设计学派来影响工业界，并使艺术家学会直接参与大规模生产，接受现代生产力最有力的方法——机械。为此，他于1919年4月1日在德国魏玛筹建了国立建筑学校，简称"包豪斯"。

包豪斯学校的办学目的是培养新型设计人才，它虽然名为建筑学校，但到1927年之前一直无建筑专业，只有纺织、陶瓷、金工、玻璃、雕塑、印刷等专业，因此，包豪斯主要是一所设计学校。在格罗披乌斯的指导下，这所学校在设计教学中贯彻一套新的方针、方法，逐渐形成了以下特点：①在设计中提倡自由创造，反对墨守成规；②将手工艺制作与机器生产结合起来，提倡在掌握手工艺的同时，了解现代工业的特点，用手工艺的技巧创作高质量的产品，并能提供给工厂大批量生产；③强调基础训练，从现代抽象绘画和雕塑发展而来的，以几何形态为主的平面构成、立体构成和色彩构成等基础课程成为包豪斯对现代工业设计的最大贡献之一；④实际动手能力与理论素养并重；⑤把学校教育与社会生产实践结合起来。这些做法使包豪斯的设计教育卓见成效。在设计理论上，包豪斯提出了三个基本观点：①艺术与技术的新统一；②设计的目的是人而不是产品；③设计必须遵循自然与客观的法则来进行。这些观点对于工业设计的发展起到了积极作用，使现代设计逐步从理想主义走向现代主义，即用理性的、科学的思想来代替艺术上的自我表现和浪漫主义。包豪斯的发展并非一帆风顺。1925年4月1日，由于受到魏玛反动政府的迫害，包豪斯被迫关闭了在魏玛的校园，迁往当时工业已相当发达的小城德骚。

此后，包豪斯有了进一步的发展。格罗披乌斯提拔了一些包豪斯自己培养的优秀教员为教授，制订了新的教学计划，其教育体系及课程设置都趋于完善，实习车间也相应建立了起来。包豪斯金属制品车间致力于用金属与玻璃结合的办法教育学生从事实习，这一努力为灯具设计开辟了一条新途径，1923～1924年华根菲尔德（Wilhelm Wagenfeld，1900—1990）在该车间设计了著名的镀铬钢管台灯（图3-6），迄今仍有生产。该产品不但造型简洁优美，而且功能效果良好，这说明包豪斯在工业设计上已趋成熟。在包豪斯的家具车间，布劳耶（Marcel Brewer，1902—1981）创造了一系列影响极大的钢管椅（图3-7），开辟了现代家具设计的新篇章。尽管在谁先想到用钢管来制作家具这一点上尚有争议，但对于包豪斯首先实现了钢管家具的设想并进行了工业化生产却是没有疑义的。布劳耶设计的钢管椅充分利用了材料的特性，造型轻巧优雅，结构也很简单，成为现代设计的典型代表。

图3-6
华 根 菲 尔 德
1923～1924年
设 计 的 镀 铬 钢
管台灯

图3-7
布劳耶设计的
钢管椅

1932年10月，纳粹党徒控制了德骚并关闭了包豪斯。包豪斯被迫迁至柏林以图东山再起，后来由于希特勒的国家社会党上台，盖世太保占领学校，包豪斯被迫在1933年7月宣告正式解散。学校解散后，包豪斯的成员将包豪斯的思想带到了其他国家，特别是美国。从一定意义上来说，包豪斯的思想在美国才得以完全实现。

包豪斯对于现代工业设计的贡献是巨大的，特别是它的设计教育对工业设计的发展有着深远的影响，其教学体系成了世界许多学校艺术教育的基础，它培养出的杰出设计师将现代设计推向了新的高度。相比之下，包豪斯设计出的实际工业产品无论是在范围上或是在数量上都是不显著的，在世界主要工业国家之一德国的整体设计发展进程中，包豪斯的产品并未起到举足轻重的作用。包豪斯的影响不在于它的实际成就，而在于它的精神。包豪斯的思想在一段时间内被奉为现代主义的经典。但包豪斯的局限性也逐渐为人们所认识，因而它对工业设计造成的不良影响受到了批评。例如，包豪斯为了追求新的、工业时代的表现形式，在设计中过分强调抽象的几何图形。"立方体就是上帝"，无论何种产品、何种材料都采用几何造型，从而走上了形式主义道路，有时甚至破坏了产品的使用功能。另外，严格的几何造型和对工业材料的追求使产品具有冷漠感，缺少应有的人情味。包豪斯积极倡导为普通大众设计，但由于包豪斯的设计美学抽象而深奥，曲高和寡，故只能为少数知识分子和富有阶层所欣赏。

无论对包豪斯有多少保留意见，它的巨大影响都是无可争议的。集合在格罗披乌斯旗下的精英都有其鲜明的个性，但又发展了一种强烈的共性。当他们从德国移民世界各地时，都怀着坚定的信念，他们在各自工作或任教的地方传播了包豪斯的思想，并使其发扬光大。2010年10月，杭州市人民政府重金从德国购得7010件以包豪斯作品为核心的欧洲现代主义设计作品，并建设专门博物馆收藏，使国内观众可以目睹现代设计史上的重要作品。

第三节　20世纪20~30年代的流行风格

以包豪斯为代表的现代设计理论强调忠实于材料，真实地体现产品的功能和结构，并力图用以抽象的几何造型为特征的美学形式来改造社会。另一方面，消费者的审美情趣和资本主义的商业本质没有受到重视。尽管包豪斯的思想在20世纪20~30年代在设计理论界受到推崇，但就两次世界大战之间为大多数人民所接受的实际产品而言，现代设计理论并没有多大影响，钢管椅一类典型的现代设计只是被用作正规公共场合的标准用品，并没有受到寻常百姓的普遍欢迎，他们中的大多数更倾向于市场上那些在形式上更富表现力和吸引力的"现代"流行趣味。在欧洲和美国，最早产生重要影响的现代风格是源于 20 世纪 20 年代法国装饰艺术运动的"艺术装饰"风格。

一、艺术装饰风格

艺术装饰风格作为 20 世纪 20 ~ 30 年代的主要流行风格，生动地体现了这一时期巴黎的豪华与奢侈。艺术装饰风格以其富丽和新奇的现代感而著称，它实际上并不是一种单一的风格，而是两次世界大战之间统治装饰艺术潮流的总称，包括了装饰艺术的各个领域，如家具、珠宝、绘画、图案、书籍装帧、玻璃、陶瓷等，并对工业产品设计产生了广泛的影响。

20 世纪初，新艺术渐渐失去了势头。于是法国设计师们开始寻求一种前人尚未探索过的新风格，这种新风格既要吸收过去的风格，又不能落入历史主义的巢穴。他们认为，新艺术在抛弃传统方面走得太远了，应该将传统的精华与时代的新潮结合起来。巴黎是法国上流社会荟萃之地，由于上流人士的赞助，使设计师们能使用昂贵、稀有的材料创造出有异国情调的风格，以满足有闲阶层猎奇的需要。另一方面，设计师也希望利用人们仰慕虚荣的心理，借助富人的财富来引导人们的审美情趣，将新风格推向大众。与此同时，新艺术中以直线和方块构图为主的几何派波及法国，对设计风格的发展产生了一种新的影响，从历史中寻求灵感的态度开始改变。

第一次世界大战后，装饰艺术在法国得到了更大的发展，设计机构纷纷成立。1923 年，法国海外领地艺术展览又启发了后来装饰艺术中的原始情调。为重建法国自洛可可风格以来在装饰艺术领域中的领导地位，法国装饰艺术家协会要求联合一切艺术家在所有装饰艺术，包括建筑、实用物品和装饰品方面，共同创造一种彻底的现代艺术，并坚决摒弃一切模仿和拼凑。1925 年"国际现代装饰与工业艺术博览"在巴黎举行，艺术装饰风格的名称即由此而来。随着法国人对于现代设计的兴趣不断增加，机器时代的美学逐渐兴起。在珠宝设计中，一些女性的饰物开始用规整的几何构图，而不是用繁复的传统纹样。有的饰物甚至以机器零件为主题，如在手镯上安置滚珠（图 3-8）。到 20 世纪 20 年代中后期，不少设计师尝试将现代艺术的几何形式和富有的客户对于豪华、时髦的追求融为一体，反映了曾经迷恋于历史风格的上流社会开始接受新的美学形式。与此同时，传统的木制家具已开始受到金属家具的挑战，包豪斯严谨的钢管家具与贵重材料和精湛手工艺相结合，出现在许多中产阶级家庭中

图 3-8
艺术装饰风格
的手镯

（图3-9）。博览会后，各方面的订单源源而来，这种装饰风格立即被商业化。随着塑料之类新材料取代了昂贵的材料，以及手工制作让位于批量生产，艺术装饰风格进入了更大的市场。略带贬义的法语单词"摩登"（Modern）成了"艺术装饰"风格的同义语，以描述这一现代美学与巴黎奢侈豪华的"畸形儿"。这种"摩登风格"在20世纪30年代由法国影响到其他国家，被作为"现代感"的标志而到处使用。在美国，艺术装饰风格被好莱坞发展成为一种以迷人、豪华、夸张为特色的所谓"爵士摩登（Jazz Modern），并在批量生产中采用，波及了20世纪30年代早期从建筑到日常用品的各个方面，成为人们逃避经济大萧条的一剂药方。

图3-9
艺术装饰风格
的家具

尽管艺术装饰带有浓厚的商业气息，与先前设计中的矫揉造作之风并无本质上的区别，但市场表明它作为象征现代化生活的风格被消费者接受了。大规模的生产和新材料的应用使它为百姓力所能及并广为流行，直到20世纪30年代后期才被另一种现代流行风格——流线型风格所取代。

二、流线型风格

流线型原是空气动力学名词，用来描述表面圆滑、线条流畅的物体形状。这种形状能减少物体在高速运动时的风阻。但在工业设计中，它却成了一种象征速度和时代精神的汽车造型语言而广为流传，不但发展成一种时尚的汽车美学，而且渗入到家用产品领域，影响了从电熨斗、烤面包机到电冰箱等的外观设计，并形成了20世纪30~40年代最流行的产品风格。流线型风格在实质上是一种外在的"样式设计"（Styling），它反映了两次世界大战之间美国人对设计的态度，即把产品的外观造型作为促进销售的重要手段。为了达到这个目标，就必须寻找一种迎合大众口味的风格，流线型由此应运而生。流线型的魅力首先在于它是一种高速走向未来的标志，这给20世纪30年代处于经济大萧条中的美国人民带来了一种希望和解脱。因此，流线型在感情上的价值超过了它在功能上的实用性，流线型以象征性的表现手法赞颂了"速度"之类的体现工业时代的精神。正是在这个意义上，流线型是一种不折不扣的现代风格。它的流行也有技术和材料上的原因。20世纪30年代，塑料和金属模压成形方法得到广泛应用，而且由于较大的曲率半径有利于成形和脱模，因此，无论是冰箱，还是汽车的设计特征都受其影响。另外，随着单块钢板冲压整体式外壳的技术取代了框架结构，圆滑的外形也取代了棱角分明的外观。

流线型的兴起和美国职业工业设计师的出现密切相关。两次世界大战之前，工业设计开始作为一种正式的职业出现并得到了社会的承认。尽管第一代职业设计师有着不同的教育背景和社会阅历，但他们都是在激烈的商业竞争中跻身于设计界的。他们的工作使工业设计真正与大工业生产结合起来，同时也大大推动了设计的实际发展。设计不再是理想主义者的空谈，而是商业竞争的手段，这一点在美国体现得尤为明显。1929 年美国华尔街股票市场的崩溃和紧接而来的经济大萧条，在幸存的企业中产生了激烈的竞争压力。当时的国家复兴法案冻结了物价，使厂家无法在价格上进行竞争，而只能依靠商品的外观质量和实际使用性能吸引消费者，因此工业设计成了企业生存的必要手段。在这种背景下，一代新的工业设计师出现了，在他们的努力下，工业设计开始被认为是工商活动的一个基本特征，是现代化批量生产的劳动分工中的一种重要的专业要素。第一代美国工业设计师大多是流线型风格的积极倡导者，他们的许多设计都带有明显的流线型风格，从而推动了流线型风格的广为传播。罗维（Raymond Loewy, 1893—1986）是第一代职业设计师中最负盛名的，在美国《生活》周刊列举的"形成美国的一百件大事"中，罗维于 1929 年在纽约开设设计事务所被列为第 87 件，可见其影响之大。他的产品设计种类繁多，大都带有流线型风格的特色。1937 年罗维为宾夕法尼亚铁路公司设计的 K45/S 型机车（图 3-10）是一件典型的流线型作品，车头采用了纺锤形造型，不但减少了 1/3 的风阻，而且给人一种象征高速运动的现代感。

图 3-10
罗维 1937 年为宾夕法尼亚铁路公司设计的 K45/S 型机车

流线型与艺术装饰风格不同，它的起源不是艺术运动，而是空气动力学试验。有些产品设计，如汽车、火车、飞机、轮船等交通工具的产品设计都具有一定的科学基础。但在富于想象力的美国设计师手中，不少流线型设计完全是由于它的象征意义，而无功能上的含义。表示速度的形式被用到了静止的物体上，体现了流线型作为现代化符号的强大象征作用。在很多情况下，即使流线型不表现产品的功能，它也不会损害产品的功能，因而流线型变得极为时髦。罗维于 1935 年设计的"可德斯波特"牌电冰箱（图 3-11）就采用了流线造型，成为冰箱设计的新潮流。该型号冰箱的年度销量从 1.5 万台猛增到 27.5 万台，提供了一个设计对于销售活动产生重大影响的范例。

美国式流线型风格的影响并不局限于美国，它作为美国文化的象征，通过出版物、电影等形象化的传播媒介流传到了世界各地。在某些地区，如拉丁美洲，美国经济的支配和美国工业产品的进口使这种影响更为直接。在欧洲，也出现了卓越的流线型设计，其中最有代表性的是由德国著名设计师波尔舍（Ferdinand Porsche, 1875—1951）设计的酷似甲壳虫的大众牌小汽车（图 3-12）。波尔舍是流线型理论与实践的专家，他的"大众"车原型是在 1936 ~ 1937 年设计的，但在第二次世界大战后才得以大批量生产，并广泛占领美国市场。它是一种适用于高速公路的小型廉价汽车，其甲壳虫般的外观成了 20 世纪 30 年代流线型设计中最广为人知的范例。

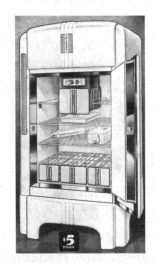

图 3-11
罗维于 **1935** 年
设计的 "可德
斯波特" 牌电
冰箱

图 3-12
波尔舍于 **1936 ~
1937** 年设计的
大众牌小汽车

　　流线型作为一种风格是独特的，它主要源于科学研究和工业生产的条件，而不是美学理论。新时代需要新的形式、新的象征，与包豪斯刻板的几何形式语言相比，流线型毕竟易于理解和接受，这也许是它得以广为流行，并有持久生命力的重要原因之一。流线型不仅由 20 世纪 30 年代一直流行到第二次世界大战后初期，而且在 20 世纪 80 年代后期又卷土重来，并影响至今，使一些汽车、家用电器乃至高科技的电脑设计都带有明显的流线型韵味。

第四节　战后工业设计的发展

　　第二次世界大战结束时，世界上多数国家都不同程度地遭受了战争摧残。要迅速地从战争创伤中恢复过来，就必须首先恢复经济以满足和平时期的需要。美国通过马歇尔计划向其他西方国家提供了大量经济援助，使这些国家得以迅速重建自己和平时期的工业生产，并先后出现了前所未有的经济高涨。与此同时，新技术、新材料不断涌现，推动了工业设计的对象由消费类产品扩展到了投资类产品，在工业装备、工程机械及仪器仪表等产品中都出现了许多优秀设计，并极大丰富了工业设计的内涵。

　　战后工业设计无论在理论上、实践上和教育体系上都有极大的发展，与工业设计密切相关的一些基本学科，如人机工程学、市场学、设计心理学、计算机辅助设计等都得到了发展和完善，因此，工业设计作为现代社会中不可缺少的一门独立学科已经确立。

　　在战后设计的基本理论探讨中，发展了两种不同的设计观：一种着眼于设计的商业价值，强调通过设计为产品创造新的附加价值，从而诱导消费，增加生产者的生产效益，这种设计观实际上是把设计作为一种市场竞争的手段，使设计变成了推动经济运转的不可缺少的动力；另一种则着眼于通过设计改善人们的生活质量，强调设计应适于人们的实际需要，着重于解决人类生活的基本问题，反对使设计沦为浪费资源和能源的媒介。这两种设计观实际上是战前以包豪斯为代表的理想主义和以美国职业设计师为代表的实用主义两种设计思想的延续，两者在战前平行发展，在战后却产生了激烈的交锋，并以形形色色的设计风格体现出来。

这一节主要讨论欧美主要国家和日本战后工业设计发展的概况。

一、战后美国工业设计的发展

美国的工业设计在战前已打下了良好基础，在战争中也没有受到很大破坏，因而在战后其工业设计迅速发展，并继续对其他国家产生重大影响。在战后相当长的一段时间内，以包豪斯理论为基础发展起来的现代主义和强调商业利益的所谓"商业设计"都产生了较大影响。就设计理论而言，20世纪40～50年代，美国的设计主流是现代主义。其核心是功能主义，强调实用物品的美应由其实用性和对于材料、结构的真实体现来确定。功能主义最有影响的口号是"形式追随功能"，强调功能对于形式的决定作用。此外，现代主义还主张以严格的理性思考取代感性冲动，以科学、客观的分析为基础来进行设计，尽可能减少设计中的个人意识，从而提高产品的效率和经济性。战后的现代主义深入到广泛的工业领域，体现在许多工业产品上。随着经济的复兴，西方在20世纪50年代进入了消费时代，现代主义也开始脱离战前包豪斯那种刻板、几何化的模式，并与战后新技术、新材料相结合，形成了一种成熟的工业设计美学。美国现代主义的发展主要在于设计机构的大力推动，它们以各种形式扩大了现代主义在本国设计界和公众中的影响，并对其优良设计（Good Design）之类的名称加以宣传，取得了很大成效。20世纪40年代功能主义已在美国牢固地建立起来，这在很大程度上是由于早年包豪斯的领袖人物先后到了美国，并把持了美国设计教育界，从而将包豪斯的现代设计思想传播到美国。美国纽约的现代艺术博物馆在宣传现代主义设计方面也起到了重要作用。20世纪30年代后期，该馆举办了几次"实用物品"展览，展品是从市场上的功能主义设计商品中挑选出来的，其目的是向公众推荐实用的、批量生产的、精心设计和价值合理的家用产品。1940年，现代艺术博物馆为工业设计提供了一系列"新"标准，即产品的设计要适合于它的目的性，适应于所用的材料，适应于生产工艺，形式要服从功能等，这种美学标准在20世纪40年代大受推崇。

为了促进工业设计的发展，现代艺术博物馆早在20世纪30年代末就成立了工业设计部，著名工业设计师诺伊斯（Eliot Noyes，1910—1977）是第一任主任，他和他的继任者都竭力推崇"优良设计"，反对将设计视为纯粹的商业竞争手段。在现代艺术博物馆推动"优良设计"的努力中，最重要且最富有成效的是该馆举办的设计竞赛，其目的是促进低成本家具、灯具、染织品、娱乐设施及其他用品的设计，并在现代技术基础上创造出一种自然形式的现代设计风格。

出自低成本产品设计竞赛，并在整个20世纪50年代以"优良设计"为特点的风格，适用于战后住宅较小的生活空间。这种风格具有简洁无装饰的形态，可以用合理的价格批量生产，特别是家具轻巧而移动方便，有时还有多种功能。这些设计探索了使用胶合板、玻璃纤维、钢管、塑料等新材料的可能性，也在一定程度上反映了当时材料的匮乏和资金的限制。伊姆斯（Charles Eames，1907—1978）是在现代艺术博物馆的设计竞赛中崭露头角的，他于1946年设计的座椅（图3-13）就反映了这种风格。另一位在设计竞赛中脱颖而出的设计师是埃罗·沙里宁（Eero Saarinen，1910—1960），他设计的家具常常体现出"有机"的自由形态，而不是刻板、冰冷的几何形，这标志着现代主义的发展已突破了正统的包豪斯风格而开始走向软化，图 3-14 所示是沙里宁 1946 年设计的"子宫椅"。

图 3-13
伊姆斯 **1946** 年
设计的座椅

图 3-14
沙里宁 **1946** 年设
计的"子宫椅"

　　20 世纪 50 年代的美国现代主义设计具有浓厚的道德色彩，认为只有简洁而诚实的设计才是好的设计，这种设计哲学实际上是英国工艺美术运动思想的延续。随着经济的发展，现代主义越来越受到资本主义商业规律的压力，功能上好的设计并不一定就能得到好的市场效益，因为资本主义社会要求把设计作为一种刺激高消费的手段，而不只是建立一种理想的生活方式。现代主义试图以技术和社会价值来取代迄今看似不可缺少的美学价值，这在商业上是行不通的。正因为如此，现代主义在 20 世纪 50 年代不得不放弃一些激进的理想，更加强调设计的艺术性与象征性，使自己能与资本主义商品经济合拍。

　　现代主义的设计在 20 世纪 40 ~ 50 年代取得了巨大的成功，但是，与其平行发展并同样有影响力的设计流派也在发展中，这些流派的宗旨常常是与现代主义的信条相背离的，它们在设计史中的地位也不应被忽视，美国的商业性设计就是其中之一。由于工业设计作为一种社会上公认的职业起源于美国，它是 20 世纪 20 ~ 30 年代商品激烈竞争的产物，因而一开始就带有浓厚的商业色彩。所谓商业性设计就是把设计完全作为一种纯商业竞争的武器，设计改型不考虑产品的功能因素和内部结构，只追求视觉上的新奇与刺激。商业性设计的本质是形式主义的，设计师们为了促进商品销售，不断翻新花样，以流行的时尚来博得消费者的青睐，但这种商业性设计有时是以牺牲部分使用功能为代价的。

　　战前美国的工业设计就发展了"流线型"一类具有象征性的"时代风格"。战后美国工业设计的实践仍然建立在这种基础之上，即强调设计的象征意义，以迎合美国人追求新奇的心理。随着经济的繁荣，20世纪50年代出现了消费高潮，进一步刺激了商业性设计的发展。在商品经济规律的支配下，现代主义的信条"形式追随功能"被"设计追随销售"取代。美国商业性设计的核心是"有计划的商品废止制"，即通过人为的设计使产品的功能或款式在较短时间内失效，从而迫使消费者不断购买新产品。20世纪50年代的美国汽车设计是商业性设计的典型代表。战后美国人需要一系列新的设计来反映和实现他们的乐观主义心情，消除战争期间物质匮乏带来的艰辛生活的记忆，汽车成了寄托他们希望的理想之物。正当强调功能、偏爱柔和色彩和简洁形式的现代主义在许多领域占上风时，美国各大汽车公司的设计部却把现代主义的信条打入冷宫，不断推出新奇、夸张的设计，以纯粹视觉化的手法来反映美国人对于权力、流动和速度的向往，取得了巨大成效（图3-15），同时也奠定了汽车造型设计在工业设计中的主导地位。20世纪50年代的美国汽车虽然宽敞、华丽，但它们耗油多，功能上也不尽完善。对制造商来说，这些都无关紧要，因为他们生产的汽车并不是为了经久耐用，而是为了满足人们把汽车作为力量和地位标志的心理需要。有计划的商品废止制在汽车行业中得到了最彻底的实现，通过年度换型计划，设计师们源源不断地推出时髦的新车型，让原有车型很快在形式上过时，使车主弃旧换新。这些新车型一般只在造型上有变化，内部功能和结构并无多大变化。美国工业设计师厄尔（Harley Earl，1893—1969）在战后汽车业中发挥了重要作用。他在汽车设计上有两个重要突破：其一是将汽车风窗玻璃改换成弧形整片大玻璃，从而加强了汽车造型的整体性；其二是改变了原来只是在边线、轮框上部分镀铬的做法，变成以镀铬部件做车标、线饰、灯具、反光镜等，称为镀铬构件的雕塑化使用。

图3-15
克莱斯勒公司
1955 年生产的
战斗机式样的
小汽车

　　厄尔在车身设计方面最有影响的创造是给小汽车加上尾鳍，这种造型在20世纪50年代流行一时。图3-16所示是厄尔设计的59型凯迪拉克小汽车。整个设计是一种喷气时代高速度的标志，尾鳍从车身中伸出，形成火箭喷火口状的尾灯。这种设计基本上是一种纯形式的游戏，汽车的造型与细部处理和功能并无多大关系。

图3-16
厄尔设计的 59
型凯迪拉克小
汽车

随着经济的衰退，消费者权益意识的增加和后来能源危机的出现，大型而昂贵的汽车不再时髦。同时，从欧洲、日本进口的小型车提供了不同形式和功能的概念，并开始广泛地占领市场，迫使制造商改弦更张，放弃有计划的商品废止制，由梦幻走向现实。

从 20 世纪 50 年代末起，美国商业性设计走向衰落，工业设计更加紧密地与行为学、经济学、生态学、材料科学及心理学等现代学科相结合，逐步形成了一门以科学为基础的独立完整学科，并开始由产品设计扩展到企业形象的总体设计。20 世纪 60 年代以来，美国工业设计师积极参加政府与国家的设计工作，同时向尖端科学领域发展。著名设计师罗维曾为阿波罗登月计划进行了广泛的设计，并取得了很大成功。

二、战后欧洲及日本工业设计的发展

战后初期，由于受美国的经济援助及美国产品和文化输入的影响，美国工业设计的方法及表现形式都对欧洲和日本的工业设计产生了广泛的影响。但随着各国经济的复苏，加上各自不同的文化背景，在不同的国家都逐渐形成了具有自己特色的工业设计，特别是意大利、德国、斯堪的纳维亚国家和日本更是如此。

战后意大利设计的发展被人们称为"现代文艺复兴"，它对整个设计界产生了巨大冲击。意大利设计是一种一致性的文化，它融会于产品、服装、汽车、办公用品、家具等诸多设计领域之中。这种设计文化是根植于意大利悠久而丰富多彩的艺术传统之中的，并反映了意大利民族热情奔放的性格特征。总体来说，意大利设计的特点是由于形式上的创新而产生的特有的风格与个性。具有雕塑般优美动人的造型，同时又具有卓越性能的"法拉利"跑车（图 3-17）就是意大利现代工业设计的一个典型代表。

图 3-17
平尼法尼亚设计的"法拉利"跑车

20 世纪 50 年代意大利设计的视觉特征是所谓当代"有机"雕塑，这种视觉特征与新的金属和塑料生产技术相结合，创造了一种独特的美学。这种美学显然受到了英国雕塑家摩尔（Henry Moore，1898—1986）作品的影响。摩尔的雕塑大都以人体为题材，并加以变形处理，体型简练，线条流畅，富有生命力。1948 年摩尔的作品参加了威尼斯双年展，获得头奖，这使"有机"雕塑在意大利流行，并波及从汽车到办公用设备等工业产品的造型设计（图 3-18）。

图 3-18
奥利维蒂公司生产的"拉克西康 80"打字机

从 20 世纪 60 年代开始，塑料和先进的成形技术使意大利设计创造出一种更富有个性及表现力的风格。大量低成本的塑料家具、灯具及其他消费品，以其轻巧、透明和色彩艳丽的新风格，完全打破了传统材料所体现的设计特点和与其相联系的价值。

意大利的汽车车身设计在国际上享有很高的声誉，不少国家的名车也出自意大利设计师之手。在这方面，其代表应首推工业设计师乔治·亚罗（Giorgetto Giugiaro），他于 1968 年创建了著名的意大利设计公司，他的基本经营方针是将设计与工程技术紧密结合，为汽车生产厂家提供从可行性研究、外观设计、工程设计直到模型和样车制作的完整服务，生产了许多成功的产品。1986 年，他设计了一半似摩托、一半似汽车的"麦奇摩托"（图 3-19），革新了现代机动车的概念。此外，他还为一些著名的日本公司设计了照相机、手表等产品，影响广泛。2015 年，意大利设计公司成为德国大众汽车集团的全资子公司。

图 3-19

乔治·亚罗设计
的"麦奇摩托"

德意志民族素以理智、严谨而著称。这种民族文化背景与德意志制造联盟促进艺术和工业结合的理想以及包豪斯的机器美学影响着战后的工业设计。随着经济的复兴，德国成了世界先进的工业化国家之一，并发展了一种以强调技术表现为特征的工业设计风格，认为产品在整体上不应有与功能无关的表现性特征，应该正确地反映出工业生产过程中的技术、经济等实际因素，从而形成一种朴实无华、协调的整体。

战后对德国工业设计产生最大影响的机构是 1953 年成立的乌尔姆造型学院。这是一所培养工业设计人才的高等学府，其纲领是使设计直接服务于工业。乌尔姆造型学院逐渐用数学、工程科学和逻辑分析等课程取代了从包豪斯继承下来的美术训练课程，产生了一种以科学技术为基础的设计教育模式。尽管该学院已于 1968 年解散，但它所培养的大批设计人才在工作中取得了显著的经济效益，并使德国的工业设计有了一种合理的、统一的表现，它真实地反映了德国发达的技术文化。乌尔姆造型学院与德国博朗股份公司的合作取得了丰硕的成果。博朗聘请迪特·拉姆斯（Dieter Rams）等年轻设计师在 20 世纪 50 年代中期组建了设计部，并得到乌尔姆造型学院产品设计系主任古戈洛特（Hans Gugelot，1920—1965）等教师的协助，设计生产了大量优秀产品。这些产品都具有均衡、精练和无装饰的特点，色彩上多用黑、白、灰等"非色调"，其造型直截了当地反映出产品在功能上和结构上的特征。这些一致性的设计语言成了博朗产品的独有风格。博朗于 1961 年生产的台扇（图 3-20）生动地体现了其机械产品的特色，它把电动机与风扇叶片两部分设计为相接的同心圆柱体，强调了风扇的圆周运动和传动结构。这种台扇在 1970 年获得了德国"出色造型"奖。

图3-20
1961 年博朗生产的台扇

德国设计的技术特征也体现在德国的汽车设计上。德国汽车都具有极高的技术水准，并且制造精良，而在汽车的造型上则追求一种均衡、稳量、洗练的特色，并不刻意追求外观上的标新立异。

斯堪的纳维亚地处北欧，包括丹麦、瑞典、挪威、芬兰及冰岛五国。早在两次世界大战之间，这些国家在设计领域就取得了令人瞩目的成就。这些国家的具体条件不尽相同，因而在设计上也有所差异。但总体来说，它们的设计有着强烈的共性，体现了多样化的文化、政治、语言和传统的融合，以及对于形式和装饰的克制，对于传统的尊重，形式与功能的一致，对于自然材料的欣赏等。既注意产品的实用性，又强调设计中的人文因素，避免过于刻板严酷的几何形式，从而产生了一种富于"人情味"的现代美学。丹麦著名设计师汉宁森（Poul Henningsen，1894—1967）设计的 PH 灯具系列（图 3-21）具有极高的美学质量，但这种美的造型是来自于照明的科学原理，而不是来自于附加的装饰，因而使用效果非常好，至今畅销不衰。

图3-21
汉宁森设计的PH 灯具系列

在芬兰，阿尔托（Alva Alto，1898—1976）以用工业化生产方法来制造成本低、但设计精良的家具而著称。他于 1928 年设计的扶手椅采用胶合板和弯木制成，轻巧而适用，充分体现了材料的特点，既优美雅致而又不失其舒适性，是斯堪的纳维亚设计的经典之作。战后的斯堪的纳维亚设计在 20 世纪 50 年代发生了一次新的飞跃，其朴素而有机的形态及自然的色彩和质感在国际上大受欢迎。一方面，在家具、灯具、陶瓷、玻璃制品、染织品等传统产品的设计上，其将精良的手工艺传统与现代的审美情趣及生产工艺相结合产生了大量优秀作品；另一方面，随着现代工业和科学技术的发展，在一些全新的工业产品设计方面也取得了令人瞩目的成就。

　　瑞典的工业基础雄厚，并拥有大量的创造性天才人物，因而在工业装备、办公设备、汽车、家用电器等方面都产生了众多的优秀设计。例如，瑞典的"沃尔沃"（Volvo）汽车设计就享有世界声誉，该车的外观造型平和而富有人情味，在舒适性和安全性方面的设计都是世界一流的。

　　丹麦的邦与奥卢胡森公司（简称 B&O 公司）是斯堪的纳维亚设计的明星，在国际设计界素负盛名。B&O 是一家生产家用视听设备的公司。该公司瞄准国际市场的最高层次，致力于使技术设备适合于家庭环境，设计出了一系列质量优异、造型高雅、操作方便并富于公司特色的产品（图 3-22）。公司特别强调逻辑操作和人机之间的双向交流，因为电子技术越来越复杂，逻辑操作意味着技术应服务于人，而不应故意强调产品的高技术特点，不应人为地使操作复杂化。这正是斯堪的纳维亚设计文化在高技术产品上的体现。

图 3-22
B&O 公司生产
的音响系统

　　"日本设计"一词常会使人联想到两类截然不同的东西：一类是传统的手工艺品，如木制家具、漆器及陶艺品等，这类传统的手工艺品朴素、清雅、自然，具有浓郁的东方情调；另一类则是批量生产的高技术产品，如高保真音响、照相机、摩托车、汽车及计算机等。这种高技术与传统文化的平衡正是日本设计的一个重要特色。第二次世界大战之前，日本的民用工业和工业设计并不发达，很多工业产品直接模仿欧美的样本，"东洋货"成了价廉质次产品的代名词。战后日本经历了恢复期、成长期和发展期三个阶段，经济实力进入了世界先进行列，工业设计也有了很大进步。今天，日本工业设计已得到国际设计界的高度重视，有很高的地位。日本是一个岛国，自然资源和市场都十分有限，经济的发展依赖于对外贸易。日本将设计作为提高产品在海外市场竞争力的重要手段之一，而重点加以发展。20 世纪 50 ~ 60 年代，日本一方面邀请罗维等著名设计师来日本讲学，一方面派出大批人员去欧美学习和考察设计，经过一段时间的努力，到 20 世纪 70 年代，日本产品无论是在数量上、质量上，还是在设计上都达到了世界先进水平，同时创造了自己的设计特色。日本现代产品设计在形式上与传统并没有直接联系，但设计的基本思维还是受到传统美学的影响，如小型化、多功能以及对细节的关注等（图 3-23）。

图 3-23
索尼公司设计
的袖珍型收音
机

　　日本设计与欧美设计的不同之处在于日本的主要设计力量是企业内部的设计师，而不是独立的设计顾问公司或设计事务所。大部分的杰出设计都是在企业内部的设计部门完成的。另外，日本的企业对世界各地的市场消费要求和特点有十分透彻的了解，产品的设计有较强的针对性，因而日本的产品能在不同的市场上畅销。日本的汽车设计是从模仿美国汽车起家的，但现在却能在美国的汽车市场占有大量份额。

　　在日本的企业设计中，索尼公司成就斐然，成为日本现代工业设计的典型代表。索尼是日本最早注重工业设计的公司，该公司从 1954 年起就雇用了自己的设计师并逐步完善了公司全面的设计政策，将设计与技术、科研的突破结合起来，用全新的产品来创造市场，引导消费。1955 年索尼公司生产了日本第一台晶体管收音机，1959 年生产出世界上第一台全半导体电视机，此后又研制出独具特色的单枪三束柱面屏幕彩色电视机，这些产品都广受好评。与其他公司强调高技术的视觉风格不同，索尼的设计强调简练，其产品不但在体量上要尽量小型化，在外观上也尽可能减少无谓的细节。1979 年开始生产的"随身听"（WalkMan）就是贯彻这一设计政策的典型产品，并取得了极大的成功（图 3-24）。

图 3-24
索尼公司生产
的"随身听"

进入 20 世纪 80 年代，特别是 80 年代后期，由于受到意大利设计的影响，日本一些家用电器的设计开始转向生活型，即强调色彩和外观的趣味性，以满足人们的个性需求，并将高技术与高情趣结合起来。

第五节 走向多元化

20 世纪 60 年代以来，工业设计发展的一个重要特征是设计理念和设计风格的多元化。在 20 世纪 50 年代，以功能主义为信条的现代主义占统治地位，进入 20 世纪 60 年代，随着社会经济条件的变化，又适逢几位现代主义设计大师相继去世，新一代的设计师开始向功能主义提出了挑战，这成了工业设计走向多元化的起点。功能主义的危机主要在于它在很多方面与资本主义经济体制鼓励消费、追求标新立异的特点相背离。另外，在一个不断发展和变化的社会中，试图保持唯一正统的设计评价标准是很困难的。科学技术的发展也对工业设计的演化产生了重大影响。随着电子技术的兴起，在 20 世纪 60 ~ 70 年代出现了急速的小型化浪潮，使许多产品能以很小的尺寸来完成其先进的功能，这样设计师在产品外观造型上就有了更多的变化余地。由于电子线路的功能是看不见的，并没有天赋的形式，人们无法仅从外观上判断电子产品的内部功能，因此，"形式追随功能"的信条在电子时代就没有真正的意义了。这就要求设计师综合传统、美学和人机工程学等方面，更多地考虑文化、心理及人际关系等因素，而不仅仅是考虑使用功能，从而将高技术与高情感结合起来。

市场的变化也促进了工业设计的多元化发展。从 20 世纪 60 年代开始，均匀的市场开始消失。后工业社会（Post Industrial Society）是以各种各样的市场同时并存为特征的。这些市场反映了不同文化群体的要求，每个群体都有其特定的行为、语言、时尚和传统，都有各自不同的消费要求。工业设计必须以多样化的战略来应付这种局面，并向产品注入新的、强烈的文化因素。另一方面，工业生产中的自动化，特别是计算机辅助设计（CAD）和计算机辅助制造（CAM）大大增加了生产灵活性，能够做到小批量、多样化。在设计多元化的繁荣中，既有稳健的主流，又有先锋的试验，也有向后看的复古。从总体上看，以现代主义基本原则为基础的设计流派仍然是工业设计的主流，但它们对现代主义的某些部分进行了夸大、突出、补充和变化。值得一提的是，一种企图从根本上否定现代主义设计原则的所谓后现代主义从 20 世纪 60 年代末兴起，在理论上非常活跃，它对以信息化为特色的后工业社会的工业设计产生了较大影响。

一、理性主义与"无名性"设计

在设计的多元化潮流中，以设计科学为基础的理性主义占主导地位。它强调设计是一项集体活动，强调对设计过程的理性分析，而不追求任何表面的个人风格，从而体现出一种"无名性"的设计特征。理性主义试图为设计确定一种科学的、系统的理论，即以所谓的设计科学来指导设计，从而减少设计中的主观意识。设计科学实际上是几门学科的综合，它涉及心理学、生理学、人机工程学、医学、工业工程等，体现了对技术因素的重视和对消费者更加自觉的关心。设计科学的出现使社会学和技术成了设计的决定性因素。

随着技术越来越复杂，要求设计越来越专业化，产品的设计师往往不是一个人，而是由多学科专家组成的设计队伍。国际上一些大公司大多建立了自己的设计部门，设计工作是以一定程序以集体合作的形式完成的，这样个人风格就难以体现于产品的最终形式上。此外，随着设计管理的发展，许多企业都建立了长期设计政策，要求企业的产品必须纳入公司设计管理的框架之内，以保持设计的连续性，这些都推动了"无名性"设计的发展。20 世纪 60 年代以来，以"无名性"为特征的理性主义为国际上一些引导潮流的大公司所采用，如荷兰的飞利浦公司、日本的索尼公司、德国的博朗公司、美国的微软公司等。对于这些大公司而言，"无名性"意味着减少设计师的个性风格而突出企业产品的总体特征。在办公设备设计上，"无名性"更为明显，无论是复印机还是计算机，其造型都十分稳健。

二、高技术风格

随着科学技术的发展，在工业设计领域兴起了一种影响十分广泛的设计风格——高技术风格。高技术风格的起源可以追溯到 20 世纪 20～30 年代的机器美学，这种美学直接反映了当时以机器为代表的技术特征。战后初期，不少电子产品模仿军用通信机器风格，即所谓"游击队"风格，以图表现战争中发展起来的电子技术。罗维于 20 世纪 40 年代末设计的哈里克拉福特收音机（图 3-25）是这一趋势的典型代表。

图 3-25

罗维于 **20** 世纪 **40** 年代末设计的哈里克拉福特收音机

该收音机采用了黑白两色的金属外壳，面板上布满各种旋钮、控制键和精确的显示仪表，俨然是一架科学仪器。20 世纪 50 年代初罗维又另辟蹊径来表现现代电子技术，他设计的一台收音机（图 3-26）由黑色基座和透明塑料外壳构成，外形为一规整的长方体，所有的内部元件都清晰可见，罗维的这些设计预示着后来高技术风格的到来。

图 3-26

罗维于 **20** 世纪 **50** 年代初设计的收音机

曾几何时，透明机芯的手表、电话机都曾流行。高技术风格的发展是与 20 世纪 50 年代末以电子工业为代表的高科技迅速发展分不开的。科学技术的进步不仅影响了整个社会生产的发展，还强烈地影响了人们的思想。高技术风格正是在这种社会背景下产生的。20 世纪 60

年代，法国设计师莫尔吉（Oliver Morgue）为一部著名的科幻电影《2001：太空漫游》设计了影片中的布景，他制作了一系列形状古怪的家具和科学实验室场景，影响很大。当时各种科学幻想连环画的杂志也充满了所谓宇宙时代到处是按钮、仪表的室内设计图片。这些大众传播手段推动了高技术风格的普及，甚至一些厨房也被设计成科学实验室的式样，各种厨具、炊具上都布满各种开关和指示。

在家用电器，特别是电子类电器的设计中，高技术风格尤为突出，其主要特点是强调技术信息的密集化，面板上密布繁多的控制键和显示仪表。造型上多采用方块和直线，色彩仅用黑色和白色，这样就使家用电器产品看上去像一台专业水平很高的科技仪器，以满足一部分人向往高技术的心理需要。

高技术风格在20世纪60~70年代曾风行一时，并一直延续到20世纪80年代。但是高技术风格由于过度重视对技术和时代的体现，把装饰压到了最低限度，因而显得冷漠而缺乏人情味，常常招致非议。因此，一些设计师开始致力于创造出更富有表现力和更有趣味的设计语言来取代纯技术的体现，即由高技术走向高情趣。

三、后现代主义

后现代主义是旨在反抗现代主义纯而又纯的方法论的一场运动，它广泛地体现于文学、哲学、批评理论、建筑及设计领域中，所谓"后现代"并不是指时间上处于"现代"之后，而是针对艺术风格的发展演变而言的。

后现代主义推崇一种复杂的、含混的、折中的、象征主义和历史主义的设计，其设计表现的源泉中既有光怪陆离、五光十色的世俗文化，又有各种各样的历史风格，以简化、变形、夸张的手法借鉴历史建筑的部件和装饰。后现代主义的发言人斯特恩（Robert A. M. Stern）把后现代主义的主要特征归结为三点，即文脉主义、引喻主义和装饰主义。他强调了设计的历史文化内涵与环境的关系，并把装饰作为设计中不可分割的部分。后现代主义起源于20世纪60年代，在20世纪70~80年代的建筑界与设计界中掀起了轩然大波。

不少后现代主义的设计作品出自建筑师之手。这些"建筑师—设计师"设计了一些所谓"微型建筑式"的产品，体现了后现代主义的一些基本特征，即强调设计的引喻意义，通过借用历史风格来增加设计的文化内涵，同时又反映出一种幽默与风趣之感，但唯独忽视了功能上的要求。

后现代主义在设计界最有影响的组织是意大利一个名为"孟菲斯"（Memphis）的设计集团。"孟菲斯"成立于1980年12月，由著名设计师索特萨斯（Ettore Sottsass，1917—2007）和一些年轻设计师组成。孟菲斯原是埃及的一个古城，也是美国一个以摇滚乐而著名的城市。设计师集团以此为名含有将传统文明与流行文化相结合的意思。索特萨斯认为设计就是设计一种生活方式，因而设计没有确定性，只有可能性；没有永恒，只有瞬间。这样，"孟菲斯"开创了一种无视一切模式和突破所有清规戒律的开放性设计思想，从而刺激了丰富多彩的意大利新潮设计。

"孟菲斯"对功能有自己全新的解释，即功能不是绝对的，而是有生命的、发展的，它是产品与生活之间的一种可能关系。这样功能的含义就不只是物质上的，也是文化上的、精神上的。产品不仅要有使用价值，更要表达一种文化内涵，使设计成为某一文化系统的引喻或符号。"孟菲斯"的设计都尽力去表现各种富有个性的文化意义，表达了从天真滑稽直到怪诞、离奇等不同的情趣，也派生出关于材料、装饰及色彩等方面的一系列新观念。"孟菲斯"的设计不少是家具一类的家用产品，其材料大多是纤维、塑料一类的廉价材料，表面饰有抽象的图案，而且布满产品整个表面。设色上故意打破常规，喜欢用一些明快、风趣、彩度高的色调，特别是粉红、粉绿之类的艳俗色彩。1981年索特萨斯设计的一件博古架（图3-27）是孟菲斯设计的典型。这件家具色彩艳丽，造型古怪，上部看上去像一个机器人。

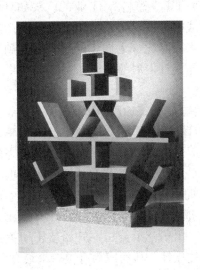

图 3-27
索特萨斯 **1981** 年
设计的博古架

"孟菲斯"的设计在很大程度上是试验性的，多作为博物馆的藏品。但它们已对工业设计和理论界产生了具体的影响，给人们以启迪。

第六节 信息时代的工业设计

20世纪80年代以来，由于计算机技术的快速发展和普及以及因特网的迅猛发展，人类进入了一个信息爆炸的全新时代。这种巨大的变化不仅强烈地改变了人类社会的技术特征，也对人类的社会、经济、文化的每一个方面产生了深远的影响。作为人类技术与文化融合结晶的工业设计也经受到了这场剧烈变革的冲击和挑战，并产生了前所未有的重大变化。

一、美国计算机技术的发展与工业设计

计算机技术的发展与工业设计的关系是非常广泛而深刻的。一方面，计算机的应用极大地改变了工业设计的技术手段，改变了工业设计的程序与方法。与此相适应，设计师的观念和思维方式也有了很大的转变。另一方面，以计算机技术为代表的高新技术开辟了工业设计的崭新领域，先进的技术必须与优秀的设计结合起来，才能使技术人性化，真正服务于人类。工业设计对推动高新技术产品的进步起到了不可估量的作用。

20世纪80年代以来，随着科学技术的进步，美国的计算机技术在硬件及软件方面都产生了巨大的飞跃，计算机辅助工业设计也因其快捷、高效、准确、精密和便于储存、交流和修改的优势而被广泛应用于工业设计的各个领域，大大提高了设计的效率。由于计算机辅助设计的出现，工业设计的方式发生了根本性的变化。这不仅体现在用计算机来绘制各种设计图，用快速原型技术来替代油泥模型，或者用虚拟现实来进行产品的仿真演示等。更重要的是建立起了一种并行结构的设计系统，将设计、工程分析和制造三位一体优化集成为一个系统，使不同专业的人员能及时地相互反馈信息，从而缩短开发周期，并保证了设计、制造的高质量。这些变

化要求设计师具有更高的整体意识和更多的工程技术知识，而不是仅仅局限于效果图的表现。

信息技术和因特网的发展在很大程度上改变了美国工业的格局，新兴的信息产业迅速崛起，开始取代钢铁、汽车、石油化工、机械等传统产业，成了知识经济时代的生力军，苹果、英特尔、微软、IBM、惠普、亚马逊、思科等 IT 业的巨头如日中天。以此为契机，美国工业设计的主要方向也开始发生了战略性的转移，由传统的工业产品转向以计算机为代表的高新技术产品和服务，在将高新技术商品化、人性化的过程中起到了极其重要的作用，并产生了许多经典性的作品，开创了工业设计发展的新纪元。美国苹果公司在这方面是最具代表性的，成了信息时代工业设计的旗舰。

苹果公司 1976 年创建于美国硅谷，1979 年即跻身《财富》前 100 名大公司之列。苹果首创了个人计算机，在现代计算机发展中树立起众多的里程碑，特别是在工业设计方面起到了关键性的作用。苹果公司不但最先在世界上推出了塑料机壳的一体化个人计算机，倡导图形用户界面和应用鼠标，而且采用连贯的工业设计语言不断推出令人耳目一新的计算机，如著名的苹果Ⅱ型机、Mac 系列机（图 3-28）、牛顿掌上电脑、PowerBooks 笔记本电脑等。这些努力彻底改变了人们对计算机的看法和使用方式，计算机成了一种非常易用的工具，使日常工作变得更加友善和人性化。由于苹果公司一开始就密切关注每个产品的细节，并在后来的一系列产品中始终如一地关注设计，从而成为有史以来最有创意的设计组织之一。

图 3-28
**苹果公司 1984
年生产的 Mac
计算机**

1998 年苹果推出了全新的 iMac 计算机（图 3-29），在计算机设计方面掀起了革命性的浪潮，成为全球瞩目的焦点。

图 3-29
**苹果公司 1998
年生产的 iMac
计算机**

iMac 秉承苹果计算机人性化设计的宗旨，采用一体化的整体结构和预装软件，插上电源和电话线即可上网使用，大大方便了第一次使用计算机的用户，打消了他们对技术的恐惧感。从外形上看，iMac 采用了半透明塑料机壳，造型雅致而又略带童趣，色彩则采用诱人的糖果色，完全打破了先前个人计算机严谨的造型和乳白色调的传统，高技术、高情趣在这里得到了完美的体现。在 iMac 的基础上，苹果又相继推出了 iBook 笔记本电脑（图 3-30）和 G3、G4 专业型计算机，对 IT 产业产生了很大的冲击，使更多的企业看到了工业设计在信息时代的巨大能量，因而更加注重产品的创意。毫不夸张地说，iMac 带来了计算机设计的文艺复兴。

图 3-30
苹果公司 **1999**
生产的 **iBook** 笔
记本电脑

透明材质和亮丽的色彩成为 IT 产品设计的潮流，无论是 MP3 播放器，还是彩色打印机，都可以看到 iMac 的影子。而此时的苹果公司又在酝酿着一场新的变革。在这次变革中，iMac 的有机造型被严谨的几何形式所取代，透明材质和亮丽的色彩也被冷峻的铝合金材质和雅致的哑光质感所代替。苹果公司在新世纪伊始推出的 Power Book G4 计算机和 Power Mac G5 计算机（图 3-31）都是如此。

图 3-31
苹果公司 **2003** 年
设 计 的 **Power
Mac G5** 计算机

与此同时，家电的设计也在发生类似的变化，先前的"白色家电"和"黑色家电"一下都变成了"银色家电"，这似乎预示着 20 世纪 60 年代的所谓"硬边风格"的复苏。经过 30 余年的发展，计算机已从实验室中的高精尖设备转变成寻常百姓家中的一件家用产品，其外观造型也由严谨、理性的高科技风格转向更为自由和丰富多彩的形式。随着技术的进一步发展，计算机的形式将更加多样化，工业设计任重而道远。

2001 年 10 月 23 日，苹果公司发布了第一代 ipod，开始了苹果从一家计算机公司向数字产品公司的转型，取得了巨大的成功。从第一代产品开始，苹果便以一贯追求的工业设计征服了世人的眼球。经过了几代产品的演变，ipod 一次又一次地给人们带来了绝美的视觉享受和用户体验，更创造了 ipod nano 这样难以超越的经典产品（图 3-32），其独特的人机交互技术、tunes 网上音乐下载服务和超薄绚丽的工业设计三位一体，使苹果公司在无数的 MP3 播放器竞争企业中脱颖而出，独占鳌头。

图 3-32

苹果公司生产的 ipod nano 系列产品

2007 年 1 月 9 日，苹果公司推出了让业界为之震撼的 iPhone 手机，以其突破性的设计理念、人性化的界面和丰富的功能与服务，颠覆了传统的手机设计概念，对其他个人通信产品品牌的设计产生了强烈的冲击。截至 2015 年 3 季度，iPhone（图 3-33）占到全球智能手机市场份额的 13.5%，但是其利润却达到了惊人的 94%。

图 3-33

苹果公司 2015 年生产的 iPhone 6S 手机

苹果公司证明了一件产品的成功有赖于技术、商业模式和设计三要素的完美结合：技术决定了产品的功能或服务；商业模式决定了产品的营销策略或者盈利的方法；设计决定了如何把产品的功能或服务提供给顾客，它包括产品或服务的外形、产品与顾客的交互界面、产品所体现的社会符号或象征、产品的情感吸引力，以及顾客在与产品和服务交互时的所有体验。苹果公司开创了企业设计由以产品为中心向以创造设计生态为中心的转变。苹果设计生态包括 iPhone、iPad、iMac、Apple Watch 等丰富的产品线，iOS、Mac OS X 操作系统，App Store、iTunes Store 等应用商店以及 Apple Store 实体体验店等，它将产品、应用软件、线上线下相结合的服务融为一体，在为用户创造独特体验的同时，打造企业的品牌和竞争优势。

二、欧洲及日本信息时代的工业设计

总体来说，美国的信息技术比欧洲要先进，但在某些领域，如数字通信技术方面，欧洲国家具有自己独特的优势。就工业设计而言，欧洲国家也有自己独特的优势。欧洲悠久、灿烂的文化底蕴使设计师们在信息时代能充分展示自己的才华，使高技术以一种充满人文和艺术情调，有时甚至是令人激动的形式表现出来。正是由于这个原因，欧洲在从美国输入先进技术的同时，也向美国输出优秀的工业设计。正如 20 世纪 30～40 年代以包豪斯为代表的欧洲现代主义设计思潮深刻影响了美国的设计界一样，今天的欧洲设计也在美国设计界，特别是高技术产品设计方面有着重要影响。

在国际设计界，最负盛名的欧洲设计公司当数德国的青蛙设计公司。作为一家大型的综合性国际设计公司，青蛙设计以其前卫，甚至未来派的风格不断创造出新颖、奇特、充满情趣的产品。公司的业务遍及世界各地，包括 AEG、苹果、柯达、索尼、奥林巴斯、AT&T 等跨国公司。青蛙设计公司的设计范围非常广泛，包括家具、交通工具、玩具、家用电器、展览、广告等。但 20 世纪 90 年代以来，该公司最重要的领域是计算机及其相关电子产品，并取得了极大的成功，特别是青蛙设计公司的美国事务所成为美国高技术产品设计中最有影响力的设计机构。

青蛙设计公司的创始人艾斯林格（Hartman Esslinger）于 1969 年在德国黑森州创立了自己的设计事务所，这便是青蛙设计公司的前身。艾斯林格先在斯图加特大学学习电子工程专业，后来在另一所大学专攻工业设计专业。这样的经历使他能圆满地将技术与美学结合在一起。1982 年，艾斯林格为 Wage 公司设计了一种亮绿色的电视机，命名为青蛙，获得了很大的成功。于是，艾斯林格便将"青蛙"作为自己的设计公司的标志和名称。另外，青蛙（Frog）一词恰好是德意志联邦共和国（Federal Republic of Germany）的缩写，这也许并非偶然。青蛙设计也与博朗一样，成了德国在信息时代工业设计界的杰出代表。青蛙设计公司的设计既保持了乌尔姆设计学院和博朗公司的严谨和简练，又带有后现代主义的新奇、怪诞、艳丽，甚至嬉戏般的特色，其在设计界独树一帜，并在很大程度上改变了 20 世纪末的设计潮流。青蛙设计公司的设计哲学是"形式追随激情"（Form Follows Emotion），因此它的许多设计都有一种欢快、幽默的情调，令人忍俊不禁。艾斯林格认为，20 世纪 50 年代是生产的年代，20 世纪 60 年代是研发的年代，20 世纪 70 年代是市场营销的年代，20 世纪 80 年代是金融的年代，而 20 世纪 90 年代是综合的年代。因此，青蛙设计公司的内部和外部结构都进行了调整，使原先传统上各自独立的领域的专家协同工作，目标是创造最具综合性的成果。为了实现这一目标，公司采用了综合性的战略设计过程，在开发过程的各个阶段，企业形象设计、工业设计和工程设计三个部门通力合作。这一过程包括深入了解产品的使用环境、用户需求、市场机遇、充分考虑产品各方面在生产工艺上的可行性等，以确保设计的一致性和高质量。此外，还必须将产品设计与企业形象包装和广告宣传统一起来，使传达给用户的信息具有连续性和一致性。

青蛙设计公司的设计原则是跨越技术与美学的局限，以文化、激情和实用性来定义产品。艾斯林格曾说："设计的目的是创造更为人性化的环境，我的目标一直是将主流产品作为艺术来设计。"由于青蛙设计公司的设计师们能应付任何前所未有的设计挑战，从事各种不同的设计项目，大大提升了工业设计职业的社会地位，向世人展示了工业设计师是产业界最基本的重要成员，也是当代文化生活的创造者之一。艾斯林格于 1990 年荣登《商业周刊》的封面，这是自罗维 1947 年作为《时代周刊》封面人物以来设计师仅有的殊荣。对青蛙设计公司来说，设计的成功既取决于设计师，也取决于业主。"对于我们来说，没有什么比找到合适的业主更加重要的了。"相互尊重、高度的责任心以及相互间的真正需求是极为重要的，这正是青蛙设计公司与众多国际性公司合作成功的基础。

青蛙设计公司的全球化战略始于 1982 年，当年青蛙设计公司在美国加州坎贝尔（Campbell）设立了事务所，1986 年又在东京设立事务所，开拓亚洲业务。青蛙设计公司美国事务所为许多高科技公司提供设计服务，在设计中特别重视机器与用户之间的关系。青蛙设计公司是苹果公司长期的合作伙伴，它积极探索"对用户友好"的计算机，通过采用简洁的造型、微妙的色彩以及简化了的操作系统，取得了极大的成功。1984 年，青蛙设计公司为苹果公司设计的苹果 II 型计算机出现在《时代周刊》的封面，被称为"年度最佳设计"。从此以后，青蛙设计公司几乎与美国所有重要的高科技公司都有成功的合作，其设计被广为展览、出版，并成了荣获美国工业设计优秀奖最多的设计公司之一。和其他类似的公司相比，青蛙设计公司有更加丰富的经验，因而能洞察和预测新的技术、新的社会动向和新的商机。正因为如此，青蛙设计能成功地诠释信息时代工业设计的意义。

正当青蛙设计公司秉承"形式追随激情"的设计理念使其在美国的业务得以迅速发展的时候，青蛙设计公司在德国本土的影响却日渐减弱。看来"形式追随激情"的理念与德国的理性、严谨的设计文化并不协调。一些德国设计师甚至对青蛙设计公司在美国的设计作品表示批评，认为它们不过是纯形式的游戏而已，过于商业化，失去了早期的真诚与活力。

芬兰的诺基亚是一家在高科技人性化方面颇有建树的通信技术公司，它将北欧设计独有的简洁、实用和自然的特点与先进的信息技术结合起来，创造出众多充满人情味和个性的产品。2003 年，诺基亚推出了前卫的 3G 手机诺基亚 7600，这款设计体现了手机由语音通信为主走向以图像为主的多媒体通信的趋势，大屏幕成了手机的中心。用户可以拍摄静态的图像和视频片段，收发多媒体信息、电子邮件和播放音乐，还可以借助 3G 网络更高的传输速度，在手机上浏览高质量的实时视频文件。2008 年，诺基亚公司开始了一场由通信工具设计与生产商向基于无线网络平台的服务提供商演变的战略转型，试图将公司的核心由硬件业务转向以内容和服务为主的软件业务，这种变化与苹果公司 iPhone 手机的成功所展现的设计发展趋势是一致的。2009 年，诺基亚公司发布了 N97 智能手机（图 3-34），该机拥有 3.5in 640 × 360 的触摸屏、500 万像素 Carl Zeiss 摄像头、QWERTY 键盘。N97 格外强调了社会网络功能（Social Networking），通过内建的服务快捷窗口，可以将用户所处社会信息（Social Location），包括照片和视频，发布到网站上去，这在当时是一种十分前卫的设计。但是，随着苹果公司 iPhone 手机的兴起，诺基亚显然未能跟上时代的步伐，没有建立起自己完整的设计生态，没能为消费者提供更好的体验，从而逐渐走向了衰落。这也说明，在信息时代，仅有优秀的产品设计并不能保障企业的成功。

尽管日本由于缺乏基础理论研究，在一些基本的信息技术，如 CPU 芯片、系统软件、网络技术等方面尚有一定差距，但在消费类电子产品方面，日本却有其独特的优势。这种优势就是通过诱人的外观、精心设计的细部、相对低廉的价格来赢得大众市场。日本生产的数码相机、电子游戏机、彩色打印机、液晶显示器等在国际上都有很强的竞争力。在信息时代，日本传统设计中小、巧、轻、薄的特点得到了进一步的发扬光大，成了日本高科技产品的重要特色。在这方面，索尼公司依然在引导潮流。索尼公司具有将先进技术转化为消费商品的超凡能力，其产品以精巧雅致著称，无论是游戏机，还是数码相机都是如此。

图 3-34
诺基亚 2009 年推出的 N97 智能手机

索尼公司十分擅长应用高技术来丰富人们的日常生活，它的 PlayStation 游戏机获得了堪与"随身听"媲美的巨大成功。索尼设计的讨人喜欢的机器狗 AIBO 也大受人们的欢迎。

在 AIBO 之后，索尼公司于 2003 年推出了能跳舞的拟人化机器人 QRIO（图 3-35），这种机器人有着丰富的"感情"，它能听到人的声音，能和人对话，还能记住人的"音容笑貌"，下次再见时，它就会因为认出"老朋友"而高兴无比。

图 3-35
索尼公司于 2003 年设计的拟人化机器人 QRIO

2008 年，索尼公司推出了厚度仅为 3mm 的 OLED（有机液晶）电视机，将索尼公司小、巧、轻、薄的设计理念发挥到了极致。

近年来，以索尼公司为代表的日本消费电子产业遇到了韩国和中国企业的巨大挑战，其先前在这些设计领域的优势逐渐消失。但在交通工具、机器人和精密电子元器件设计方面，日本依然具有较大的优势（图 3-36）。

图 3-36

获得 2015 年日本 G-Mark 设计大奖的都市个人交通工具 WHILL Model A

第七节　工业设计展望

通过对工业设计发展历史的回顾，可以将工业革命以来的设计概括为整体—分化—再整体的过程，这就是从手工艺设计到现代工业设计的发展特点。手工艺时代的设计者与生产者是一体的，通过第一次工业革命，这两者分了家；而到了当代技术飞速变化的时代，迫使所有与产品创造有关的人员（包括工业设计师）紧密地协作。因此，"设计师"这一概念往往不是一个人，而是由多学科专家组成的设计队伍。工业设计应以一种更大众化和更少个人意志的尺度来衡量，个人风格影响一代设计的时代已经过去了，代之以控制设计主流的是大设计集团。在这些大设计集团中，任何产品都不是由一个设计师单独完成的，而是由设计机构完成的。与此同时，在世界经济日益全球化的今天，关注多元文化，尊重和保护不同地区、不同人群的设计文化，也正在成为设计师们的共识，形成了设计多样化的趋势。

工业设计的演变反映了社会不同历史时期的特点。随着人类由以机械化为特征的工业社会走向以信息化为特色的"后工业社会"，工业设计的范畴也大大扩展了，由先前主要是为工业企业服务扩大到为金融、商业、旅游、保险、娱乐等第三产业服务；由产品设计等硬件扩展到公共关系、企业形象等软件。交互设计、人机界面设计、服务设计等新兴设计领域不断涌现，与此相应的设计研究也得到了长足的发展。

当代工业设计越来越注重产品的环境及社会效益。环境问题是当今人类面临的三个重大问题之一，作为人类物质环境的生活质量规划者的工业设计师，对于保护和改善人类生活环境负有重要责任。在越来越大的程度上，我们的视觉环境被工业化的产品所支配，它们构成人类日常生活的视觉文化景观。从这个意义上来说，工业设计已由产品设计发展成现代生活环境设计。这就要求工业设计更加注重环境因素，树立设计中的环境意识，包括在设计中尽量减少环境污染，努力使人造环境更好地与自然环境协调起来，以及使产品与产品之间在功能和形式上相互呼应，形成和谐的人造环境。环境效益也已成为评价设计的一个重要标尺。

工业设计在很大程度上是在商业竞争的背景下发展起来的，设计的商业化有时会走向极端，成为驱使人们大量挥霍、超前消费的介质，从而导致社会资源的浪费，也损害了消费者的利益。随着能源危机的出现，人们对设计中的过度商业化提出了批评，注重设计的社会效益的呼声日渐高涨。工业设计不是片面地推销产品，它既要为企业增加利润，使产品便于销售，又要满足消费者的真正需求。这就给工业设计重新注入了伦理道德的观念，可持续设计等新的设计理念应运而生。

当代设计发展的另一趋势是小批量、多品种，以满足不同消费者的需求。随着生活水平的提高，人们对于产品个性的渴望也更加强烈。同时，由于电子技术的发展，产品内部功能结构更加小型化，为产品外部造型提供了更多的可能性，使得设计向着系列化的方向发展。系列化是以标准元件为基础灵活组合的体系，使经济的批量生产与一定程度的个人选择相结合。这样便可把标准化与人类对于变化、选择和多样化的需求统一起来。在这一进程中，设计起着关键的作用。

由于在企业中具有重要作用，设计日益进入企业的决策中心，许多大公司正以一种系统的方式来使用设计师。设计师不只设计产品本身，也对生产这些产品的组织进行设计。因此，设计实际上已成为一种重要的管理手段。同时，由于设计过程已成为一门复杂的系统工程，它本身也需要管理，以保证设计机制的正常运转，协调一致。因此，设计管理作为一门新兴的学科，已经成为企业管理不可缺少的重要组成部分。这些都是工业设计未来发展的方向。

在互联网时代，特别是移动互联网的时代，企业服务大众的内容和方式都发生了巨大的变化。企业服务大众的不仅仅是物质的产品，也包括全方位、全流程、全接触点的服务和用户体验，设计理念早已超越了工业的范畴，"工业设计"的概念开始被内涵更加丰富的"设计"概念所取代。为适应工业设计的这些发展和变化，国际工业设计协会理事会（ICSID）于 2015 年 10 月在韩国光州举行的理事会上正式更名为世界设计组织（World Design Organization，WDO），并发布了关于设计的最新定义："设计是一种战略性地解决问题的方法与程序，它能够应用于产品、系统、服务和体验，从而实现创新、商业成功和品质提升。"

改革开放以来，我国的工业设计已经有了较大的发展，对于改善我国人民的生活品质，增强我国工业产品和服务在国内外市场的竞争力，创造知名品牌都起到了显著的作用。进入21 世纪，我国工业设计开始逐渐走向成熟，受到了国际的广泛关注。2008 ~ 2012 年间，深圳、上海和北京分别成为教科文组织世界创意城市网络（Creative Cities Network）成员，并被授予"设计之都（DESIGN CITY）"的称号。2013 年，参加红点设计奖评审的中国产品的数量首次在主办国德国之外名列第一，联想荣获红点"2013 年度全球最佳设计团队"奖。

UNESCO

Shanghai
City of Design

United Nations
Educational, Scientific and
Cultural Organization

Member of the
UNESCO Creative Cities
Network since 2010

图 3-37
2010 年上海被授予联合国教科文组织"设计之都"称号

21 世纪设计技术基础已经从批量的机械化生产转变为移动互联网、物联网和云计算等数字技术，同时我国已由世界上最大的制造国转变为最大的消费国，我国工业设计获得了迅猛发展的历史机遇，迅速从关注产品本身拓展到服务、商业模式等企业设计生态。部分我国企业在新技术基础上实现了跨越性的发展。例如，华为公司通过从技术转向消费者感受的产品定位，用设计改善品牌形象，其手机和应用业务量增长迅速，成功打入国际市场，2015 年华为手机出货量达 1.1 亿台，名列全球第三位。

图 3-38
华为 P30 手机通过设计体现美学境界的渐变色"天空之境"

在我国已经加入世界贸易组织的条件下，工业设计必将在我国国民经济和社会发展的各个方面发挥更加重要作用，使我国从国际制造大国逐渐转变成设计大国和设计强国，也将为工业设计的历史再添崭新的篇章。但是，我们也应该清醒地认识到，在工业设计发展的进程中，我国在知识产权保护、具有全球视野的创造性人才的培养、设计师的社会责任感、设计基础理论的研究等方面都还存在困难和障碍，只有充分认识到自己的不足，才能真正在 21 世纪使我国的工业设计走向复兴。

课后思考题 Ⅴ

1. 简述人类设计活动所经历的三个阶段及其特点。
2. 什么是工艺美术运动？它产生了怎样的影响？
3. 什么是包豪斯？它有何主要观点？产生了何种影响？
4. 什么是现代主义？它有何特点？
5. 什么是后现代主义？
6. 在多元化时代，设计发展的前景是什么？

第四章

设计符号学

符号是这样一种东西，它使我们想到在这个东西加诸感觉印象之外的某种东西。

——［古罗马］圣奥古斯丁（St. Augustinus，354—430）

第一节　符号学基本理论与历史

一、符号的基本概念

符号（Sign）可以视为一切基于习惯而能够替代某种其他事物，并能够被理解的东西。

从古至今，符号现象就是与人们生活有着密切关联的现实存在。譬如，微笑表示友善，微笑就可以看作是友善的符号；中文文字"山"是人们对自然世界中由地质作用在地表形成的土石构成的较大隆起的称呼，"山"就是符号；图像表示的"箭头"可能是表示方向的符号……各种表意的手势、体态、表情、人们相互交流所用的有声的口头语言、通过语言的视觉表达形成的各类文字、图形等书面表达系统，甚至是通过听觉、味觉、触觉等多种感官参与的各种意表活动，都可以被视为各种不同的符号系统。因而，著名的德国哲学家恩斯特·卡西尔甚至从文化哲学的角度提出了"人是符号的动物"的论断。

符号是从属于人类发展过程中，在一定环境下约定俗成的，并在某一人类团体中达成共识的符号系统。只有在一定的符号系统中，符号才能被人所理解和解释。在艺术设计中，常常将在一定使用情境下（包括物理环境、人的生理和心理环境、社会文化语境等）的人造形态作为符号，通过人造形态来传达要表现的意义或事物。例如，图4-1所示是苹果计算机上的界面图标，这里可以将光盘和音符组合在一起的形态视为一个符号，它指代的是计算机中的音乐播放媒体。又如，图4-2所示的CD播放器是日本无印良品的产品，其外形像排气扇，有一条可以拉动的连接线，拉动连接线，就会播放音乐。设计师旨在通过排气扇的造型符号传达这样的信息：音乐流淌时，就像清风拂面。这让使用者在聆听音乐时，有了视觉、听觉、触觉相互结合的通感。

艺术设计中的符号现象非常普遍，因为设计不仅是一项仅与生产物质现实、满足使用功能需求相关的活动，沟通与交流也是通过设计需要达到的目标。特别是20世纪现代主义之后，随着20世纪50年代后大众消费社会（Mass Consumption Society）的兴起，过去处于主导地位，强调功能至上、实用价值优先的产品，逐渐被强调符号价值，考虑消费者复杂心理感受的消费品所取代。这就给设计师们提出了要求：设计出来的人造物必须能够"说话"，即人造物不仅要能"说出"出它们产生的方式、运用的技术和源自的文化脉络，还要能告诉人们一些有关使用者及其生活形态的信息，能够表达出某个社会群体的真正或想象的归属，以及他们的价值观念。人造物从而成为彰显人们身份的符号。因此，日本设计师原研哉（Kenya Hara）在《设计中的设计》（2003）一书中毫不犹豫地给设计下了如此定义："设计就是通过创造与交流来认识我们生活在其中的世界。"

图 4-1
苹果计算机上
的界面图标

图 4-2
日本无印良品
出品，深泽直
人设计的 CD 播
放器

此外，在此期间新材料的出现，以及制造技术、计算机辅助设计技术等的发展，也使消费品有了更多表达形态和细节的新语汇。在这样的背景下，凸显符号价值的"人造事物"就成为介于生产者和消费者之间、生产者和生产者之间、消费者和消费者之间的关键连接点，无论这个关键连接点是否明显，都是设计围绕展开工作的对象。通过对设计与符号关系的考察，有利于寻求符合上述结构性规则，能够帮助我们借助设计将消费品作为一个沟通媒介，传达出恰当的意义，从而提升消费品价值的途径。而另一方面，作为一种系统的认识论，符号学方法在设计领域也具有重要的地位。

二、设计与符号学

1. 符号学思想发展回顾

顾名思义，符号学（Semiotics）是有关符号或符号系统的科学，它研究符号的本质、符号的发展规律、符号的意指作用以及符号与人类各种活动的关系等[⊖]。国际符号学协会将符

⊖ 赵一凡，张中载，李德恩，等. 西方文论关键词 [M]. 北京：外语教学与研究出版社，2006：135.

号学定义为一门关于信号标志系统（即通过某种渠道传递信息的系统）的理论，它研究自然符号系统和人造符号系统的特征。

东西方历史上涉及"符号学方面"或"符号学兴趣"的研究可上溯远古。在西方文明的源头古希腊，"符号"这一概念曾被运用于医学领域，表示那些根据症状对疾病作诊断和预测的东西。譬如，在当时，一份待分析的尿液样本，就被称为"Signum"，即符号。⊖在西方思想史上，诸多不同时代的哲人也曾留下大量与符号学相关的遗产。柏拉图的各种对话录中包括许多关于语词和记号问题的片段，并曾关注于确立符号、符号意义及符号所指明的事物之间的关系；在亚里士多德的主要逻辑著作《工具论》中，作者大部分讨论的就是语言的符号性质，并在《范畴篇·解释篇》中写道："口语是心灵的经验的符号，而文字则是口语的符号。"

从罗马时代到中世纪前期，符号学思想史主要表现在修辞学推论问题（涉及语言、逻辑和哲学等方面）的发展与神学象征系统的记号意指关系的考察。较之古希腊，罗马时期的学术趋于实用化，如西塞罗研究了记号分类学的问题；加林则在医学理论，特别是诊断学中用记号进行了考察。前文已提及，中世纪前期，罗马的圣奥古斯丁在符号学史上占有显赫地位，也被看作是现代解释学的创始人。他关心语义的问题，并对记号标志及其所指意义的关系进行了丰富的探讨。他提出符号是"使思考超出对事物感官印象的东西。"⊖因此，符号既是一种外在的物质现象，也是一种内在的心理效果，这直接影响了后世语言学家索绪尔的符号学观念以及对符号能指与所指的区分。

西欧中世纪后期，可视为经院哲学的时代，符号学在此期间占有重要的地位，名词指称、逻辑语意学与范畴学都得到了发展。该时期最伟大的学者托马斯·阿奎那（Thomas Aquinas，1225—1274）对范畴学和逻辑学的研究在符号学史上发挥着极其重要的作用。他在其神学研究中指出了词的直接意义与譬喻意义的区别，在其著作《神学大全》中充满了象征隐喻的解释法。现代著名符号学家安伯托·艾柯（Umberto Eco，1932—2016）甚至称这部著作为一套代码系统，其象征推论法都有规则可循。例如，圣餐是神恩的记号。⊜

近代以来的300年，语言哲学、心理学、认识论、逻辑学方面的先驱工作，为现代语言和非语言的符号学诞生奠定了基础。托马斯·霍布斯（Thomas Hobbes，1588—1679）首先按照新时代科学观对传统记号推论思想重新进行了整理，规定了通名和意义概念。约翰·洛克（John Locke，1632—1704）在此基础上形成了近代心理学符号学，并在其《人类理解论》一书中提出了以"符号学"取代过时的"形而上学"的主张。

从现代符号学的角度来看，符号学作为一门科学，主要是西方学术思想史的产物，其历史范围相当于西方哲学和思想史的范围。从该学科发轫的角度来看，东方符号学传统对今日所言及的符号学思想的影响甚小，但这并不能抹杀东方文化思想、哲学研究中存在诸多与符号相关的研究，以及东方文化、艺术等存在各种丰富的符号现象的事实。中国历代对文学、诗歌、绘画、音乐、书法、戏曲、工艺等相关的论述中，都可以看到各种有关符号和意义关系的论述（图4-3）。例如，在我国先秦时代的文献中，便已存在对于语言的符号性质的考

⊖ 伯恩哈德·E. 布尔德克. 产品设计：历史·理论与实务 [M]. 胡飞，译. 北京：中国建筑工业出版社，2007：196.

⊖ 李幼蒸. 理论符号学导论 [M]. 北京：中国人民大学出版社，2007：82.

⊜ 李幼蒸. 理论符号学导论 [M]. 北京：中国人民大学出版社，2007：88.

究。庄子曾在《外物篇》中言及："言者所以在意，得意而忘言。"说的便是语言符号的意指作用。其中"言"（言词）只是表达意义的工具（符号），有了意旨便不再关注言词了。又如，《公孙龙子·指物论》中的"物非莫指，而指非指。"这句话译为白话文就是：任何对象没有不是用符号来指称的，而符号本身并不是符号所指称的对象。其中，第一个"指"可看作指称对象的符号。此外，魏晋以来的佛学思辨、宋明时期的理学和心学的"古典情志心理学"都体现了语义分析的内容。

图4-3
**周易中的乾卦
和坤卦**

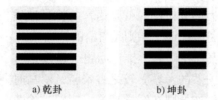

a）乾卦　　b）坤卦

注：乾卦象征天，是万物的创生者，具有刚健的特性；
坤卦象征大地，是万物的养育者，具有柔顺的特性。

2. 现代符号学理论与设计

现代符号学可以追溯到19世纪与20世纪之交，它最先由瑞士语言学家费尔迪南·德·索绪尔（Ferdinand de Saussure，1875—1913）和美国哲学家查尔斯·桑德斯·皮尔斯（Charles Sanders Peirce，1839—1914）分别从语言学和实用逻辑学的角度创立。

现代符号学的主要发展是在20世纪60年代，继而以各种结构主义语言学为主要理论依据，并且得益于第二次世界大战后兴起的信息论、现象学、阐释学、分析哲学、西方马克思主义等多种学派，成为当代非常重要的一种认识论与方法论。至今为止，已发展出最为通行的四种符号学理论体系：一是以逻辑中心主义为代表的皮尔斯理论体系；二是以语言中心论和概念系统的同一性为代表的瑞士索绪尔结构主义符号学理论体系；三是法国符号学家、结构主义批评家阿尔吉达斯·朱林·格雷马斯（Algidas Julein Greimas，1917—1992）的欧陆符号理论体系；四是意大利符号学家艾柯的一般符号学。⊖在符号学理论自身发展的同时，它也逐渐成为当代社会人文科学认识论和方法论探讨中重要的方法论，被广泛应用于语言学、文艺学，以及建筑、工业、装潢等各类设计领域中。

（1）符号学与建筑设计　建筑设计领域符号学的广泛应用，是伴随着现代建筑意义危机感的出现而开始的。20世纪60年代，随着现代主义、国际主义的盛行，各种标准化、单调的方盒子建筑在各地拔地而起。由于盲目地追求理性与功能，抹杀了地域特色和文化含义，导致这些建筑与环境普遍缺乏人情味与乐趣，从而引发了来自各方面的诟病。罗伯特·文丘里（Robert Venturi）在其发表于1966年的后现代主义檄文《建筑的复杂性与矛盾性》中尖锐地指出：必须"丰富建筑的内容，同时使建筑成为包括其他方面的多维艺术，甚至包括文字，使它不再是一个纯粹的空间的工具。"也就是说，将建筑作为一种符号对象，以有丰富意义的建筑来抵制国际主义风格（图4-4）。20世纪60～70年代，建筑符号学得到了长足的发展，英国建筑评论家查尔斯·詹克斯（Charles Jencks）在《符号、象征与建筑》一书中指出，建筑符号是由能指（即建筑形象，由建筑的外形表现、空间布局、表面处理和体量因素等组成）来展示所指（既包括人们能够获得的直接内容体验，如建筑的实用功能、建筑的美

⊖ 李幼蒸. 理论符号学导论［M］. 北京：中国人民大学出版社，2007：22.

学意义，也包括建筑能潜在体现的人们的生活方式、空间观念、意识形态等象征意义）。在设计的分析中运用的第一个符号学原理是由美国语言学家艾弗拉姆·诺姆·乔姆斯基（Avram Noam Chomsky）提出的语言转换生成原理。该理论认为语言能力是人类的天赋，语言行为是语言能力的具体体现。在语言的生成过程中，存在着从深层结构向表层结构的转换。人们首先将这一语言学原理用于建筑。就功能形态的建筑而言，建筑语言是以形式因素表现出来的，它可以说是一种表层结构。建筑语言的深层结构则根植于建筑的功能定位，因为建筑形态的构成是以一定结构形式来实现其功能目的的。因此，功能—结构—形式之间也构成了建筑语言的深层结构向表层结构的转换。

图 4-4
建筑师穆尔
（Charles Moore）
设计的美国新奥尔良意大利广场

　　在此基础上，意大利建筑学家塞维进一步从建筑功能的角度分析了建筑的表层结构，并将其概括为七个方面，在语构学维度上进行了探讨。1977 年，查尔斯发表了《后现代建筑语言》，在语义的维度上探讨了皮尔斯所提出的关于符号媒介与指涉对象关联所构成的三种模型：图像符号、标识符号和象征符号。他认为在象征符号中，所指符号与被表征的对象之间并无直接联系，它们靠约定俗成产生某种观念上的联想，属于较高层次的符号，通过象征符号，将引发多义的联想，这是值得鼓励的一种设计方式。查尔斯·詹克斯以悉尼歌剧院为例进行了分析，他认为悉尼歌剧院之所以充满魅力，在于其造型上丰富的隐喻，使用人们陌生的建筑语言，引起不同观者的不同联想——它可能是贝壳、船帆、鸟翼或其他事物。而这种对建筑造型含义的探讨，构成了建筑语义学关注的内容。

　　（2）符号学与产品设计　在产品设计领域体现出人们对符号学的兴趣，可上溯至 20 世纪 50 年代的德国乌尔姆设计学校。1959 年，乌尔姆教员、阿根廷画家托马斯·马尔多纳多（Tomás Maldonado）发表了一篇与"符号学"相关的文章，并和哲学教授马克斯·本泽（Max Bense，1910—1990）一起将符号学引入设计。随后，又有教员明确提出了"作为符号的设计"的观点，指明了符号与设计的一致性。在乌尔姆的教员中，马克斯·本泽可谓推行符号学的核心人物，他是最早研究逻辑学派的皮尔斯和 C. W. 莫里斯（Charles William Morris）著作的人之一，并试图运用符号学对美学问题进行概念化的分析。马克斯·本泽在德国乌尔姆造型学院和斯图加特大学任教期间，发起了在信息、产品设计和视觉传达领域的符号学研究。他指出，产品在符号学上具有三种维度，即技术的物质性（或称质料性）维度、产品形态的语义学维度和技术功能性的语构学维度。马克斯·本泽发表了大量著作，如《符号与设计——符号学美学》《广义符号学在其设计中的应用》等，对今日设计符号学的讨论产生了很大的影响。后来的研究者正是在其研究的基础上设定了产品符号学研究系统的三大部分内容：产品语构学、产品语义学、产品语用学。

以乌尔姆造型学院对符号应用的研究为基础，20 世纪 80 年代以来，作为产品符号学系统一部分的产品语义学的研究有了很大发展。所谓产品语义学，简单地说，是研究产品语言意义的学科；具体来说，是研究人造物的形态在使用情境中的象征特性，以及如何应用在工业设计上的学问。它需要考虑人造物物理技术、使用者生理和心理，以及社会和文化等构成"符号环境"因素的要求。产品语义学的概念于 1983 年由克劳斯·克里彭多夫（Klaus Krippendorff）和雷哈特·布特教授（Reinhart Butter）正式提出，并于 1984 年美国工业设计师协会（IDSA）在克兰布鲁克艺术学院（Cranbrook Academy of Art）举办的"产品语意学研讨会"上获得明确定义。20 世纪 80 年代中后期，产品语义学在克兰布鲁克艺术学院的米切尔·迈克（Micheal Mccay）夫妇及其学生的积极倡导下，在美国得到发展。1985 年在荷兰举办了介绍产品语义学的讲习班，来自世界各地的 40 余位设计师参加了学习。同年，荷兰飞利浦公司采取的"造型传达设计策略"获得商业成功。1989 年，芬兰的赫尔辛基艺术大学举办了国际产品语义讲习班。通过这些讲习班，产品语义学被推广至欧洲各地（图 4-5）。产品语义学旨在指导设计师有意识地运用产品的形态、肌理、材料、色彩等因素，使其在传达产品的功能意义的同时，也传达出产品的情感意义，甚至是其中蕴含的生活方式、意识形态等方面的内容。这样一来，现代主义"形式追随功能"的信条，在产品语义学中变成了"形式表达功能"，甚至是"形式表达情感与意识形态"，顺应了当代消费者追求多样化的需求。

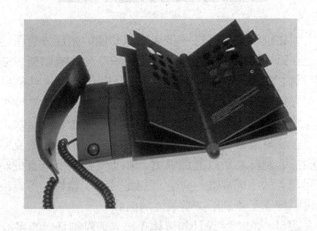

图4-5

丽萨·科恩（Lisa Kro-hn）和图克·维麦斯特（Tucker Viemeister）于 1987 年设计的电话"电话簿"（该设计在当年芬兰的某设计大赛中拔得头筹）

（3）符号学与平面设计　相比于建筑设计与产品设计，将平面设计视为一种以传达信息为目的的视觉语言更容易让人理解。20 世纪初，维也纳学派的哲学家奥托·诺伊拉特（Otto Neurath）就曾有意识地尝试使用将简化的图像作为一种图形语言的表达方式向大众传播信息。他创造的"依索体系"（Isotype）便是依照逻辑实证主义的原则，将由视觉获得的直接经验进行简约并使之成为惯例化的一种图示。他的这套体系对后来的平面图形设计的影响是深远的，至今随处可见的各类指示标牌上仍能看到这种规范化的图形（图 4-6）。然而，由于其编码的唯一性，使得图像缺乏个性与特色，也遭到后续研究者的诟病。

20 世纪 50 年代后，符号学原理逐渐被引入视觉传达设计中。20 世纪 70 年代中后期，英国著名艺术史学家 E. H. 贡布里希（E. H. Gombrich, 1909—2001）在相关刊物上发表了《视觉图形在信息交流中的地位》等多篇学术论文，并于 1978 年在美国举办的"国际艺术符号学会议"上，发表了名为《图像与代码》的演讲，提出了对广告和招贴的符号学分析。1989 年，杰克·F·迈耶斯（Jack Fredrick Myers）出版了《视觉艺术的语言——知觉作为设计基础》一书，他将模式化视为一切艺术的真谛，把对于意义、图形与知觉之间相互关系的理解作为把握视觉艺术语言的切入点。近年来，如玛丽安·迪格纳（Marian Dingena）于 1994 年发表的《广告语义的创造》，曼瑟·达瑞尔（Mansell Darrel）于 1999 年发表的《图形语言》都可视为该领域较为重要的成果。

图 4-6
1972 年慕尼黑奥运会上的标识系统

随着时代的发展与研究的深入，平面设计越来越多地与生活环境结合在一起，通过诗意的隐喻，日常生活中的各种要素会更多地融入设计之中，转换为可读解的图形文本。

第二节 艺术设计符号的构成与分类

一、艺术设计中单个符号的构成模型

为了更好地对符号进行描述与分析，直观清晰地表述各自的符号学理论，学者们提出了自己对于符号构成与分类的不同观点。单个符号的构成以模型的形式得到展示，其中包含了一些今日人们常常用来指涉符号要素的重要术语，如"能指""所指""意指"等。通常提到的主要符号模型有由索绪尔从语言学角度提出的符号的二元模型，以及皮尔斯从逻辑学角度提出的符号三角形模型。两种模型有类似之处，也有其本质上的不同。

1. 符号的二元模型

符号的二元模型由瑞士语言学家索绪尔提出。1894 年，索绪尔从结构主义语言学的角度提出了符号学的概念。他认为，符号学研究构成符号的因素和规则，符号学与语言学在本质上密切联系，语言学是符号学的一部分，语言便是一个符号系统。

索绪尔提出，意指可以使人们用语言去指涉存在于语言之外的东西。举例来说，当人们写下汉字"玫瑰"，或发出"méiguī"的读音时，指的便是现实世界中的一种蔷薇科植物。而且在历史文化的发展中，玫瑰又成为"爱情"的代名词。这样一来，语言符号不仅是一种客观上的存在，而且也是人们心灵上的印象。因此，他将符号分解为能指（Signifier）和所指（Signified），即指称物和被指称物两个组成部分，这一对范畴构成了欧洲符号学研究的基础概念（图 4-7）。⊖推演至不同的表达方式中，能指的内容是不同的，如在口语中，能指主要是指说出来或听得见的词的声音；在书面语中，能指是字里行间的符号标记；在视觉语言中，造

⊖ Ferdinand de Saussure. Course in General Linguistics [M]. Foreign Language Teaching and Research Press, 2002: 113.

型、色彩、肌理或构成视觉图形的点、线、面符号都可以称为能指。而在上述三种媒介中，所指都是指符号所承载的意义，并常常被看成是非物质的，是符号信息在接受者大脑中作用的结果。倘若将中文"玫瑰"视为一个符号，那么在口语中，这个词的能指是"méigūi"这个读音；在书面语中，其能指则是"玫瑰"的中文文字，所指则是蔷薇科植物玫瑰。这是对"玫瑰"的一种简单的符号二元分析。倘若进一步讨论作为"爱情"的玫瑰的符号构成，前面语音或字面形式与所指构成的"玫瑰"符号就可以视为能指，而爱情则可以看做该符号的所指。

图 4-7
符号的二元模型

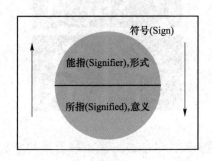

索绪尔认为，能指与所指好比一张纸的两面，二者紧密相连。在人们思考某个符号时，浮现于脑海中的是包含了上述两个要素的符号整体形象。因此，符号并非一个物理的客观现实，而是人类思维的产物，是某种非实在的心理存在。然而，能指与所指的关系却并不是必然的，而是任意的。比如，"chair"这个词与椅子这个概念并无直接联系，它是约定俗成的。也就是说，倘若最初造词时用"cheee"或别的字母组合也可能代表今天椅子的概念。

2. 符号三角形模型

符号三角形模型由皮尔斯提出。作为美国实用主义哲学的先驱，皮尔斯以逻辑学研究为基础，开展了对符号学的研究。在他看来，符号可以理解为代表或表现其他事物的东西，可以被人所理解或解释，并对人具有一定的意义。他认为，符号只存在于对象与阐释之间的关系中，任何符号都由下述三种要素构成。这也就是人们常说的符号学的中心概念——"三合一体"的概念（图 4-8）。构成该模型的三个要素分别为：

图 4-8
符号三角形模型

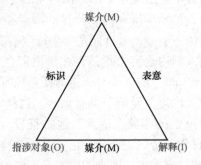

1）媒介（Medium，M），这是一种物质存在，用于表征或替代某一对象，可以是实物、感官获得的印象或者思想。

2）指涉对象（Object，O），即符号所指称和表征的事物，可以是已存在的实体，也可以是头脑中的想象物。

3）解释（Interpretant，I），指符号在人脑中唤起的认知，所产生的心理效果或思想，并且它本身也是一个符号。

例如，"花"这个字的媒介（M）指的是以文字呈现的"花"这个字，指涉对象（O）指的是现实世界中的"花"这一具体事物，解释（I）指的是人们由"花"字所唤起的理解，"花"可以被理解成美丽（像花一样），或繁荣的状态（繁花似锦）。这里，对"花"字的解释（I）如美丽，又可能作为一个符号，继续唤起下一个解释，依此发展下去。

尽管与索绪尔的理论模型相比，皮尔斯的理论模型看似仅多出解释（I）一项，其他两个要素——媒介（M）可以与索绪尔提出的能指，指涉对象（O）可以与所指分别相对应。然而，从本质上而言，二者大相径庭。在皮尔斯的模型中，通过解释者的解释（I）使符号和对象之间确立了某种联系，符号在其中充当了思想与现实的媒介。符号自身无所谓指称和表达，是人赋予符号以生命，对其做出种种理解和规定，并以符号为工具发展了人自身，这个模型是动态的。相比之下，索绪尔的二元符号观则侧重对结构系统内的抽象的语言符号进行研究。

在皮尔斯的符号学理论之后，另一位美国哲学家 C. W. 莫里斯也从逻辑学和语义学的角度对符号学进行了全面的研究。他认为符号的本质在于符号化过程是一种人类行为。符号学可以作为一种元语言，它的研究可以划分为三个分支学科：①语构学（Syntactic），研究符号之间的结构形式关系；②语义学（Semantic），研究符号与其指涉对象的关系；③语用学（Pragmatic），研究符号与其环境和解释者的关系。这也可以延展到设计符号学的研究范畴的划分：

1）产品语构学——关于产品功能结构与造型的构成关系。

2）产品语义学——关于造型形态与意义的关系。对意义的把握可以是直觉的，也可以是经验或思考的结果；可以唤起共鸣、情感的激发，也可以引发人们的行为反应。

3）产品语用学——关于造型的可行性及环境效应与人的关系。

二、艺术设计符号的分类

从不同的研究角度出发，可能有对符号的不同分类。托马斯·西比奥克（Thomas A. Sebeok）、艾柯、理查德·波斯纳（Richard A. Posner）、约翰·迪利（John Deely）等符号学家都曾提出各自的符号学分类图，他们大多把自然和文化世界的各种现象均假定为符号学研究的对象。例如，艾柯在 1976 年发表的《符号学理论》一书中，按照对象或记号的性能异同原则，广泛地将自然与文化的通信过程分门别类地纳入符号学的领域。他列出的与符号学有关的分类包括：动物符号学、嗅觉符号学、触觉通信、味觉符号学、副语言学、医学符号学、运动和动作符号学、音乐符号学、形式化语言研究、书写系统语言研究、天然语言研究、视觉通信系统（广告、纸币、纸牌、建筑、舞蹈图谱、地图、电影、电视系统等）、物体系统、情节结构、文本理论、文化信码研究、美学文本研究、大众传播研究、修辞学等。

一般来说，可从三个层级对符号进行分类。从符号行为发出的主体来看，可以分为动物的信号和人类的符号；从符号的意指层面来看，分为语言符号和非语言符号；从人们对传播符号的接收方式来看，分为视觉符号和听觉符号（图 4-9）。

图 4-9
符号的分类

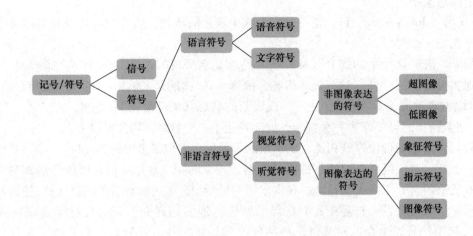

1. 动物的信号和人类的符号

这种分类是从符号行为发出的主体来看的。动物的信号通常指的是对某种刺激本能地、被动地、直接地做出反应。如伊万·彼德罗维奇·巴甫洛夫的"第一信号系统"中提及的例子，狗看到食物会流口水，这就是信号。对于符号，人类则是理性地、主动地为之赋予意义。卡西尔就认为："信号和符号属于两个不同的论域：信号是物理的存在世界的一部分，符号则是人类的意义世界的一部分。"

2. 语言符号和非语言符号

这种分类是从符号的意指层面来划分的。语言是一种有组织结构的、约定俗成的习得符号系统，用以表达一定地域社群和文化社群的经验。因而，语言符号主要指的则是上述这些既定的符号系统。非语言符号指的则是语言符号之外的符号系统，如身体语言、标志、服装、气味等。

3. 视觉符号和听觉符号

这种分类是从人对传播符号的接收方式来看的。视觉符号可以视为展示的横向的空间，它可以包括各种类型的文字、图形、绘画、雕塑、手语等；而听觉符号则是对纵向时空的展现，如口语、音乐等。

艺术设计所涉及的符号主要为以平面或立体形式呈现出来的视觉符号，也包括部分以其他方式（如听觉、嗅觉等）呈现的符号，其在日常可见的产品设计或界面设计中常常可以遇到。例如，诺基亚、摩托罗拉等品牌的手机就有专属自己的开机铃声，这便是一种听觉符号。

4. 图像表达符号中的图像符号、标识符号和象征符号

图像符号、标识符号和象征符号的分类方法源自皮尔斯。严格地说，他对符号的分类是建立在符号三角形理论之上的。他对构成符号的三个要素——媒介、指涉对象及其解释分别用三分法进行了进一步划分。因此，在媒介关联的向度上构成了如下三种下位符号，它们分别是性质符号、单一符号和规则符号；在对象关联的向度上，构成了图像符号、标识符号和象征符号；在解释的向度上，则构成了名辞符号、命题符号和论证符号。这里，要进一步论述的是对象关联中的三种下位符号。因为对象关联涉及符号与表征对象的关系，也就是涉及如何来表现、表征的问题，而这正是艺术设计所关注的内容。

图像符号（Icon）：通过对于对象的写实或模仿来表征对象的符号，也就是建立在与对象

相似性的基础上的符号表达。它必须与对象的某种特征相同，具有明显的可感知的特性。如人物画像、从自然界获得启示的产品设计（图4-10）、抽象化的形态表达等。

图4-10
受湖泊边缘线启发获得的花瓶
设计者：阿尔瓦·阿尔托（芬兰）

　　标识符号（Index）：又称指示符号、索引符号，指那些与表征对象之间具有一种直接的联系，即因果的或接近的联系的符号。其表征的对象往往是一种确定的、单一的、个别的、与特定时间和地点相关联的事物。例如，海边沙滩上的脚印就是表示时间上的邻近关系的标识符号；一条通向特定目标的道路就是这个目标的标识符号，它与目标具有空间上的邻近联系；产品设计中按键的凹面，便是对"按压"动作的提示（图4-11）；杯子的把手，也是对其抓握使用动作的提示。它们都是表达因果关系的标识符号。

图4-11
按键的凹面设计

　　象征符号（Symbol）：这一类型的符号与对象之间既没有相似性，又没有直接联系，它是以约定俗成的方式确定的。象征符号所表征的对象并非某种单一的、个别的存在，也不与特定的时空条件相依存，而是具有普遍性的事物的类别。我国明清时期官服前胸和后背上的缝缀，以各种鸟兽图形来表示文官与武官的区别及官阶的"补子"就是一个很好的例子。文官着文禽，武官服武兽，这是依据这两种动物给人带来的印象为依据的。但就官阶而言，图案自身与之并无直接联系，而是一种依照制度约定的象征符号（图4-12）。

　　图像符号、标识符号与象征符号相互之间的区别，可以通过图示加以说明（图4-13）。图中每一下位符号均由两个圆圈代表：左边黄色的圆圈表示媒介，右边紫色的圆圈表示指涉对象。图像符号的特点是两个圆圈相交，说明其媒介与涉及对象之间具有某种相似性，因此两者有重合的部分；标识符号的特点则是两个圆圈相接触，说明其媒介与指涉对象之间具有直接的联系（因果的或空间、时间的邻近）；而象征符号的特点则是两个圆圈间隔一定的距离，说明其媒介与指涉对象之间并无直接的联系，而是一种约定俗成的自由结合。

图 4-12
清光绪一品文
官仙鹤纹刺绣
方补

图 4-13
三种下位符号
中符号与指涉
对象的关系

a) 图像符号　　　　b) 标识符号　　　　c) 象征符号

这三种下位符号之间的区别具有一定程度的相对性，根据不同角度讨论符号与指涉对象的关系，可能会将同一符号归为不同类型。例如，过马路时所用的交通信号灯（图 4-14），如果将交通信号灯符号看作是对人"停止前进"和"行走"的两个不同状态的描绘的话，它可以被视为图像符号；如果将该符号视为让行人做出下一步行动的依据，即站立等候或穿越马路的行动与符号有着因果关系的话，该符号又可以被视为标识符号；当考虑到该符号中绿色与通行、红色与禁止通行的关系时，从色彩的角度来看，该符号又可以作为象征符号。

图 4-14
过马路时所用
的交通信号灯

对符号分类进行介绍，其目的不仅在于了解符号的具体分类。通过符号分类，还可以看到符号指涉对象的源头，启发我们挖掘出日常生活中、文化中可能的元素作为创作的灵感源泉，创造出满足设计要求、具有鲜明个性和文化内涵的优秀设计。除了日常生活中的事物，传统文化中的象征图形、文字符号也常常被作为设计的创作源泉。而具有形意结合特点的中国汉字与书法，则为我们提供了很好的设计素材。例如，在 2008 年北京奥运会体育图标的设计中，设计师们以篆字结构为基本形式载体，创造了兼具中国古代甲骨文、金文等文字的象形意趣和现代图形的简化特征的一系列图标（图4-15）。"篆"在这里是一种中国文化的符号，它圆润流畅、秀美典雅、刚柔并济，集中体现了中国传统美学的精华与神韵。此外，靳埭强、陈幼坚等著名华人设计师的作品，都是利用中国传统文化符号进行设计的典范（图4-16）。

图4-15
2008年北京奥运会体育图标

图4-16
靳埭强的海报作品中充分运用了代表亚洲各国传统艺术的各种符号

第三节　艺术设计符号的意义

符号学研究的重点是符号表意的过程，即符号显示的对客观事物进行阐释或抽象的途径，该过程通常被称为意指（Signifiant）过程。正是通过这一过程确立了符号中能指与所指的结构关系。然而，现实生活中的符号体系并不是单一层面的能指与所指的组合，而往往是多层次、多样化的，由大量的符号意指所组成。图4-17所示为一款斯沃琪（Swatch）。"超薄"（Skin）系列的手表，手表作为一个符号，其造型不仅体现了其指示时间的功能，同时还传递出女性化、时尚等意义。面对这些复杂的符号现象，从分析的层面，符号学家们提出：意指系统包含符号体系的外延部分和内涵部分，它们与能指与所指的关系类似，外延可视为意指系统的表达部分，内涵则是意指系统的内容层面，并认为符号的意义（Signification）是外延（明示意）与内涵（暗示意）的统一体。

外延（Denotation），即明示意，通常是指符号所具有的那些确定的、显在的或者常识性的意义。外延意义往往是社会成员约定俗成的，是客观的、相对稳定的。仍旧以

"玫瑰"为例,在汉语中,当"玫瑰"这两个汉字或"méigūi"的语音作为符号的能指时,它的所指则为蔷薇科的观赏植物——玫瑰。通过意指作用,这两者结合起来便形成了符号"玫瑰"一词,并在辞书中得以记载。因此,"玫瑰"这个符号的外延便是蔷薇科的观赏植物玫瑰。

图 4-17
斯沃琪(Swatch)
"超薄"(Skin)
系列手表

内涵(Connotation),即暗示意,通常是指符号与其指称事物所具有的属性、特征之间的关系,内涵意指往往能使处于某个特定文化中的个人想起其符号内在的含义。对于"玫瑰"这个符号来说,在第一层次符号的基础上构成了高一级的符号,其内涵是爱情,也就是新符号的所指;而能指则是该符号的外延。图 4-18 中的第一层符号,可以看作"玫瑰"的"物的符号";而第二层"玫瑰"符号,则由于有了"爱情"的内涵意义,成为"文化的符号"。

图 4-18
"玫瑰"符号的
外延与内涵

第二层符号	能指:玫瑰		所指:爱情 ----> 内涵意义
第一层符号	能指:méigūi	所指:蔷薇科植物 玫瑰 ----> 外延意义	

一、艺术设计符号的外延意义

外延是意指系统的表达部分,在语言符号中,外延可能是由字典规定的意义,也可能是约定俗成的相对固定的意义。外延意义是表达更高层次意义的物质基础,也是进行更深层次意义表达的载体。表现在具体的产品设计中,常常通过对功能的描述,使所指涉的事物具体化。这样一来,在产品的形态和功能之间便逐渐形成了相互对应的法则,用现代主义的经典法则来描述便是"形式追随功能"。更具体地说,产品设计的外延便是通过设计作品的表面形象,即那些人们最能直观了解的内容,如设计的色彩、形态、材料、技术、纹饰、空间等所表述出的产品的物理属性,例如,产品的类型、使用方式、具有的性能、规格、可靠性等。

这里，设计涉及的色彩、形态等内容构成了真实符码层面的能指，并借助这些具象化的感官引导，构成了人、产品和环境之间的交流，从而传达出作为外延意义的产品的功能。例如，图 4-19 所示是丹麦 B&O 公司生产的一款高保真音响设备，其外延意义可视为"能够高质量地播放音乐的电子装置"。设计师通过产品直线与圆相结合的几何造型，经过特殊工艺处理、光洁的表面金属材质，以及不同色彩和造型区分的操作指示等真实符码层面的要素，表现出该音响产品所具有的精密性、易操作等构成外延意义的产品物理属性。类似的分析同样也可应用到其他类型的艺术设计中。例如，在食品、饮料的包装设计中，其包装就成为展示产品性质及价值的符号表现。玻璃啤酒瓶包装就是通过密闭的瓶子造型、绿色的玻璃材质等真实符码，来体现啤酒瓶包装符号的外延意义：啤酒给人带来的清凉、惬意的感觉，啤酒需要避光保存的特性。

图 4-19
B&O 高保真音响

二、艺术设计符号的内涵意义

内涵是意指系统的内容层面。它与符号和所指称事物所具有的属性、特性之间的关系有关，通常指符号中所包含的那些与个人的情感、联想、意识形态以及社会文化背景等不能直接表现的因素的潜在关系，这些因素往往与解读者的阶级、年龄、性别、种族、受教育程度、生活方式等密切相关。内涵意义建立在外延基础之上，但要比外延更为丰富和开放。设计师通常会赋予产品特定的在外延之外的属性。例如，图 4-17 所示斯沃琪手表的内涵意义建立于外延意义之上，即在粉色的表面、超薄精致的表壳、纤细的表带的物理属性之上，让人联想到"女性化、时尚"等意义。因而，内涵意义又可以看作是产品作为一种传播媒介，在表达象征性功能时所呈现的属性。相对于外延意义的约定俗成与稳定性，内涵意义并没有那样固定地与其属性产生对应的关系，在不同的解读环境下，不同的解读者对同一个设计也许会产生不同的理解。同样还是这只手表，在部分人看来，是"优雅时尚的事物"，另一部人则可能将其视为"性价比不高、追逐风潮的事物"。

不难看出，人造物符号外延与内涵的区别：外延通常表达产品的物理属性，属于理性范畴，较为固定；内涵受人们的情感、文化、意识形态影响，反映出不同文脉中的社会、文化等象征价值，属于感性范畴。

内涵与外延同处于一个符号之中，内涵意义又是在外延意义的基础上得以发展的，可以用"能指"与"所指"的关系进行说明。"能指"对应在设计符号中是物品的"形式"（Form，F）表示，"所指"可以对应艺术设计中的"意义"（Meaning，M）表示（图 4-20）。

图 4-20
能指、所指与形
态、意义的对应
关系

2 (内涵)	能指(形式F)		所指(意义M)	
1 (外延)	能指(形式F)	所指(意义M)		

这里，第一序列（1）的意义是外延，第一序列中的能指（形式 F）、所指（意义 M）构成了一个符号，其能指与所指的结合受编码规则支配，因此关系较为稳定；第二序列（2）的意义是内涵，它的能指（形式 F）由第一序列（1）构成的外延符号组成，它不受符号规则的支配，是基于对能指与所指整体间的类比、主观的认知与判断，所以符号内涵的能指与所指的结合不是固定的。依照这个构成，可以对测量时常用的卷尺（图 4-21）进行符号意义的分析。

图 4-21
一般测量用的
卷尺

图 4-22 中的第一序列（1）是表意的外延层面，体现的是"卷尺"的基本外延意义，也就是卷尺的基本功能意义，这是这个物品成为"卷尺"而不是其他物品的基础；在第二序列（2）中，可以将第一序列中"卷尺"这一符号作为整体当作符号的形式，由于形式和意义之间的关系是不固定的，将它设计成怎么样的形式，具有怎样的内涵意义，可以由设计师自由支配。

图 4-22
卷尺的符号意义

2 (内涵层面)	方盒子状的卷尺(F)		通过其钢制材料、几何造型、黑黄对比的颜色，表达功能性强、精准严谨甚至是刻板等意义(M，内涵意义)
1 (外延层面)	人们观念中卷尺的形式(F)	铜制、塑料不同功能的标尺、卷尺盒等各种形态的元素构成的组合，所形成的测量功能元素组合(M，外延意义)	

这样一来，在确定一定功能，即保持相同的外延意义的基础上，改变形式，便可以改变

设计作品的内涵意义。对于图 4-23 所示的蜗牛卷尺，可以进行如下分析（图 4-24）。

图 4-23
奥图图（Ototo）公司设计的蜗牛卷尺

2 (内涵层面)	蜗牛状的卷尺(F)	通过蜗牛行动缓慢，蜗牛身体与尺子伸缩时类似的联想，以及鲜艳色彩带来的感受，产生活泼、可爱等意义(M, 内涵意义)
1 (外延层面)	人们观念中卷尺的形式(F)	塑料、不同功能的标尺、卷尺盒等各种形态的元素构成的组合，所形成的测量功能元素组合(M, 外延意义)

图 4-24
蜗牛卷尺的符号意义

尽管符号的内涵意义不受编码规则所支配，但如果内涵意义在一定的环境中被长期、反复地使用，便可能使自身逐渐地规则化，成为新的编码，而由内涵转向外延。

通过以上的分析，可以看到，人造物的符号意义由外延和内涵构成。借此回顾现代设计史上的诸多设计可知，固守"形式追随功能"信条的现代主义设计，实际上是通过强调产品的外延意义（即功能、物理的属性），损害产品的内涵意义（更多地包含了与社会文化相关、与个体心理相关的内容）来实现的。如果说，在现代主义发展之初提倡简洁的几何形式时，还蕴藏了科学、追求功能、经济、民主等内涵的话，那么，发展到后来的国际主义风格时，则脱离了现代主义设计的原初内涵，刻意地追求一种高度简化、千篇一律的形式语言，设计出来的作品单调、刻板，毫无人情味，已经不能满足当时人们的精神与文化的需求。后现代主义正是在这样的背景下应运而生的。在物质丰裕的后工业社会，除了使用功能之外，人们对精神、文化等方面有了更多的需求，后现代主义设计师注重在设计中对人文主义、历史主义、文脉和隐喻、象征的应用，寻求新时代的象征符号来表达新的审美观念（图 4-25）。

图 4-25
餐具用品"表演时刻"（Showtime）系列

在当今这个市场日益分化、追求人性化、差异消费的时代，更需要设计师通过对形式符号的创造来传达特定的外延和内涵的要求，尤其是能够赋予产品更多、更为明确的内涵，借以增加产品的附加值。

一般而言，可以考虑从心理情感、文化等方面入手来增加艺术设计符号的内涵。具体以产品设计为例，一方面可以考虑从功能语义引发的内涵，来传达产品设计本身无法直接向使用者传达的产品所固有的外延，即可以借助对产品形态中具有形态特征的部分或操作、显示部分进行设计，以突出产品所具有的物理特性：可靠性、性能、操作方式等。这种方法对于现在一些形态有较大自由度、与功能联系不大的电子产品外形的设计较为有效。另一方面，可以考虑从情感语义引发的内涵，传达产品设计外延中没有的情感、文化、社会身份等内容。可以借用前面提及的图像符号来传达一定的审美内涵，或者利用指示符号的指示功能和象征符号的象征功能来传递功能语义的内涵，还可以如语言符号那样，通过换喻、隐喻等多种修辞手法，或借用一些典故的形象来传达情感、文化的内涵。

三、符号意义的意识形态层面

前面已经分析了符号意义的两个层面：外延与内涵。罗兰·巴特（Roland Barthes，1915—1980）在其对意义生成的指示活动的思考中，又提出了"神话"（Myth，也音译为"迷思"）的概念。他认为"神话"可以描述为在外延、内涵层级上的"表意的第三序列"。罗兰·巴特的"神话"并非人们所说的神话学，而是指在人们身处的时代，被理解为意识和习惯处于主导地位的意识形态（Ideology），它常常不被人们意识到。神话的功能便是使文化自然化。[一]

因此，外延、内涵、神话构成了符号表意的三层序列，但这三层表意序列之间并无明晰的区分。一些理论家如费思克（Fiske）和哈特利（Hartley），在罗兰·巴特的理论上给出了如下明确的排列：①表意的第一序列（外延）是首要的、具象的，并相对独立；②表意的第二序列（内涵）反映了"表现"价值，也包含了文化中的神话，并依附于符号之上；③表意的第三序列（神话/意识形态）也是符号的最深层意义，源自社会中的意识形态，反映主要的文化变量概念，支撑的是一个特定的世界观。这里可以用美国苹果公司在1976～1998年曾使用的标志[二]来对符号表意的意识形态序列进行说明（图4-26和表4-1）。

图4-26
1976～1998年
美国苹果公司的
标志

○ 罗兰·巴特（Roland Barthes，1915—1980）曾经以时装业为例，从符号与神话体系来认识流行，流行文化通过承担资本和技术对意识形态进行了控制。借助流行文化，符号"能指"和"所指"的区别被混淆，原本属于"所指"的、不确定的和文化的性质，变为属于商品"能指"的一种自然属性。他得出结论，流行就是一个神话体系。

○ 陈浩，高筠，肖金花. 语意的传达：产品设计符号理论与方法［M］. 北京：中国建筑工业出版社，2005：47.

表 4-1　对苹果公司标志意义序列的分析

序 列 名 称	表 意 含 义
第一序列	外延意义：被咬了一口的苹果，以及部分的缺口和彩虹的颜色等
第二序列	内涵意义：快乐、知识、希望、西海岸、纽约等
第三序列	意识形态：波西米亚精神、无政府主义、理想主义等

苹果公司的这个标志的意义是丰富的，它是快乐和知识的象征。另外，还有部分的缺口和彩虹的颜色，表示快乐、知识、希望等。被咬了一口的苹果源自伊甸园中知识之树的故事，以及东海岸的 IBM（庞大的企业帝国）和"大苹果"纽约相联系。迷幻色彩的彩虹指的是西海岸 20 世纪 60 年代的嬉皮士时代（Hippie Era），与之相联系的是理想主义和"我行我素"（Doing Your Own Thing）。又如，图 4-27 所示是中国联通公司的标志。它是由一种回环贯通的中国古代吉祥图形"盘长"纹样演变而来的。迂回往复的线条象征着现代通信网络，寓意着信息社会中联通公司的通信事业井然有序而又迅达畅通，同时也象征着联通公司的事业无以穷尽，日久天长。标志造型中的四个方形有四通八达、事事如意之意，六个圆形有路路相通、处处顺畅之意，而十个空穴则有圆满和十全十美之意，整个造型洋溢着吉祥之气（表 4-2）。

图 4-27
中国联通公司
的标志

表 4-2　对联通标志意义序列的分析

序 列 名 称	表 意 含 义
第一序列	外延意义：红色的、迂回往复的盘曲形态
第二序列	内涵意义：现代通信网络的畅通、公司事业的畅达、吉祥如意等
第三序列	意识形态：中国民族文化精神

产品设计中的符号意义的意识形态层面常常和各种设计风格与流派联系在一起，融于具体的表现习惯中。例如，19 世纪末 20 世纪初，法国设计师吉马德（Hector Guimard，1867—1942）为巴黎地铁所做的新艺术运动风格的设计，其造型灵感源自自然界的贝壳、卷曲的植物，反映的便是当时新艺术运动风格中的唯美主义与象征主义的意识形态。又如，20 世纪 80年代由后现代主义的代表团体——意大利激进设计组织孟菲斯设计的博古架（图 4-28），这件家具色彩艳丽，造型古怪，上部看上去像一个机器人。它的设计是基于这样的理念：产品不仅要有使用价值，更要表达一种特定的文化内涵，使设计成为某一文化系统的隐喻或符号。通过这件作品，表达出了当时反对一切固有观念，反对将生活铸成固定模式的一种"反设

计"的意识形态。

图 4-28
意大利激进设
计组织孟菲斯
设计的博古架

第四节 艺术设计符号的传播与认知

当设计师将某一形态赋予设计作品，将预设的信息注入设计符号使之具有意义时，他是期待设计的解读者（包括用户）能够读懂其预设信息，产生共鸣，并产生相应的生理或心理反应。比如，突起按键的造型，会提示人们做出相应的按压动作。然而在现实生活中，却会由于诸如设计师设计的表达问题、不同文化背景的解读者对符号意义的解读方式的差异等多种原因而损失或者转变原有的预设信息。比如，不同人看到红色，可能有危险或热情两种不同的联想。为了使设计符号能够在设计师与解读者之间进行更加有效的沟通，有必要进一步了解艺术设计符号意义的传播模式与解读者的认知方式。

一、艺术设计符号的传播模式

传播在人们的生活中到处存在，它可以体现为交谈、文字传达、影视节目、物品交换等各种形式，最终形成人与人之间一种相互的共识。美国学者约翰·费斯克（John Fiske）将传播界定义为"借助信息而进行的社会互动"⊖。显然，设计也是一种传播方式。

1. 香农—韦弗的传播模式

过程学派的典型代表是克劳德·香农（Claude Shannon）和沃伦·韦弗（Warren Weaver）。他们在《传播的数学理论》（Mathematical Theory of Communication）中提出了著名的传播数学模型，将传播定义为信息的传递。香农—韦弗的传播基本模式构建于第二次世界大战期间美国的贝尔电话实验室，该模式将传播展现为一个简单的线性过程（图 4-29）。在他们看来，传播的重点在于使人们了解如何改进传播的准确性和效率。

⊖ 约翰·费斯克. 传播研究导论：过程与符号［M］. 许静，译. 北京：北京大学出版社：2008，1.

图4-29
香农—韦弗的传
播模式

在该模式中，涉及几个传播学常用的术语：信息源（Information Source）是把信息、知识传播出去的个体或集合体，在设计中，充当这个角色的是设计师（Designer），他们传达出人们期待的意义和内容；信息（Information）是用来传递的符号系统；发射器起编码功能，它将信息转化为信号；信道（Channel）是用来传送信号的媒介，如作为设计信息载体的产品，它以形态、色彩等视觉信道和听觉、触觉的多重信道的方式，使设计信息得以存储并得到传播；接收器起译码功能，它将信号转变为信息；信宿是接收信息的个体或集合体；噪源是指任何干扰信息传递或使之失真的因素（图4-30）。

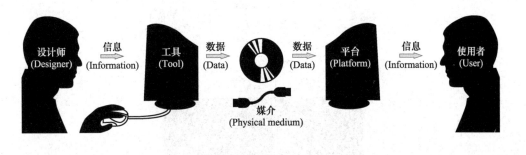

图4-30
以香农—韦弗
的传播模式表
现的设计师利
用计算机进行
图形界面设计
的传播过程

在这个模式中，信息是一个简单线性的状态，它由文本生产者的意图所决定，没有留给解读者理解和变动的余地。这样一来，传播的过程就变得过于简化和机械，人的理解因素、社会因素等都被忽略了，而在实际的符号意义传达过程中应该复杂得多。

2. 罗曼·雅各布森的人际口头传播模型

同被归为过程学派的罗曼·雅各布森（Roman Jakobson）于1960年提出了一个超越上述模型的人际口头传播模型（图4-31），并提出了六种口头传播中的构成元素，每个元素都决定了语言的不同功能，并对其相互间的关系进行了阐述。罗曼·雅各布森认为，在这个模型中传播是这样展开的：由发信者向收信者发送一个信息，该信息的有效运转依赖于一个收信者可以把握的语境，以及完全或至少部分为发信者和收信者共享的一个符号；最终，在发信者和收信者之间会产生一个联系，这是一个物质的信道或心理上的连接，让二者共同处于传播状态中。罗曼·雅各布森还认为，在任意情况下，六个元素中会有一个是主导性的，该主导功能影响了信息的一般特征。这个模型的特点在于，收信者并不是一个被动接受的状态，而是被放置到能为接受者把握的语境（使用情境，设计接受者的心理、社会、文化等诸多因素）与一个发信者和收信者都能理解的符码（符号系统，主要是指设计接受者的文化与意识形态背景）等条件下进行讨论，这样一来，符号意义的传播不再是一个简单的线性过程，而是受到可变因素的影响。

罗曼·雅各布森的这一模型也适用于对艺术设计符号意义传播的理解。它说明，使用者在解读符号语义的过程中并非被动地接受设计师的想法，而是以心理期望为基础的一种主动过程，并受到一些可变因素的影响。使用者通过解读周围的暗示来构建产品的认知心理模型。这一心理模型以使用者的视觉印象为基础，进而引发使用者的深层关注，探究其特征的时候，该心理模型也随之扩大并变得更加精细，伴随着新感觉的产生。使用者在这个过程中，第一个反应往往是思维性的，以由社会和文化习惯决定的既有知识为基础，也就是由符码决定；第二个反应是情感性的，以先前经验中生发的联想为基础，来理解这个符号的意义，它涉及的是文脉语境等因素。不妨以一个设计实例来说明，图4-32所示是一款盐瓶和胡椒瓶，它借助拟人形态与鲜亮的色彩，使对西方文化稍有了解的使用者都能直观地解读出"天使"与"恶魔"的形态。这可看作设计师与使用者分享的一个符码，以吸引使用者的眼球。使用者在其兴趣被激发之后，会进一步探究这个产品的功能与具体使用方式。因此，对于设计师而言，针对某件新产品的设计，可以通过符号的方式（信息、平面商标、图形、产品形态、质感等）创造唤起使用者注意力的关注点。设计师还需在此基础上将设计进一步细化，以关键的语义暗示，引导与召唤用户的心理模型。

图4-31
罗曼·雅各布森的人际口头传播模型

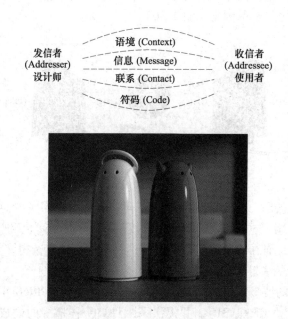

图4-32
俄罗斯设计师 **YarRassadin** 设计的"天使"与"恶魔"盐瓶和胡椒瓶

3. 奥古斯德—施拉姆循环传播模式

与过程学派不同，符号学派将传播看作意义的生产与交换，信息是一种符号结构，通过与接收者互动而产生意义。其理论模型的典型代表是由具有"传播学之父"美誉的威尔伯·朗·施拉姆（Wilbur Lang Schramm，1907—1987）提出的奥古斯德—施拉姆循环模式（图4-33）。该模式是1954年施拉姆在心理学家查尔斯·艾格顿·奥古斯德（Charles Egerton Osgood，1916—1991）研究的基础上创造的：一方将信息进行编码，然后发出信息；另一方收到信息后进行译码，再经过解释理解，接收信息，与此同时，又将自己的信息编码后发给对方；对方再次译码、释码，接收信息。这样循环往复，接收者和发送者都变得不再固定，双方各自都能充当这两种角色，其行为是主动和对等的传播行为。但信息在两个传播主体间循环，并不是原样循环，经过传播，信息在来回的传递中不断得到扩充，成为一种螺旋式扩充上升的状态。同时，传播双方由于受各种因素的影响，并非完全对等，通常一方起主导作用，另一方处于相对从属的地位。

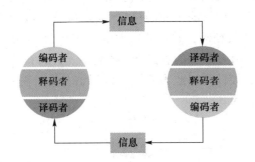

图 4-33
奥古斯德—施
拉姆循环传播
模式

　　尽管奥古斯德—施拉姆循环模式从根本上弥补了香农—韦弗传播模式的缺陷，但这种模式在传播一方反馈较少或无反馈的情况下是存在问题的。在意识到这一点后，施拉姆又推出了一种大众传播过程模式（图 4-34）。该模式的中心是媒介组织，它执行着奥古斯德—施拉姆模式中所描述的编码、释码和译码的功能。施拉姆认为受众是由个体组成的，是分属于各个基本群体的，媒介信息可能通过个体接收者传递给周围的成员。大众传播具有大量复制信息的能力，然后有一部分（并非全部）信息会反馈给媒介，获得"延迟性的推测性反馈"。例如，某电视台播出节目，将很多相同的信息传达给观众，而该电视台至少等待一天才能知道节目的收视率，而且收视率并不能完全反映人们对节目的喜好，只是有依据表明在该时段观众从彼台转到此台，这就是所谓的延迟性的推测反馈。

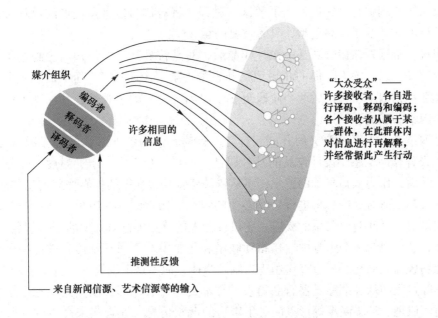

图 4-34
施拉姆的大众
传播模式

　　设计符号意义要得到有效的传达，必须让设计师与使用者之间产生非线性的循环互动。意义的符号化和对符号的解读，是循环模式重点关注的内容。设计的创造过程，就是设计师将要传达的意义编码转化为符号及符号系统的过程，通过这个过程，设计的意图、意义通过符号得以向外传达。与之相对应的是用户对设计符号的解读，通过这一过程，用户将通过感官获得的信息转化为意义。图 4-35 所示为设计符号意义传播的一个简化的循环互动过程。现实中不少情况下，设计符号意义的传达更近似于图4-34所示的情况，设计活动具有大众传播的一些普遍规律，设计师在其中扮演了控制该模型的中心的媒介组织的角色，作为媒介的产品按照设计师们推崇的方式被编码，并传播给大众（用户），大众（用户）又通过译码、释码、编码的一系列过程，对其接收到的意义进行再解释，并将自己理解的意义以语言、文字、行为等方式反馈给设计师，设计师以此为依据加以调整。常常需要如此反复多次，双方才能达到最终理想的意义传播效果。

图4-35
以循环模式表现的设计符号意义的传播

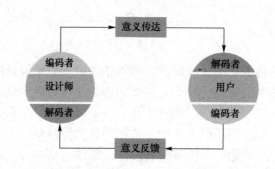

二、艺术设计符号的认知与理解

设计符号的传播是一个动态循环的模式，掌握作为接收者的设计使用者如何处理这些信息，也就是认知与理解符号的过程。了解这一过程，将对作为信息发送者的设计师采用更易于使用者解读的方式赋予产品造型，具有重要的意义。

一般来说，解读者在接触到某一设计作品后，对其符号意义的认知与理解过程可以粗略地分为直观感知、以经验为前提的联想记忆和思维理解三个阶段[一]。其中，第一个阶段主要与人的物理性结构因素相关，后两个阶段更显示出因人而异的主观性，并深受人们所处社会环境中文化因素的影响。

感知是解读者认识符号意义的开端。首先，解读者借助各种感觉器官（眼、耳、皮肤、鼻等）接触设计作品，感受设计作品的某种属性，如形、色、音、质、温度、味道等，从而产生感觉。随后，作为认知基础的感觉，将从依赖感觉器官获得的外界物理信息传送给大脑，使之在信息被加工前对这些材料进行一些必要的组织。知觉则是在用户头脑中产生对信息整体的反应或是对信息间简单关系的反应，它可视为人的感觉中枢对感觉的个别信息进行调节、整理的过程，也可视为多个感觉中枢在相互联系和作用中对不同感觉信息进行综合抽象的过程。知觉能够较为全面地反映直接作用于人脑的整体，而不是个别属性。对于艺术设计而言，解读者的感知过程即从各个感觉器官获得设计作品的形态、色彩、图文给视觉带来信息，以及通过质地、肌理、环境温度等形成的关于事物的触觉信息，综合起来产生的一些感受，如刺眼、光滑或粗糙等，它们一起构成了解读者对设计符号认知的开端。

在符号信息的认知中，联想阶段是使解读者对人造物的形态感知由知觉上升到理解和判断的一个中间阶段。联想是一个由此物想起彼物的心理过程。联想形成的前提是当事者对彼

○ 胡飞. 艺术设计符号基础［M］. 北京：清华大学出版社，2008：124-127.

物早就有所印象，当人们看到某一物体时，只有当此物与彼物有某种特性上的联系，在感知当前物体时刺激了对彼物的记忆与经验时，该物体才会映入大脑，所以记忆是联想的基础。在现代认知科学中，记忆被定义为"存储和提取信息的容量"或"人脑对于外界输入的信息进行编码、存储和提取（解码）的过程。"从这个定义来看，联想也可以理解为大脑在受到外界某种信息的刺激后，触发了存储在大脑中的某些相关信息而发生的解码过程。在设计中，有意运用熟悉的题材进行设计，使人产生联想，有时会产生意想不到的效果（图4-36）。

图4-36
设计成脚印形状的烟灰缸让人联想起日常生活中人们踩灭香烟的行为

　　思维是人脑对于客观现实的本质属性、内部规律性的自觉的、间接的和概括性的反应。作为人类头脑中最复杂的过程，目前对思维的研究也没有穷尽。就现有的研究所知，思维的产生是在感觉、知觉、记忆和联想的基础上，借助分析、综合、抽象、概括等方式对符号信息进行加工，以存储在记忆中的信息为媒介，反映事物的本质和联系。人类思维活动中两个最重要的方面分别是形象思维与抽象的逻辑思维。前者是用运用形象材料进行的思维活动，后者是运用语言、符号、理论、概念、数字等抽象材料进行的思维活动。在实际的思维过程中，对形象思维与逻辑思维也许会有所侧重，但是并不存在某种单一的思维方式，二者势必是相互结合的。在理解设计作品时，既包含着形象思维，也包含了一定的逻辑推理，它要对不充分的信息加以归纳、整理和比较，从而做出解释。

　　因此，人们对符号的认知和理解就构成了如下的一个过程：首先从物品的形象获取最初的直观感受——通过视觉、触觉、味觉等多种感官获得原初信息，然后经过大脑的协调对各个感官送来的信息进行综合处理，通过头脑中储存的记忆与过去记忆中的信息综合、比较、判断，进行联想，在逻辑思维和形象思维的综合作用下，形成每个解读者对作品、环境各自的理解，借此激发解读者的个人情感，最后形成一个对设计作品的完整印象。

　　在产品语义学的研究中，克里彭多夫和布特进一步将用户对语义的理解过程划分为如下四个阶段：①产品识别（Product Identification），即使用者通过对相关视觉暗示的解读来判断产品的类型；②操作判断（Self-evident Operation），即使用者在成功或失败的层面操作产品（或改变操作），并且观测这些行为的反馈；③形式探求（Explorability of Forms），即使用者通过试用来掌握产品的工作原理，并可能设想出新的应用方式；④文脉认同（Coherence with the Symbolic Context)，即将个性趣味、社会特征和美学价值等具体文脉因素与其他一些与产品有关联的描述和安排相结合进行解读⊖。

三、影响设计符号语义传达的因素

在符号语义的传达中，要确保信息能有效地被接收者认知与理解，需要特别注意符码、符号的使用情境以及接收者的心理期待等因素的影响。

1. 符码

所有的传播都包含符号和符码。如果说符号是各种人造物或行为，其作用在于传达意义，那么符码则是组织和决定符号关系的系统，也是符号学中最基本的一个概念，对于沟通、传播至关重要。符号意义的产生有赖于其所处的符码，符码为符号在其中产生意义提供了一个整体的框架，因而文本的生产和解读都需要符码的存在。一定的文化可以一定的符码系统指称，例如，中国文化、美国文化就可以分指不同的文化符码。符码下又可细分为各亚级符码系统，例如，语言文字亚符码系统、声音语言亚符码系统等。就设计而言，任何一种风格都可能成为一种符码系统，如新艺术、现代主义或后现代主义风格等。

符码可以分为先天性符码（心理学符码）和后天性符码（文化学符码）两类。先天性符码是指那些每个人与生俱来的，与所处社会文化背景无关的符码。上文中提及的人们对于设计作品的直观感知阶段，就与先天性符码密切相关。例如，图 4-37 所示是北京大学方正科技集团的标志，该标志图形由居于中心的白色方形和两块蓝色图形组成。在人们认知的过程中，本能地会将白色方块视为中心图形，而将蓝色部分作为背景，并进而将整个标志认知为一个投影向右上角或左上角的立方体，从而理解该图形与"方正"二字之间的联系。在格式塔心理学的分析中，这种由知觉符码的自觉组织的"图形"（Figure）和"背景"（Ground）的视觉图形关系被称为"图-底"关系。此外，先天性符码也决定了人们审美感受的一些基本标准，如对称、均衡、比例等。在艺术设计符号意义的传达中，先天性的符码为人们在认知艺术设计符号的意义提供了共同的基础。

图 4-37
北京大学方正科技集团的标志

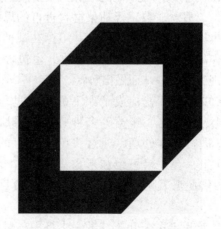

与先天性符码不同，后天性符码与社会文化等因素紧密关联，它使符号意义认知产生

⊖ 陈浩，高筠，肖金花. 语意的传达：产品设计符号理论与方法［M］. 北京：中国建筑工业出版社，2005：50.

了差异性和可变性，也使符号的意义更为多样与丰富。例如，中国文化传说中的龙是能从口中喷出火的怪兽，在中国古代则常用来作为君王的代表，是中国人心目中最为神圣的动物，也是中华民族的象征。而西方人则认为龙（Dragon）是凶残的古怪野兽，是邪恶的象征。

2. 语境

如果说符码是语义传达实现的基础，那么要理解符号学，必须首先建立起"系统"的观念，即任何事物都是一个复杂的统一整体，其中任何一个组成部分的性质都不可能孤立地被理解，只能把它放在一个整体的关系网络中了解其意义，也就是说符号是具有"相关性"的。符码体现了这种相关性，但符码只体现于一个特定符号体系内部，而在符号的使用情境中，往往需要跨越多个符码产生联系。这里就需要引入语境（Context）的概念，即符号的使用情境，它也会对语义传达产生影响。语境，也就是上下文（有时也被译为"文脉"），源自语言学的概念，即一个字、词的意思在不同的句子、段落或文章中会有不同的含义，要联系上下文才能推导出来。联系做完形填空题的体验，应该很容易理解这一含义。这种情况在设计符号学中也是类似的。例如，同样是红色，用在中国传统婚庆场所中，它代表的是吉祥、红火的意思。而使用在消防车上，便具有了警示意义。对于产品设计而言，语境（产品符号的使用情境）可以从产品使用中的多个层面来理解：微观层面可指人与产品之间的联系；中观层面可指产品和使用环境之间的关系；宏观层面可指产品与所处的文化背景的联系。因此，设计师在设计时应该仔细地考虑产品所使用的环境。

3. 接收者的心理期待

接收者对意义的心理期待，指的是当事人受各自文化背景、情绪情感、自身经验等多方面因素的影响，对信息的理解。

尽管符号意义传达的最高目标是完成意义在传播者之间百分之百的传递，但由于现实生活中存在的上述诸多信息传达中的影响因素，设计符号信息的完全传递根本无法实现。意义的解释与理解过程，常常会引发意义的衍生、理解不足或误解。例如，接收者对悉尼歌剧院造型的多种解读，如贝壳、帆船、海浪等，便属于意义的衍生。图4-38所示是阿尔特里亚公司的标志，这是一个由彩色的马赛克装饰的网格组成的图案。该公司除了拥有卡夫食品、麦斯威尔咖啡等各种不同领域的诸多食品品牌以外，其旗下还有包括万宝路、议会牌等在内的诸多知名香烟品牌。为了模糊该公司与烟草行业的联系，设计师试图通过类似电视片中用马赛克隐藏隐私信息的方式，树立积极健康的品牌形象。而信息接收者若只是初见该标志，却并不见得会完全理解其中的含义，也许只是简单地将其认知为一种像素化的现代标志处理手法，这就是意义理解的不足。意义的误解可以参见小P先生系列水杯的设计实例。

图4-38
阿尔特里亚
（Altria）公司
标志

第五节　艺术设计符号的分析原则、方法与应用

符号学将社会中表达意义的不同方式作为研究对象，关注于符号的意义，特别是其深层社会文化意涵。通过系统的方法对艺术设计符号进行分析，能帮助我们找到表达意义的不同形式与意义之间的联系与规律，进而更好地利用这一点进行设计创新。

一、艺术设计符号的分析原则

由于符号学的任务是使能指系统（包括语言、实物、图像等）以外的意指系统重新建立和运作起来，但意指系统的无限扩散，常常会让人们对意义的关注处于"不可见证"的状态。因此，对于符号的分析往往要从对既有符号体系中的能指系统的分析入手。

总的来说，符号学分析方法要遵循三个基本原则：相关原则、切分原则、替换原则[○]。

1. 相关原则

相关原则也称为共时性原则，即只从一个角度出发去发散性地收集相关事实，考察对象所具有的内在一致性和外在独立性的一系列物质，而将其他一切特征排斥在外。换言之，符号学的相关原则涉及所分析对象的意指活动，也就是从其"有意义"这一角度去考虑，而不去过早地考虑其他因素，如历史的、心理的、社会的因素等。例如，设计作品显然会和艺术、经济、社会等诸多因素联系在一起，而相关原则只是说明在设计的语义系统中，上述因素在哪些层面上与之联系在一起。一般而言，通常是设计作品形式、色彩、材质、空间、光影等构成了各种意义，而无需进行跨学科的研究。

2. 切分原则

在现实生活中，我们面对的符号往往存在于一些混乱的事实中，符号学研究的目的就是通过分解处理一个个预先并不清晰的对象，获得具有内在一致性和外在独立性的研究素材。"切分"也是索绪尔语言学研究的关键术语，"能指"与"所指"就是符号"切分"的结果。切分帮助我们将问题简化。切分性原则是符号分析、运用、创造的基础，一切分析都是在符号切分的基础上进行的，一切的相关也都是在切分的基础上产生的。例如，能指、所指是对单一符号的切分；内涵、外延意义和意识形态则是对符号意义的切分。

3. 替换原则

符号的存在若想具有价值，一方面要能交换不同类的事物，如能指与所指的交换，或商品与货币的交换；另一方面，也需要能与同类事物进行类比，如面值10元的货币与5元货币的比较等。替换可以认为是人为地改变某个语言结构中的某个构成要素，然后观察这种替换对这个语言结构所产生的所指意义上的变异。一般通过切分的办法找出导致意义变异的最小实体片段，并将其定义为构成要素，而且同时可以为这一构成要素整理出一个可供替换的大致类别清单。在"我坐车"这样的句法结构中，"我"这一符号

○　包林. 设计的视野：关于设计在大的知识门类之间的位置与状况［M］. 石家庄：河北美术出版社，2003：119-121.

可以被"你"或"他"替代。这种替换原则作为一种表现手法，在后现代艺术创作中都很常见，其结果是被用于"替换"的符号在取代原有符号之后，会使文本丧失原有的重要性，使原有的意义产生变异。在艺术设计的创作中，这种"替换原则"常表现为各种修辞手法[⊖]，即以隐喻（Metaphora）、换喻（Metonymy）、提喻（Synecdoche）、讽喻（Irony）等方式，通过相似性、邻近性、本质性和对立性等关联所进行的替换。例如，图4-39所示作品就使用了设计艺术中的修辞手法，设计师利用座椅的形式结构，将其替换成了一只蝴蝶的意象。

图4-39
丹麦设计师娜娜·迪采尔设计的蝴蝶椅

在艺术设计作品的符号分析中，根据上述三大原则，让分析有了着眼点。首先，艺术设计作品的符号应该将作品的能指，即作品的形式、色彩、材质等存在的现象视为切入点，进行分析梳理。其次，尽管分析的内容是现存的现象，但必须是与符号的"有意义"密切相关的，即与符号的外延意义和内涵意义相关。它们应该以"意义"为目标，关注和发现与现实结合的具有价值的手法。最后，以系统的观念关注这些共时性的元素相互之间的关系，它们如何构成了作品整体，也就是局部与整体之间的关系，以及作品与用户、作品与使用环境、作品与大的人文环境之间的关系，并可展开适度联想。

二、艺术设计符号分析与应用的方法

自20世纪50年代乌尔姆造型学院开始符号学的研究以来，许多学者都从各自的角度提出了对产品语义的认知与分析的方法，给予现在的设计符号研究以很大启示。这些方法基本上都考虑到了使用者在认知产品时的主体性，以及符码和文脉因素的重要性。

（1）史蒂芬·伦格耶尔（Stefen Lengyel）和阿提拉·布鲁克勒（Attila Bruckner）的方法　1984年，伦格耶尔和布鲁克勒利用广告技术计量眼球对于三维物体的反应，追踪眼球运动的情况。

⊖　艺术设计中的修辞手法：修辞是"人们使用语言推动其他人形成某种态度或采取某种行为"，即作为象征行为推动其他人的合作。艺术设计中的修辞是选择最恰当的符号形式来加强表达效果，使设计的表现更为生动丰富，从而满足使用者多样性的需求。

这项研究把用户如何解码，注意什么，忽视什么，全部明白地显示了出来。设计师希望能够通过这种方式使产品语义学具体化，达到用户与产品的更好沟通。

（2）克劳斯·克里彭多夫的方法　克劳斯·克里彭多夫选择产品让受试者对其进行口语描述。受试者的描述多半是遵循产品的属性而进行的，或者是借由受试者过去所积累的产品经验而延伸开来的，它们直接构成了语义的线索，能较完整地构成产品所含的内涵性语义。

此外，针对符号特征的来源，克里彭多夫在1989年还提出，可以从以下四个角度来考虑产品的符号意义：使用情境（Operational Context）、社会语言情境（Sociolinguistic Context）、根源情境（Context of Genesis）和生态情境（Ecological Context）。

（3）雷哈特·布特的方法　1989年，雷哈特·布特提出了产品语义分析及应用的八个步骤：①建立产品或系统的一般目标与限制；②建立产品预期的使用情境，包含使用群体与系统的语义效用特征，确认用户的文化情境与发展趋势；③利用形容词列出设计特质，产生所需属性的列表，表现预期的语义效用特征；④列出不需要的属性列表，表示应避免这些语义特征；⑤所有属性分析，群化与排列顺序；⑥寻找能支持所需属性的具体造型语汇，利用形状、材料、质感、色彩、声音、气味来表示；⑦评价与整合语义上可行的具体造型，成为表现整体，选择最能表现语义层面的具体造型；⑧构想技术可行性与配合性评估。

（4）克劳斯·莱曼（Klaus Lehmann）的方法　1990年，克劳斯·莱曼通过观察发现并提出，产品造型语义可分为下列五个类别：①可辨读的机械原理；②人或动物的姿势象征符号；③熟悉的抽象符号；④科技符号或当时的杰出模式；⑤风格或历史上的隐喻。这五个类别可视为"我们看着产品或物品的语义表现的意义"，而"发现一大串造型原则和丰富的隐喻"。

（5）语义差异分析法　由C. E. 奥斯古德（Charles E. Osgood）和其同事在1958年提出的语义差异分析法（Semantic Differential Method，SD法），以及日本在此基础上发展的意象尺度研究法，既适用于工业设计领域，也常常被应用于视觉传达领域。

语义差异分析法认为，人们对物（产品）的情感可以借助度量表来测量。人对于某特定物（产品）的情感就是人对此特定物的语义反应或解读，通过SD法可以概括出产品设计在发展时造型的方向，使产品外形能较精确地表达其"意义"，而被目标市场所接受⊖

下面以对汽车造型情感体验所做的语义差异分析法研究过程⊖为例，分析其研究步骤：

1）该研究选择了24款不同造型的汽车作为实验材料，为了避免对色彩较显著的情绪体验干扰对车型的评价，汽车色彩均选择红色，并采用相似的角度。

2）每辆汽车都会被编上号码，同时所有的汽车都会被赋予11对形容词进行描述，

⊖ SD法通常选择一些用来形容某个事物的系列形容词对，让被试者在两个形容词之间对概念进行打分，研究者根据量表评分的平均值，构造出描述事物性质的"轮廓"图或"形象"图。后来，语义差异量表成为日本感性工学的研究者最常使用的方式，常被称为意象尺度研究法。感性工学中同样采用SD量表问卷，令被试者对一系列描述对象的形容词对进行评分，再通过因子分析法提取描述对象的2～3个主要因子。

⊖ 柳沙. 设计心理学［M］. 上海：上海人民美术出版社，2009：211-214.

如"愉悦—不愉悦""振奋—抑郁"等。形容词对的选择依据施洛伯格（H. Schlosberg）描述情绪的三维度量表，每一对形容词之间被分为若干分点，每一点分别对应不同分值（图4-40）。

图4-40
形容词对分值的
划分

3）选择50名大学生作为被试对象，通过PPT投影的方式，每10s一张依次呈现1～24号汽车的图片，要求被试对象看到图片后立刻不假思索地在量表上按照自己的体验填写问卷。如最愉快的体验得2分，较愉快体验得1分，最不愉快的体验得–2分等。

4）使用数据软件对被试情绪量表进行统计，分析得出结果。图4-41所示为受到被试者青睐，让他们感到愉悦的汽车造型应有的趋势特征。

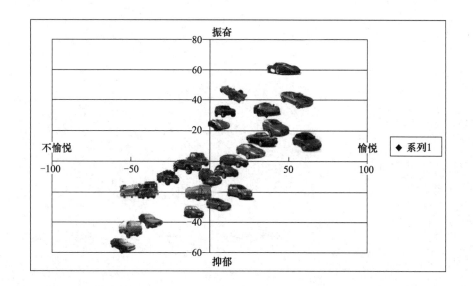

图4-41
统计图表之一

（6）风格调查法[⊖]　风格调查法是将语义差异法、造型语法（Shape Grammar）、图像学（Iconography）、艺术史的风格分析方法结合后进一步发展出来的。其目的在于分析既有产品，特别是历史产品，在人们心目中可以接受的意象。这个意象被称为这个"物"的原型，进而可以作为供设计师创作时的参考。具体方法如下：

1）针对产品的风格内容进行探讨。

2）将历史上的作品依造型的元素进行拆解，对产品风格（造型特征）的可拆解程度进行探讨。

3）受测者（大众）对元件认知（认可、辨认）的范围与临界值的测量。

4）找出原型与原型的认可范围，供产品设计师参考。

⊖ 陈浩，高筠，肖金花. 语意的传达：产品设计符号理论与方法［M］. 北京：中国建筑工业出版社，2005：67.

课后思考题 ∨

1. 什么是符号学？
2. 艺术设计符号有哪些分类方法？
3. 如何理解符号的外延意义、内涵意义以及意识形态？它们之间有何区别？
4. 影响设计符号语义传达的因素有哪些？
5. 艺术设计符号分析应遵循哪些原则？

第五章

设计形态学

自然界中的一切东西都具有一种形状，也就是说有一种形式，一种外部造型，于是就告诉我们，这是什么，以及如何与别的东西互相区别开来。

—— ［美］路易斯·沙利文（Louis Sullivan，1856—1924）

第一节　设计形态学的基本理论与发展概述

一、形态的基本概念

我们生活在一个被各种形态所包围的世界中，大到宏观层面的宇宙万物，小到微观层面的分子结构，无一不由形态构成。除了那些千变万化，既富美感又符合自然规律生成的自然形态之外，还有各式各样的人工形态。它们诞生于人类为了生存、为了生活，而不断地设计、制造一切所需要的工具和物品的过程中（图5-1）。人类的这种设计、制造行为，通常被称为造型活动，形态正是造型活动的核心。

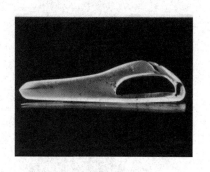

图 5-1
带把手的石刀

正因为形态无所不在，所以"形态"一词被广泛应用于各个领域，并被赋予了不同含义。例如，唐代张彦远在《历代名画记·唐朝上》中便写道："冯绍正……尤善鹰鹘鸡雉，尽其形态，觜眼脚爪毛彩俱妙。"这是对画作的描述，"形态"表达的是画家对事物形状和神态准确而生动的捕捉。"形态"在文学小说研究中也可以指事物的形状结构⊖。"形态"还是

⊖　徐岱. 小说形态学［M］. 杭州：杭州大学出版，1992：3.

语言学概论中的重要概念，被用来表示用词造句时，为了表达不同的语义，变换词的句法位置而产生的不同变化。甚至还有用"形态"来指称某种抽象的表现形式的，如"思想形态""社会形态"等。

在造型活动中通常所讨论的"形态"，多强调的是由人工物的外在可视化特征，如形状、大小、材质等构成的综合形状。但在实际的形态创造中，所需要考虑的却不只是单纯的视觉美感问题，还涉及许多其他因素。以产品设计专业为例，从低年级作为基础设计课程的三大构成（包括平面构成、色彩构成、立体构成，主要针对纯粹形态创造进行训练），到随后的产品基础形态设计课程（主要涉及与产品制作相关的结构、材料、人工物的功能目的），再到高年级的专业产品设计课程（主要在以上课程的基础上，综合考虑产品的使用环境、市场、成本等因素），可以看到这些课程都是围绕着产品形态创造而展开的，是一个循序渐进、环环相扣的过程。在这个过程中，要完成最后面向市场的产品形态，形式创造的自由度受各种因素的影响会逐渐减小，而设计的功能目的性将逐渐明确。

设计师进行的人工物形态设计需要满足来自各方面的需求：形态作为人工事物的基本属性，应能让人们以此为依据对不同事物加以区别；需要以一种令人愉悦的形式呈现出来，并使人体验到美；需要满足材料、结构、加工工艺等方面的客观要求；还需要通过形态向使用者传达一定的信息，既包括人工物使用功能方面的信息，也有人工物象征意义方面的信息，例如，如何使用该产品，才能通过该产品使用户的身份、地位等得到彰显等（图5-2）。这样一来，形态便成为连接设计师、产品以及使用者之间的媒介和纽带，并起到了举足轻重的作用：设计师创造形态，借助形态传达产品的功能与象征意义；使用者通过形态来选择产品，获得产品的使用功能与象征意义。因此，对设计与形态关系进行系统的考察，弄清楚人工形态的成因与创造的规律，找到形态与各影响因素之间的联系，其重要性和必要性都是不言而喻的。

图5-2

意大利阿莱西
（Alessi）公司设
计的魔法兔子趣
味牙签盒

二、设计与形态学

1. 形态学的基本概念

顾名思义，形态学（Morphology）是一门关于形态的本质的科学。

那么，什么是形态的本质呢？我们不妨先关注一下自然界中各种形态的成因。可以发现，在自然界中无论是生物形态或非生物形态，其成因是不一样的。一方面，从事物的内部动因来看，生物形态由其内在生命力的增长决定；非生物形态则是内部化学反应与物理结构及即各种合力作用的结果。另一方面，从事物所处的外部环境来看，生物的成长要克服环境的阻挠与外界做斗争，并非完全自由地生长；而非生物形态在外力的作用下，也会引发内部应力的产生，在这些内应力的作用下，又会造就各种新形态。因而，可以认为，内力是形态变化的依据，外力通过内力对形态产生影响，是形态变化的条件。换言之，大自然中各种形态的本质，皆为内力运动的变化在外形上的表现。所以，形态也就是形态要素及运动变化的结果。

今天所说的形态学，由生物学中专门研究植物与动物的形式与结构（包括微生物）的分支学科发展而来。这些对形式和结构的系统的、综合的科学研究，使形态学能够同时涉及艺术与科学技术两个领域的内容，并对其他领域产生了影响，发展成为一门集数学、生物、力学、材料与艺术造型为一体的交叉学科。

2. 形态学在各学科中的发展概况

（1）形态学与生物　"Morphologie"（德语表述的"形态学"）最早由约翰·沃尔夫冈·冯·歌德（Johann Wolfgang von Goethe，1749—1832）于1795年在其生物学的研究中提出。他把形态学看作研究形态的构成和转化的学科。歌德的理论突出了形态学的整体性特点。他认为，形态学与那种把有机体的生物分解成各个单元的解剖学不同，它要求把生命形式当作有机的整体系统来看待。在此后，形态学的概念又有了进一步的发展和变化，并被广泛地应用到植物学和动物学研究的相关领域中。

在植物学领域，形态学在18世纪后半期开始发展起来，经过沃尔夫（C. F. Wolff）的叶花同源理论、阿夫斯·德·坎道列（Alphose de Candolle）的器官学、霍夫麦斯特（W. Hofmeister）的比较形态学、巴里（H. A. de Bary）的组织学（高等植物内部组织的研究）、范·蒂格亨（Van Tieghem）的系统组织学（中柱学说的提出和讨论）、戈贝尔（K. E. Goebel）的器官学（整个植物的组织及器官的比较研究）等理论和实验研究的推动，至19世纪后半期，植物形态学得以基本建立。

在动物学领域，在19世纪具有发生学[注]内容的动物形态学的出现，为进化论的建立做出了贡献。进化论者正是通过生物器官在形态和功能上的类比确定了所谓的同源器官的概念。因此，达尔文在《物种起源》中明确地表达了对形态学的重视，他写道："这（形态学）是博物学中最令人感兴趣的一个领域，可以说是博物学的灵魂。"到了19世纪末，人们开始努力将实验方法应用到过去主要以描述加分析为主要研究手段的形态学中，从而产生了实验形态学。而此后外科手术的发展、显微镜仪器的精密化都使形态学研究扩展到微观世界，让人们有可能直接获得机体的高分子构造。

如今，形态学已经成为生物学的主要分支学科，其目的是描述生物的形态并研究其规律性，往往与生理学相对应。广义的形态学包括研究细胞阶段形态的细胞学的大部分内容，以

[注]　发生学：指在地球历史发展过程中生物种系的发生和发展。这个概念不单用于动物种系的发生与发展，还用在系统学各个层面的分类单元上。形态发生学（Morphogenesis）关注生物结构形成、发育、生成，并且以数学方法获得了证实。它是生物与非生物界中特定的相对稳定的形态发生、演变的理论，其基础是自组织理论。今天，形态发生学因其在系统进化理论中的重要意义而被广泛用于许多学科领域。

及探讨个体发生过程的发生学。狭义的形态学主要是研究生物的成年个体的外形和器官构造（包括解剖学、组织学和器官学）。从方法论上来讲，生物研究领域中的形态学分为重视器官和机能关系的生理形态学、着重于比较研究的比较形态学、研究生物系统关系的系统形态学、实验形态学以及因果形态学等。

（2）形态学与艺术　艺术向来与形式密不可分，形式在艺术作品中充当着连接艺术家、欣赏者、人们所处的世界之间的中介，也是作品内部结构的反映。美国当代著名文学批评家梅耶·霍华德·艾布拉姆斯（Meyer Howard Abrams）曾提出一个对艺术作品进行分析的"四要素"的结构框架。他以文学为例，区分了作品、世界、艺术家（作者）、欣赏者（读者）四个要素，并认为作品的本体存在是整个文学活动系统的核心或轴心，其他几个要素是因"作品"而存在的。这个结构框架反映了艺术作品与其他要素的关系，涵盖了西方文艺理论的四种基本类型：①"模仿说"，主要考察"作品—世界"之间的关系；②"表现说"，主要考察"作品—艺术家"之间的关系；③"实用说"，主要考察"作品—欣赏者"之间的关系；④"客观说"，即把作品文本作为一个独立的客观对象加以分析研究。这些关系、类型的实现，无不以作品的形式作为中介。

形态学在艺术研究中得以运用，是在生物形态学发展，形态学被语言学所接纳，成为现代词汇学的一个组成部分之后。20世纪以来，随着语言学和自然科学方法向美学和文艺学领域的渗透，形态学的观念与方法也被运用到美学和文艺学的研究之中。前苏联著名美学家莫·卡冈（Моисей Самойлович Каган）在其1972年出版的著作《艺术形态学》的作者序中，简要地追溯了美学思想史上把"形态学"这一术语引入艺术理论的概况：K·季安杰尔于20世纪初完成的《长篇小说形态学》和V·普罗普（V. Propp）的《童话形态学》都是较早在文艺理论中引入形态学所进行的研究；在20世纪30年代出版的《文学百科全书》中已经可以见到"文学形态学"的概念，而把这个概念运用到整个艺术中的则是美国当代著名美学家托马斯·门罗（Thomas Munro），他发表于1956年的那篇论文《艺术形态学作为美学的一个领域》成了该领域的经典。卡冈本人也正是在前人的启发下，完成了那部影响巨大的《艺术形态学》，从而把美学和文艺学领域的形态学研究推进了一大步。不过，门罗与卡冈利用形态学进行文艺研究的角度与方法却不尽相同。门罗主要着眼于对事物的分类研究，因此他将自己的应用于美学的形态学研究定义为："用科学的方法对艺术进行分析、描述和分类，对这种尝试我们称之为'审美形态学'。"而卡冈则在对事物进行分类研究的基础上，更为关注事物的结构关系，并针对艺术世界的结构进行了研究，因此他将形态学定义为："形态学——这是关于结构的学说。"门罗与卡冈的研究反映了利用形态学方法进行研究的多个层面，综合起来即为用系统的观点，以对事物形态的描述与分析为主要方法，对事物外部形态进行类型区分或着眼于事物内部结构进行研究，寻求事物变化及发展的规律。所以形态学的方法也是一种"共时性"与"历时性"⊖的结合统一。今天的艺

⊖　"共时性"与"历时性"："共时"与"历时"的提法源自索绪尔的结构主义语言学对于语言存在方式的划分，并确定了与之相适应的研究方法。作为一种思想方法，"共时"与"历时"都是以系统论为前提的。共时研究主要是着眼于语言在水平轴线上的逻辑结构关系，如一个句子中词语与词语之间的关系。历时研究则主要着眼于语言在历史发展过程的不同语境中的变化，如同一个词语在不同时代发生的意义变化。形态学研究中的分类研究可以视为"共时"研究，在事物发展过程中寻求形态变化规律的研究可视为"历时"研究。

术形态学已经成为一门研究艺术形式中介的要素、结构及整体形态的科学，即研究艺术形式规范系统的科学。艺术形态学应当广泛研究艺术作品的构成要素、组合方式和整体形态构成，进而确定艺术世界的结构。

值得注意的是，尽管在艺术学中引入了形态学的理论与方法，但是艺术形态学研究的主要对象——艺术作品或艺术世界，都是由人工形态构成的，这与生物形态学讨论的自然生物形态有着本质上的差异。生物形态的本质是由生物力决定的，是自然选择的结果；而艺术中的人工形态则是由艺术家根据自己的创作意愿，结合材料、制作手法来决定的。不过，艺术作品的形态与艺术家的创作过程却存在着一个异质同构的现象，这是由于创作者作为自然的一部分，其自身的生理、心理结构与特征决定了人们会对特定的形式产生共鸣，能够欣赏并创造具有美感的形态。例如，人们会普遍感觉有节奏感的音乐或画面是美的，这与自然界有节律的日夜更替、季节变换等自然现象，以及人在生命运动中的呼吸、心跳等有节律的生理特征都有关联，并进而影响到人们创作和欣赏的行为。这种同构的现象，在创造人工形态的领域，如建筑、设计等普遍存在，并在完形心理学中得到了较深入的阐释。作为人工形态创造的重要动因之一，本章下面的篇幅中对此会有更为详尽的介绍。

（3）形态学与建筑　建筑界对形态学的关注源自19世纪。印象派和新艺术运动中那些充满随意、激情与动感的形式以及创作思想，给当时许多不满于古典模式和力图突破欧几里得几何限制的建筑师以极大的启发，他们将现代几何和形态学作为创作工具，其作品中包含着大量的曲线和曲面，特别是法国建筑师吉拉德和西班牙建筑师高迪的作品最为成功。从此之后，形态学的概念开始在建筑艺术上获得正式承认和大量运用。

有别于艺术形态学研究，包括研究者们对于艺术世界的关注，建筑形态学是一门从建筑本体角度出发研究建筑形式要素、结构及整体形态的科学，特别注重研究建筑形式的发生、发展及演变的内在动因和规律。建筑形态学涉及的主要领域有三个：数学（几何）、力及材料。这三者构成了形式及其结构要素的三个基本要素，相互之间存在着不可分割的联系。在建筑上，这三者之间的制约关系是显而易见的：承受不同的荷载力的建筑物必须具有不同的几何形式或采用不同的支撑材料，也就是说，在承受同样荷载的情况下，建筑形式的改变将增加或减少建筑材料的用量。

较之生物学领域和艺术学领域的形态学研究的情况，建筑形态学稍显稚嫩，尽管目前已经涉及所有与建筑形式相关的内容，但迄今为止仍没有建立起完备的理论体系。

（4）形态学与设计　其他领域的研究经验为我们在设计领域中展开对人工形态的系统研究提供了有价值的参考。由于形态在设计中的重要作用，我们对探讨与设计形态相关的问题并不陌生。从20世纪初沙利文的"形式追随功能"，到20世纪末青蛙设计公司的总监哈特穆特·艾斯林格提出的"形式追随情感"，以及"结构"与"解构"，现代与后现代等种种设计风格的更替，无不是诉诸形态，以形态作为表达的界面和讨论的焦点的。

设计形态学不同于上述对于外观形态的一般讨论，最开始它是以一种系统方法论的形式被引入设计学科的。在设计领域，较早涉及"形态学"概念的当属莫里斯·阿西莫夫（Morris Asimov）于1962年在《设计导论》（Introduction to Design）一书中提出的"设计形态学"（A Morphology of Design）。他的理论建立在形态分析方法（Morphological Analysis）的基础之上。这一方法通常将对象或问题分解为相互独立、平等的各个组成部分，寻求各部分所有可能的方案、方法，运用排列组合的原理，从中选择理想的方案或构想。其基本原理建立在对事物的系统理解之上，即事物之间有着普遍的联系：问题的答案存在于一切已知要素的多个可能的组合之中；很多发明创造只不过是现有事物的重新组合，其本质不是创造（无中生有），而是融合（有中生多）；综合应先于分析。由此产生了形态设计的基本程序：①确定预测对象；②将对象分析为若干相对独立的元素；③列出每一元素可能包含的所有要素；④编制形态矩阵，对各元素、要素进行排列组合；⑤根据需要、技术可能、社会效益等因素淘汰重复的、不实用的或不可能的方案，从中选择最优的组合。以形态分析方法为基础，阿西莫夫提出了设计程序的若干阶段：①概念设计（确定预测对象）；②设计表现（开发产品结构，将对象分析为若干部分，进行参数化设计）；③细节设计（列出每一部分可能包含的所有要素，提供详细的技术图样和规格）；④生产制造规划；⑤测试规划；⑥配置规划；⑦使用规划；⑧产品淘汰规划；⑨市场营销。在今天看来，阿莫西夫的设计形态学以及其后发展出的各种类似研究，如布鲁斯·阿切尔（Bruce Archer）1974年提出的设计形态学等，实际上都是设计研究者们提出的第一代系统的设计研究方法，多用于解决工业设计中工程领域方面的问题。然而，这种方法并不能完全解决设计中的形态问题。因为尽管通过形态分析获得的形式是设计问题的解决方案，但是不能忽视确定设计意义的文脉。在强调文脉的后现代主义取代了实用的功能主义，特别是进入20世纪90年代之后，设计越来越关注交流功能，并产生了对新的非物质主题表达的需要。此时，类似于阿莫西夫式的设计形态学，很难解决设计面临的越来越复杂的新问题。

与建筑形态学的情况类似，设计形态学的理论体系也并不完备。不过，已经有不少学者赋予了设计形态学契合时代要求的新定义。日本学者福井晃一给出的概念就颇具参考价值。他认为"设计形态学就是以人为创造的形态，如生活器具、建筑、环境、服装、广告和商业作品等的外在特征（形状、大小、色彩和材质）作为对象，寻求它们蕴含在其中的内在特性（如设计的意图、价值、相互关系与人的嗜好等），基于人为形态的可视性方面和非可视性方面进行对应性研究，由此弄清有关人为形态创意的机理。"[⊖]这个定义从可视性和非可视性两个方面提供了设计形态学研究的系统视角，实际上也是从人工形态的外部特征入手，深入到系统和关系层面，结合人工形态内部结构、功能等因素，以及人工形态所处的社会、文化背景等因素对设计形态进行综合考量的结果。这样一来，设计形态学研究的展开便涉及了工程技术、心理学、符号学、美学等诸多方面的知识。具体来说包括如下研究内容：

1）从共时的角度看，包括对设计形态的构成、分类的讨论，与工程技术相关的外观形态的确立与功能、材料、结构等的关系。

2）从历时的角度看，包括对设计形态的创造、发展、变化规律方面的分析。人工形态的基本形式往往与形态和人的生理、心理结构的异质同构相关，这便涉及人类生理、心理的相关知识，并对应着人对各种形态及其意义的感知与认知，是设计心理学研究的主要内容，并构成了设计美学研究的最基础的内容。

3）对于形态意义的分析。这与社会发展的历史与文化相关，是设计符号学研究的主要内容。

4）形态的审美原理分析。这涉及更深层次的设计美学的内容。

⊖ 福井晃一. 设计小辞典［M］. 东京：株式会社ダヴィッド社，1990.

上述四个方面的内容构成了设计形态学研究的整体。设计作为一门交叉学科的特性，决定了它的相关研究必然也会旁涉诸多学科。

第二节 艺术设计形态的构成与分类

一、形态的构成与分类

任何呈现在我们面前，表现为一定形态的设计作品，往往都是人类对自然物质进行的主观改造，使之更适应人类的需要，更适合材料和工艺的结果。具体而言，就是以一定的功能为目的（如实用功能、审美功能、符号认知功能），以一定的结构、材料和工艺为基础，以对环境、社会的适应为限定条件，将形态要素按照一定的原则进行组合、运动、变化而成的。

形态要素是形态构成的最基本单元，通常人们所说的形态要素主要指的是点、线、面、体等概念形态。通过点、线、面、体的运动、空间变化、空间组合等几种构成形式，结合一定的物质技术，可以创造出无数新形态，满足人们不断深化、丰富的各种需求。

形态可以分为概念形态和现实形态两大类（图5-3）。人们常将空间中所规定的形态归结为概念形态。概念形态一般包括两个方面：一是质的方面，由点、线、面、体等基本要素组成；二是量的方面，有大小的区别。概念形态可以视为一种抽象形态，它无法直接成为造型的素材。如果将概念形态表现为可以感知的形态，即以图形的形式出现时，就称其为纯粹形态。"纯粹形态是现实形态舍去种种属性之后剩下来的形式，是现实形态的构成元素和初步表现。"[⊖]这些纯粹形态作为造型设计的表达语言，对于设计是十分重要的，它们是产生新的现实形态的中介环节。

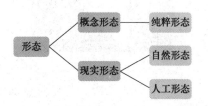

图5-3
形态的分类

现实形态是实际存在的形态，也可分为两类：一类是自然形态，如自然界中的花草树木、飞禽走兽等生命体的有机形态，以及自然界中的岩石、金属等所具有的以几何形为主的无机形态；另一类是人工形态，也就是那些由人通过各种技术手段，利用一定的材料创造的形态，如绘画、雕塑等艺术形态以及产品、建筑等设计形态。设计创造的人工形态，从空间的角度而言，既可以是在二维平面中的图案或绘画表现，也可以是计算机创制的虚拟三维表现，还可以是由立体或者现实材料制作而成的三维实体。

二、概念形态的运动、变化与组合

概念形态主要包括质与量两方面的内容，对于量的大小的理解，无须赘述。因此，我们

⊖ 山口正诚，冢田敢. 设计基础 [M]. 辛华泉，译. 北京：中国工业美术协会，1981.

着重关注的是点、线、面、体几个基本的概念形态。作为抽象的形态，点、线、面、体都不是实际存在的形态，只是概念中的物体。对于造型设计而言，这样的形态只能帮助我们理解形态的构成，而没有直接的使用价值。唯有将这些几何意义上的形态元素现实化，赋予它们实际的物理特性，这些形态才能够变成能被我们直接把握和表现的现实物体。

1. 点

几何意义上的点是没有面积的，它作为概念要素而存在，其作用是确定位置。作为设计形式元素的点不同于几何的点，它是实在的，是既具有位置，又具有形态的视觉单元。

通常人们习惯于将点看作小的、圆的，但实际上点作为现实设计的造型要素，其表现形式是无穷的。从体量上看，点可大可小；从形状上看，点可以是方的、圆的、三角形的，甚至是不规则的。对点的判断，是通过点与其所在空间的比例来确认的。无论实际尺度有多大，只要在整体的空间中被认为有集中性，相对较小，具有一定封闭性的面积都可以称为点。如图 5-4 所示是由日本设计大师田中一光设计的海报《日本舞蹈》。海报中人物的嘴、眼、头饰，都可以视为不同形状、大小的点，并带给人不同的感受。

图 5-4
《日本舞蹈》海
报

点会通过对视线的吸引，相应产生心理张力。若能对点加以利用，常常会使其成为设计作品中的画龙点睛之处。当只有一个点时，人的注意力会完全集中于该点之上；如有两个相等的点同时存在于一个画面中，则视线将在两点之间来回往复，形成线的感觉；当同一个空间中有三个以上的点同时存在时，就会在点的围合内产生虚面的感觉。

2. 线

与点一样，线同样包括作为概念要素的线和实际存在的作为设计形式元素的线。从几何学角度来看，线是点的运动轨迹。作为现实设计元素的线，也如现实的点一样存在宽窄之分，而其粗细也是通过与面的比较来衡量的。

平面的线包括几何线和非几何线两类。其中，几何线包括直线、折线和曲线，曲线发展到极端就是圆，即最圆满的线；非几何线包括各种随意的线，此外，还有三维空间中的线，如空间螺线等。线可以视为一切形态的代表和基础，通常会依据线来认识、界定形体。同时，也常常会借助对轮廓线的提炼来获得对形态的把握。最典型的例子就是画家会用勾勒线条的方式进行描摹对象的速写，而设计师也常常会用线描草图，来表达自己的创意思考。

不同类型的线会带给人不同的心理感受。直线通常使人感觉紧张，目的明确，简洁而理性，反映了无线运动的最简洁状态，并常常给人以男性化的印象。两条直线交叉构成折线，它也由于所含角度的区别带有冷暖的情绪。形成直角的折线是最带寒意的折线，并且也最为稳定，表现出一种自制和理性。

以直角为转折点，折线角度从锐角到钝角的变化，还会给人带来从积极、主动到趋于缓和、平稳的感觉。曲线（或称弧线）与直线不同，由于有趋于圆的倾向，它具有一定程度的相对封闭的趋势。相对于折线，曲线包含着忍耐与城府，给人隐忍、含蓄的感觉；又由于它趋于圆满的势，因此也代表一种成熟和包容的态度。由于曲线具有含蓄、温和、成熟和隐忍的情感特质，通常会给人一种女性化的印象，因此女性化设计的一大特点就是运用各种曲线。[一]图5-5所示是湖南卫视两档热门选秀节目《快乐男声》与《快乐女声》的标志。通过对比可以看到，除了主字体的风格一致外，设计者在表达男性与女性区别时，就使用了直线和曲线以示区别。

图5-5
湖南卫视选秀
节目的标志

3. 面

从几何学的角度来看，面是线的运动轨迹。面有长宽，无厚度，可分为有边缘和无边缘两类。线常作为面的界限来定义面的存在，所以边界线的形态对面的表现有很大影响。概念的面只有形态变化，可以在此基础上研究形体结构和变化。而艺术设计中的面，作为一种实际存在，具有材料的特征，需结合材料来考虑。

面可分为平面和曲面。平面具有平整、简洁的特点；曲面具有起伏、柔软、温和、富有弹性及动感等特点。面是现实设计形态中的重要构成因素，许多产品的使用功能大部分都要通过面来实现（图5-6）。

注：契合人体弧线的曲面形态充当了与人
体背部接触的功能界面。

图5 6
**芬兰设计师泰
珀·阿斯凯能**
（Teppo Asikain-
en）**设计的躺椅**

○　柳沙. 设计心理学［M］. 北京：清华大学出版社，2006：255-257.

4. 体

一般将占据一定空间，长、宽、高三维尺度相对较大的形态称为体。从几何学的角度看，体是由面的移动轨迹形成的（图5-7）。而在设计实践中，还能通过对平面材料的折叠、切割、组合形成占据一定体量的现实形体（图5-8）。

体可以分为几何体和非几何体。几何体的基本形式包括长方体（包括正方体）、圆柱体和球体，其他几何体基本都是在上述几种几何体的基础上通过组合、切割、变形而来的。这也成为不少产品设计最基本的塑形手段。非几何体包含具象的体和抽象的自由体两类。具象的体主要来自于对自然的模仿和变形，它们带给人们的情感体验与其所模仿的对象带给人的情感体验密切相关。在人类的艺术设计史中，从来不乏向自然仿样、学习的例子，从陶器、青铜器、瓷器到现代的许多造型，都直接或间接地来自于自然界的形象。抽象的自由体在设计中的运用，是现代主义发展到后期，人们对几何形体的单调、冷漠的厌倦，以及新材料、新工艺的出现提供了更多的塑型可能性而发展起来的。这些抽象的自由体往往线条流畅、灵活，颇具人情味（图5-9）。

图 5-7
水果形便签

图 5-8
织物通过折叠
所形成的桌子

图 5-9
丹麦现代设计师
维纳·潘顿的整
体室内设计

三、自然形态的启示

现实形态包括自然形态和人工形态两类。自然形态是历经千百万年的自然选择缓慢发展
而成的。在大自然这个最杰出的"设计师"的精心塑造下，自然界中各种生物与非生物发展
出了既满足内部机能需求，又能与生存环境相适应的精细、巧妙的形态与结构。这些形态往
往呈现出整体与部分的协调，有的形态还具有自组织[⊖]能力、自动调节能力，使系统自动从
无序走向有序，由低级有序走向高级有序（图 5-10）。作为自然之子的人类，不仅自身便是
自然形态的一部分，具有自然形态的种种特性（图 5-11），还"师法自然"——在创造人工形
态时，将这些精妙的自然形态作为最佳的模仿、学习对象。例如，我国新石器时代陶器、器
皿的造型和纹饰便多以自然界的动物、植物或自然现象的形态为原型（图 5-12）。当然，有
时人自身的形态也会成为被描摹的对象（图 5-13）。在逐渐熟悉自然、描摹自然的过程中，
人们开始寻求对形态的概括，积累了丰富的造型经验，进而能按照不断发展的生活需要，契
合时代的生产水平创造出无数新的人工形态。

图 5-10
北极熊的毛发、
颜色、体态、结
构都是与环境相
适应的结果

⊖　自组织：自组织理论是 20 世纪 60 年代末期开始建立并发展起来的一种系统理论。它的研究对象主要是复杂自组
　　织系统（生命系统、社会系统）的形成和发展机制问题，即在一定条件下，系统是如何自动地由无序走向有序、
　　由低级有序走向高级有序的。它主要由三个部分组成：耗散结构理论（Dissipative Structure）、协同学（Synerger-
　　tios）和突变论（Calastrophe Theory）。

图 5-11
邓肯的舞蹈表
现了人体形态
作为一个系统
整体内在的平
衡能力

图 5-12
新石器晚期马
家窑文化半山
形漩涡纹彩陶

图 5-13
汉代的长信宫
灯是对人体形
态的模仿

尽管随着人类文明的进步，人造物不断地从自然形态中获得启发，但模仿自然形态，特别是模仿生物形态成为一种系统的学说，还是在 20 世纪 60 年代仿生学（Bionics）出现之后。美国空军宇航局的少校 J. E. 斯蒂尔（J. E. Steele）将拉丁文"Bios"（生命方式）与词根"-nic"（具有……的性质）结合在一起，提出了仿生学的概念："仿生学是研究以模仿生物系统的方式，或是以具有生物系统特征的方式，或是以类似于生物系统方式工作的系统科

学。"这样一来，仿生学不仅包括对生物形态外观的模仿，还涵盖了对自然界中的生物以及其他物质的生理、物理等内在结构的模仿。仿生学发展至今，其研究范围已经扩展到力学仿生、能量仿生、分子仿生和信息与控制仿生，成为一门数学、物理学、化学、技术科学与生物学相融合的边缘性交叉学科。仿生学的研究为建筑设计、工业设计提供了设计理念、理论及技术原理等方面的物质支持，成为辅助设计的重要学科（图 5-14 和图 5-15）。

图 5-14
德国设计师科拉尼（Luigi Colani）设计的仿生造型的概念汽车

图 5-15
直升机的造型是对蜻蜓的仿生

此外，在对自然形态的描摹与创造过程中，人们还尝试对自然现象的因果做出解释，一些自然的形象，或是从自然中抽象而来的人工形象，被赋予了情感和特殊的文化意义，成为个人、群体，甚至某个时代的象征。形态与意义之间的对应成为了一种普遍现象。直到 20 世纪初现代符号学的出现，这种形态与意义的关联现象变成了"能指"与"所指"，才得到了全面而系统的理论阐释。

今天，生产力水平的飞速发展为各种形态的诞生提供有力的技术支撑，人们也提出了更多对形态创造的需求，一方面我们还将不断地从自然中获得启示，结合新的技术和材料进行表现；另一方面，我们也需要了解自身对形态感知规律及其与自然之间的关系，寻求人类形态创造的根源，并利用这些特点更好地进行形态创造。

第三节　艺术设计形态的创造与人类的感知特性

一、艺术设计形态创造中的秩序感

人工形态的创造自有其特点。人作为自然的一部分，其结构、生理、心理特点使我们会对特定形式产生共鸣，欣赏并创造令人愉悦的形态，因此人工形态与创作者之间存在着某种异质同构的关系。这个特点使我们获得了从了解人类感知特性入手，探索艺术设计形态创造动因的可能。

生物体的活动总是遵循一定的规律，有的还能创造一定的秩序。例如，大雁成群飞行时总是排成"人"字形或"一"字形的队伍；蜂巢和蚁穴更有着令人叹为观止的精密结构。作为自然的一分子，人类的创造也表现出强烈的规律性，在形态上表现为形式结构的秩序感。人类归纳总结的各种形式美的规则，实际上都是一些具有秩序感的形态结构。例如，统一与多样、节奏与平衡、比例与尺度等。

贡布里希在观察了许多生物现象，并探讨了大量艺术作品和各种装饰艺术作品的造型规律之后，这样解释了这种秩序感的来源："我认为应该把有机体视为具有能动性的机体。在周围环境之中，它的活动不是盲目进行的，而是在它的内在秩序感的指引下进行的。"[⊖]也就是说，这种秩序感是一种内在的参照系，根植于人类以及各种生物与生俱来的本性之中。例如，人们之所以倾向于创造各种对称的形态，与作为自然生物的人自身的生理、心理结构密不可分。对称[⊖]是自然界中许多生物与非生物形态的特征，有中心对称，也有左右对称。人的身体就表现为左右对称的形式：左右对称的眼睛、左右对称的耳朵、左右对称的四肢。这些天生的外在对称结构显然与人体的内部构造有着种种联系，并影响着人们活动的方式，以及观察、感知、理解事物的方式。有实验证明，就连婴儿对对称都有特殊的感觉。当在实验中展示各种人脸图像时，他们的目光会在更具对称性的脸上停留更久。而剑桥大学研究人工神经系统的动物学家罗福斯·约翰斯通采用计算机模拟进化过程，并跟踪研究原始视觉器官最初的发展，所获得的结果也表明，即使是人工的"原始眼睛"，也更愿意接受对称的形式。约翰斯通认为这是因为"对称简化了被认识的过程"。在这个角度上也可以说，也许是由于对称的秩序性让处于纷繁世界中的事物更容易被人们所认知，所以在漫长的进化过程中，它成了人们认知的一种本能。对称的形式结构会引发人们的共鸣，并产生均衡、和谐的感受，进而让人们把它列为形式美的规则之一。完形心理学理论通过对各种艺术作品及其形式要素的感知规律加以研究，从知觉层面颇具说服力地阐释了人们形式美感体验产生的原因：这是由于作品的结构与审美主体情感结构一致产生的，也就是说物质现象与人的心理结构存在"异质同构"的现象。

其实，除了对称，其他诸如对比、节奏、尺度等具有美感的各种形态结构的确立，实际上都与人的内在心理结构相关。由于原理一致，在此不再对其产生根源——赘述。但我们还是有必要把握好这些具有美感的形式结构，并将它们作为创造成功的艺术设计形态的有力工具。

二、艺术设计创造的形式美法则

艺术设计创造的形式美法则主要包括统一与多样，平衡、节奏与强调，比例与尺度等。遵循这些法则进行设计，能够帮助设计师在纷乱的头绪中找到规律，并寻求设计作品的平衡，体现节奏，创造出成功的设计形态。如果说，前文提到的点、线、面、体等形态要素

⊖ E·H·贡布里希. 秩序感——装饰艺术的心理学研究 [M]. 范景中，等译. 长沙：湖南科学技术出版社. 2005：5.
⊖ 对称：这里的对称并非毫厘不差的绝对对称，而是相对意义上的对称。绝对意义上的对称在自然界中是不存在的。

是艺术设计作品创造的配料，那么这里的形式美法则就是决定怎样将配料结合在一起的烹饪方式。

1. 统一与多样

每一件设计作品都必须具有统一性，统一性可谓设计形式美法则的精髓。一件设计作品，如果在整体上杂乱无章，部分形态支离破碎，相互干扰、冲突，就不能成为成功的作品。统一性代表着整体感，但分析统一性的同时也必须注意多样性，它们相辅相成、不可分割。一张只有单一色彩的画布，或许可以称为极端的统一，然而从统一性的本意来看，它并不是要求减少元素，而是将元素整合成一个和谐的整体。因此，设计师必须能够在多样、纷乱的形态元素中更好地配置各元素之间的关系，使复杂的东西具有一致性，让单调的东西丰富起来。而达成这个目标的主要手段就是对比、统一和过渡。

（1）对比　多样性的精髓就在于对比。所谓对比，就是在一个事物中包含着相对的或矛盾的要素，是两种不同要素的对抗，其中包括不同形状的对比、色彩的浅与深、肌理的粗糙与光滑的对比等。应用对比的设计手法，可以使形态充满活力与动感，又可以达到强调、突出某一部分或主题的作用，使设计的作品个性鲜明。

（2）统一　统一是指整体之中各个要素之间的协调，也有人将其称为调和。统一能够使各要素之间产生联系，彼此呼应，形成和谐的整体。统一可以通过形态、色彩、主题的呼应、重复来实现。就形态而言，可以通过对点、线、面、体等诸多要素的调和处理，获得美的形态（图 5-16）。

图 5-16
由各种半透明垃圾组成的潮汐吊灯

（3）过渡　在寻求多样性和统一性的过程中，人们发现，若形态对比产生的冲突感过强，则很难达成统一的整体感，这时还有一条使两者都得到妥协的原则，那就是过渡。过渡常常能通过较小的变化将两种对立的形态糅合在一起。荷兰艺术家摩里茨·科奈里斯·埃舍尔（M. C. Escher，1898—1972）曾创造过一系列的设计作品，其中最为突出的就是对立形状之间的过渡（图 5-17）。

在产品造型中，常常会遇到几种形态组合的情况，这时形态的过渡就显得非常重要了。图 5-18 所示为两种不同的过渡方式：直接过渡和间接过渡。所谓直接过渡，就是一个形态直接向另一个形态的过渡，在形态与形态的连接区域，形体转换明确，具有变化清晰、形态简洁、硬朗等特点，但会给人有过渡生硬、不自然的感觉；而形态的间接过渡则是指两个或多个形态在组合时，有一个形态作为过渡区域出现，从而将两个形态统一成一个有机的整体。

图 5-17

荷兰艺术家埃舍尔的版画《水与天》

2. 平衡与节奏

统一性是所有优秀设计的重要品质，多样性则让形态更加丰满。而平衡、节奏等有关运动的原则的提出，则会使设计作品的形态更富有生气，充满吸引力与动感。

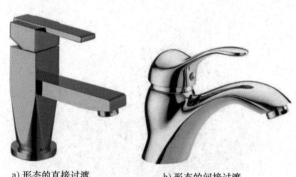

图 5-18

水龙头形态的过渡对比

a) 形态的直接过渡　　　b) 形态的间接过渡

（1）对称与非对称平衡　平衡包括两种类型。一种是对称，即以物体垂直或水平中心线（或点）为轴，其形态上下或左右中心对应。这是一种主要从形态结构上而言等形、等量的相等。平衡的另一种类型是非对称的平衡，又称均衡，通常指等量、不等形，更多的是指人的视觉、心理分量相等。

平衡的两种类型的大致原理可以通过图 5-19 所示的杠杆图示来说明。它类似于我们儿时的玩具——跷跷板，孩子们坐在跷跷板的两边，平衡后跷跷板能够上下翘动。倘若在杠杆两端放上等重量的东西，且它们与支点的距离相等，那么就是图 5-19 中所示的 A 状态；一旦某一端的重量或距离有所改变，另一端也必须相应发生改变，否则就会打破平衡，就会出现图 5-19中的 B 和 C 两种状态。将 A 状态视为对称状态，它属于两侧对称；B、C 状态尽管也能平衡，但却是非对称状态。图 5-20 所示是两个标志设计实例：上面的标志显然是一个放射状的中心对称图形；下面的标志看似对称，但是若将左右对折，两边却无法重合，但这个图形明显也是平衡的，它就是非对称平衡图形[⊖]。对称又与秩序、平等、庄重有关，所以许多西方的宗族盾徽上的图案通常是对称相关的。法庭、礼堂等庄重的场所通常也采用对称的结构和形态进行室内外的装饰设计。

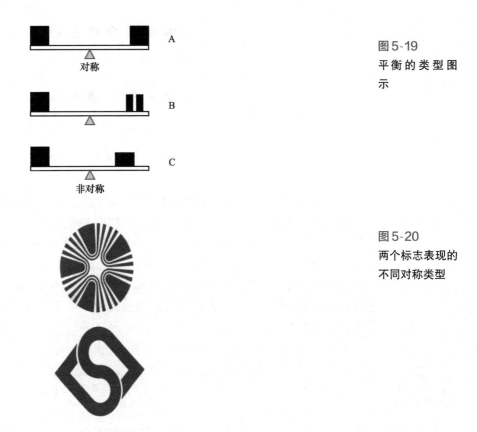

图5-19
平衡的类型图示

图5-20
两个标志表现的不同对称类型

（2）节奏与韵律　从本质上来说，节奏可视为一种有规律的跳动。在艺术设计中，节奏与韵律是产生形态美感的主要因素之一。节奏来自自然界，是自然界中普遍存在的自然现象，如人们的呼吸、心跳等。节奏产生韵律，因此节奏和韵律在本质上是一致的。如果用点元素来表现最简单的节奏的话，可以如图5-21A状态所示，就像乐队鼓手有节奏的鼓点声，是单个元素反复重复的。如果加入两种主题，如图5-21中的B状态所示，每种主题都会在整个画面中表现出有节奏感的拍子。若是再加以变化，如图5-21中的C状态所示，就会在节奏上产生交替变化，每隔一个拍子被强调一次。这种节奏感来自于重复的形态。

3. 比例与尺度

虽然比例与尺度都与形态的大小相关，但它们是两个完全不同的概念。比例指的是事物的局部与整体的关系，而尺度所指的大小则与度量单位相关。例如，建筑师的图样和地图的最下方往往都标有比例尺，这里的比例可以使看图者将图与现实建筑相对应。倘若图样上的标尺单元是5mm，这便意味着图中一条5mm长的线条对应于实际中的1m。当然，

⊖　玛乔里·艾略特·贝弗林. 艺术设计概论［M］. 孙里宁，译. 上海：上海人民美术出版社，2006：142-143.

标尺上的单元也会根据不同情况，与不同的单位如 m、km 等相关。在谈到与人相关事物的尺度时，我们还会将人体作为参照单元。例如，建筑物、房屋、汽车都是依照人的尺度来设计的。

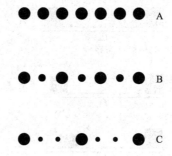

图5-21
用点表示的节奏图示

（1）比例　比例让人们对形态有了相对的参照系，并衍生出对形态进行评判的具体依据。黄金分割比（the Golden Mean）就是这样一种根据比例对形态美进行判断的依据。这个比例是由古希腊的欧几里得（Euclid，公元前 330—公元前 275）提出的。他从纵线、横线的比例关系及数的变量中发现了黄金分割比（1∶1.618）。这是借助几何学对形态比例与平衡的重要性的简单表达，它表明所有的事物都有一个适宜的度。曾有心理学家研究了人对具有黄金分割比形态的美学反应，他们发现，当普通矩形的长宽比例近似于黄金分割比时，更容易让人喜爱（图5-22）。

图5-22
黄金分割矩形

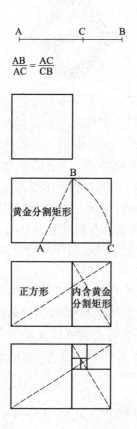

　　若干世纪以来，黄金分割比被广泛使用，在希腊的神庙、雕塑、文艺复兴的画作，甚至是城市规划中都有运用。人们还发现，不仅是人类审美存在着对黄金分割比的各种偏好，自然界中动植物（包括人类在内）生命成长方式中也存在着黄金分割比。图 5-23 所示是胫节贝螺旋成长方式与黄金分割比的比较。研究显示，胫节贝螺旋成长方式适宜各种黄金分割比形成的对数螺旋线。每一段螺旋线表现每个生长阶段，新生长的螺旋线非常近似于黄金分割正方形的比例，而且比原来的大。人体比例也呈现出黄金分割比的特点。古罗马学者兼建筑家马尔库斯·维特鲁威·博利奥（Marcus Vitruvius Pollio）提出，拥有完美比例的人的身高应该与展开的手臂长度相等。人体的高度与伸展开的手臂的长度形成的正方形将人体围住，而手和脚正好落在以肚脐为圆心的圆上。在该体系中，人体在腹股沟处被等分为两部分，肚脐则位于黄金分割点上。今天黄金分割比同样经常被用到现代设计形态的创造和研究中。现代主义设计的先驱勒·柯布西埃、A·M·卡桑德拉（A. M. Cassandre）等都主张用几何学的比例来创造设计形态。图 5-24 所示是德国大众公司 1997 年推出的新款甲壳虫汽车，其造型明显与其他汽车不同，它是一个运动的雕塑，是几何概念与怀旧的融合体。该车外形符合优美的黄金分割椭圆的上半部分。侧窗重复了黄金分割的椭圆形状，车门在一个正方形里，符合一个黄金分割矩形（图 5-25）。

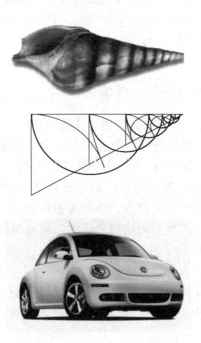

图 5-23

胫节贝螺旋成长方式与黄金分割比的比较

图 5-24

新款甲壳虫汽车

　　关于数的比例关系还有很多，包括斐波那契数列、根号数列比、等差数列等，它们在设计中也得到了广泛的应用。研究表明，大部分常见书籍的长度与宽度之比就是平方根关系。当然，在设计中，比例除了提供美的感受之外，也蕴含着社会学的意义，例如，不同的建筑或城市规划中各部分的比例，往往就具有一定的象征含义。

　　（2）尺度　由于设计中讨论的形态大多都与人的使用要求密切相关，因此，设计的尺度往往受到人的体形、动作和使用要求的制约，并有特定的合理性。人机工程学（Ergonomics）中所提供的人体测量的结果，如不同性别、不同年龄组的人群的人体的构造、人体尺度、人的活动域等会直接影响建筑室内的空间大小，以及人工物品的尺度大小与具体形态。

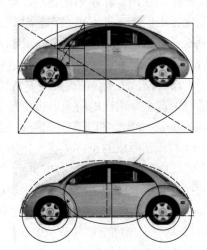

图 5-25

汽车的黄金分
割比例分析图

在设计中，尺度有时候也会被夸大，以达到强调、突出某个形态，或是体现独特的象征意义的目的。这在商业艺术广告和建筑中都很常见。例如，泰姬陵就是一个为了达到震慑人心灵的目的而设计的超越人体尺度的形态。其圆形穹顶高达 57m，用坚实的大理石建造，缎带式的雕刻与珠宝镶嵌其间，相比之下，人的高度在这样的空间中几乎可以被忽略。

三、艺术设计形态创造与完形心理学

在了解了艺术设计创造的形式美法则之后，让我们再次回到人自身，继续探讨人类感知特性与形态创造之间的关系。感知可以分为感觉和知觉。感觉主要是指通过感觉器官感受到的感觉经验，包括通常所说的五感（视觉、听觉、嗅觉、味觉和触觉）。其中，人们感知形态时，最主要也是最重要的通道就是视觉。知觉是对感觉经验的加工处理，是认知、选择、组织和解释作用于人们的刺激过程。贡布里希所说的"秩序感"从实际上表达的就是知觉的能动性和自组织能力。目前比较被公认的知觉组织规律多是由完形心理学完成的，其理论说明人们的视觉并非是一个被动接受的过程，而是对完整、有意义的结构的知觉，视觉及其他感觉活动都不能从人类思考中抽离出来。完形心理学的相关理论对艺术设计形态的理解与创造不仅有着直接的启示，甚至还激发设计师们在知觉的基础上发展出一些重要的形态设计原则。这里选择了几个完形心理学中对艺术设计有主要影响的知觉组织规律进行介绍。

1. 知觉的整体性与简化倾向

人的视觉、知觉具有整体性，人们能够感知到整体的图形并不是相互分离的点、线、面的简单相加，而是一个统一的整体，其整体大于各部分的总和。例如，呈现于眼前的由四条线首尾衔接而成的菱形，人们不会简单地将其认为是四条直线，在视觉活动中，由四条直线构成的菱形的整体凸显出来，产生了多于四条直线的新的内容（图 5-26）。心理学家还发现，人们对整体特征的知觉快于局部特征，当人们注意图中的对象时，对整体的认知不受局部特征的影响，而觉察局部特征时却受到整体特征的影响。

此外，完形心理学家还认为人们的知觉有一种"简化"的倾向。所谓简化不是一般意义上的"简单"，即不是物体中包含的成分少或成分与成分之间的关系简单，而是一种将任何

刺激以尽可能简单的机构组织起来的倾向。现代信息论也对这一机制产生的原因给出了解释，认为这是为了更有利于生物有效、快速地收集信息，在最短的时间内认识外界环境，从秩序混乱的对象中滤除其中的无关信息，以提高人们信息加工的效率。

图 5-26
整体大于部分

在整体性与简化的知觉组织原则下，人们还会倾向于将近似、接近的元素组合起来作为一个整体加以认知。这种相似与相近，既包括形态上的，也包括物体运动上的。例如，人们更容易察觉在跑道上与大部分人跑步方向相反的人。

在上述感知原则的基础上，完形心理学学家进一步提出了对形式结构等级的一种理解，即任何形式都表明了一个确定的结构价值，大形式与小形式之间的区别在于前者"单一"与"多元"的层级要大些。这里"单一"对应的是次序，而"多元"对应的是复杂程度。这个原则对日后的设计有着重要意义，20世纪60年代，德国学者马克斯·本泽便在"设计是次序的产物"这一座右铭下发展出了"精确美学"的概念[一]；20世纪70年代，德国奥芬巴赫设计学院（HFG Offenbach）在针对完形法则的相关研究中着重对次序和复杂性进行了讨论，并发展出了一些形式美学的二分法，如简单与复杂，常规与非常规，平衡与不平衡，清楚与模糊，经验次序与新事物的复杂性等。在此基础上，该校的教师迪特尔·曼考（Dieter Mankau）对上述原则进行了更为细致的描述，并结合材料和技术，提出了若干产品形态设计的原则[二]。

（1）附加设计（Additive Design） 以形式感知原则为前提，产品设计的技术和使用特点将被列出，以保证这些特点在最大程度上维持视觉的独立性（图5-27）。

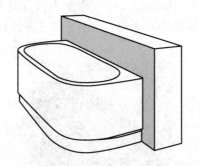

图 5-27
附加设计的浴缸

　㊀ 伯恩哈德·E·布尔德克. 产品设计：历史·理论与实务［M］. 胡飞，译. 北京：中国建筑工业出版社，2007：246.
　㊁ 伯恩哈德·E·布尔德克. 产品设计：历史·理论与实务［M］. 胡飞，译. 北京：中国建筑工业出版社，2007：248-255.

（2）一体化设计（Integrative Design）　创新材料的使用会引发对产品的整体感知。视觉刺激基本上是通过多种不同的技术、使用功能和所使用的材料来实现的，它可以极大地被形式手段（包括连续线条、连贯性和材料颜色的一致性）简化（图5-28）。

图5-28
一体化设计的
整体浴室

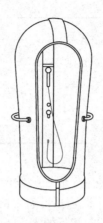

（3）整合设计（Integral Design）　这里占主导地位的通常是数学几何意义上的基本形态，其形式的多样性被限制为少数的几个基本形状，包括球体、柱体、立方体和四面体。认知和文化烙印使这些几何体在感知心理学中极为稳定，甚至当其形式被破坏时，如切开、减少或增加，它们在人们大脑中的视觉形象依然稳定（图5-29）。

图5-29
整合设计的照
相机

（4）雕塑化设计（Sculptural Design）　这一原则不仅仅是从产品的纯粹、实用和功能要求出发的，而是单独甚至艺术地解释了功能，产生了高度象征化的表达能力（图5-30）。

图5-30
雕塑化设计的
钢琴

（5）有机设计（Organic Design） 有机设计涉及生物学（仿生学）原理，同样允许自然联想，因而其产生的结论不仅基于视觉，同时也整合了感知的范畴。这些感知，如嗅觉、对冷热的感觉、触觉经验、作为空间想象的听觉等，都是基本的体验，对于不同的文化在意义上只有最小的差别（图5-31）。

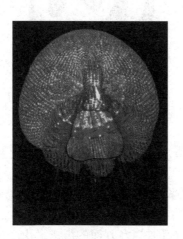

图5-31
有机设计的水母吊灯

2. 图与底

图与底是一对相对概念，通常作为视觉主体的形象被视为"图"（Figure），其所占的区域被称为"正空间"（Space）；而把背景视为"底"（Ground），其所占的区域被称为"负空间"（Negative Space）。如同空间的正负之说那样，图与底建立在两者的相互关系上，两者关系并不绝对，它们既相互依存，又相辅相成，并且在一定条件下能够相互转换。完形理论认为，人对图—底关系的认识具有先天的知觉组织能力，在对图与底进行辨识时受到来自于图像自身组合形式和观者主体的心理因素的影响。图—底关系最初是人的一种知觉本能，后来在艺术与设计等造型创造中被广为利用。在中国传统书法、绘画艺术中，负空间往往是艺术品的精髓所在：虚空的背景通常是气韵贯通之处，也是藏境之所。而今，图—底关系已经成为设计师们常用的设计手段之一（图5-32和图5-33）。

图5-32
荷兰艺术家
M. C. 埃舍尔的
版画《骑士》

图 5-33

世界自然基金会

（WWF）标志

第四节 艺术设计形态的现实创制

在现实生活中，一件成功的设计作品，除了从纯粹的形式角度讨论其构成和美感外，还需要满足多方面的需求：既有来自设计作品自身功能、材料、结构和制作工艺的需求，还有源自社会文化、经济与个人生活习惯等多方面的需求。由于有着来自各方面的要求与限制，设计常常被人们称为"戴着镣铐的舞蹈"。形态作为艺术设计最根本、最重要的目标之一，作为设计作品中满足上述各种需要的载体，其创制必须综合考虑上述现实需求，并协调好诸要素之间的关系。本节将从形态与功能、形态与材料、形态与结构三个方面综合探讨艺术设计形态的实践创造。

一、形态与功能

1. 形态与功能的关系

功能一般是指制造者为了使人工物能满足人的需要而赋予其的各种效用。功能与形态之间的关系，向来是古今中外的造物思想讨论的一个焦点。

早在我国春秋时期，思想家孔子就曾提出"文质彬彬"，为我们探讨形式与内容、形式与功能的关系提供了理论基础。在古代对于"文"字的理解中，"文"通"纹"，指的是一些形式的、外在的、规律性的统一；"质"指的是内容、功能。文质彬彬说的就是形式与内容功能的统一，不可偏颇。相比于孔子对于形式与功能的讨论，我们可能更熟悉 20 世纪初由美国建筑师沙利文从建筑设计的角度提出的"形式追随功能"一说。他认为，设计最重要的是要有好的功能，然后再加上合适的形式。他曾表示"自然界中的一切东西都具有一种形状，也就是说有一种形式，一种外部造型，于是就告诉我们，这是什么，以及如何与别的东西相互区别开来。"沙利文希望通过形式与功能的协调结合，来创造更好的生活。沙利文所指的功能，既包括实用功能，也关注物体的符号学尺度。然而，人们普遍误读了沙利文对于功能的理解，更多地将实用功能等同于功能的概念[○]。"形式追随功能"被广泛地应用到现代设计之中，成为"功能主义"设计思潮的主要原则，深刻地影响了当时世界上的各种设计运动，并在米斯·凡·德罗"少就是多"的口号中发挥到极致。由于该口号过分强调功能，将实用与

○ 伯恩哈德·E·布尔德克. 产品设计：历史·理论与实务［M］. 胡飞，译，北京：中国建筑工业出版社，2007：51.

形式对立起来，追求实用功能，抛弃形式，反对装饰，高度理性化，导致了一系列高度理性、机械、冷漠的建筑、产品和平面设计的诞生。当实用成为产品唯一的功能，高度的实用功能进而促成高度的理性形式，并在这一原则的引导下，最终不可避免地导致功能服从单调的形式，反而落入了形式主义的窠臼。

通过对历史上功能与形式关系的讨论和对实践的简单回顾，可以看到，任何片面地提倡"功能主义"或"形式主义"的行为都是不可取的。在设计中，形态与功能之间存在着密切的相互联系：一方面，功能仍旧应该放在第一位，这是由人工物需要满足人的各种需求而决定的，但功能所包含的内容应该随着社会发展带来的科技、文化的进步以及人类的身心要求有所扩大。例如，作为日常消费品的手表，其实用功能是计时，而现在更多地成为人们身份、地位的象征，或是对时尚、趣味生活的追求（图5-34）。另一方面，形态是功能的载体，具有功能的价值，功能的存在能够丰富形态的内涵。图5-35所示是1984年由挪威设计师依据人机工程原理设计的椅子。出于对功能的深思熟虑，设计师赋予这把椅子以独特的形态。它长约1m，高约1.25m，带有可以摇动的弯曲底座，因此椅子会对每一瞬间产生的重量变化产生反应，而人们可以通过这种方式找到适合自己的平衡点，按照自己的意愿或坐或躺，如向前倾，以膝盖做支撑可以工作；向后倒则能够休息。

图5-34
时尚品牌斯沃琪（Swatch）手表的趣味设计

图5-35
挪威斯托克（Stokke）生产的双重平衡椅

2. 人工形态承载的功能分类

形态承载的功能是由人的需要决定的。总的说来，人的需要可以分为物质需要和精神需要。实用功能满足的往往是人的物质需要，认知和审美功能满足的则是人们的精神需要。与之相对应，形态承载的功能可以分为实用功能、审美功能和符号认知功能三大类。

（1）实用功能 实用功能是人工物的基本功能，也是其首要属性。从古罗马的维特鲁威提出的"适用、坚固、美观"的建筑设计原则，到现代人遵循的"实用、经济、美观"的产品设计原则，都把实用放在了第一位。从某种程度上来说，经济和坚固也是从属于实用功能的。对应于形态，可以包括形态的操作方式、形态占用的空间、形态的重量、形态的存储和运输等多方面的功能。很多产品的生产会设计成模块化、可任意组合的形式强调的就是形态要素的互换性和兼容性。采用这种方式设计、生产的产品也必然会具有低成本、节省材料、加工运输方便等优点，而对于使用者来说，可以任意组合也为其提供了根据个性化需要进行装配的可能（图 5-36）。

图 5-36

可随意组合的
酒架模块单元

（2）符号认知功能 人工物还以其外在的形态发挥着传达信息的作用，说明该物品是什么，怎么用，能做什么，能传达怎样的文化背景信息，这些都属于人工物形态的符号认知功能。尽管符号认知功能与审美功能同属于精神方面的功能，但二者是有区别的：人在认知时，将感知和概念相联系，做出逻辑性思维和判断；处于审美状态时，人是由感知直接唤起情感体验，并排除功能考虑。

形态作为一种符号，其本身就是信息的载体，通过对人的视觉、触觉、味觉、听觉等感官的刺激，传递信息或引起人对以往经验进行联想和回忆，并通过对各种视觉符号进行编码，综合造型、色彩、肌理等视觉要素，使人工物的形态能够被人理解，引导人们正确使用。例如，图 5-37 所示为芬兰菲斯卡斯（Fiskars）公司设计的剪刀，其刀柄的造型提示了人们抓握的方式；图 5-38 所示为医院中为儿童输血设计的血袋，它采用了可爱的小熊造型，减少了儿童看到血时的恐惧感。人工物所表现出来的符号认知功能，主要体现在三个层面：首先是通过形态提示物品的使用方式；其次是通过形态表示具体物品的文化和象征意义；最后是通过形态传达一定的意识形态。关于符号与设计之间的关系，可以参见本书第十章。

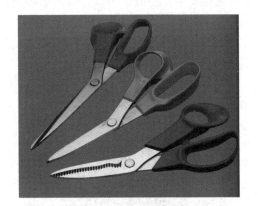

图5-37
芬兰菲斯卡斯
（Fiskars）公司
设计的剪刀

图5-38
小熊造型的血袋

（3）审美功能　人工物的审美功能主要就是通过外在形态唤起人们的审美感受。任何人工物都是由一定的物质材料制成的，并具有一定的空间体量。前文已经提到，依照一定原则组合的形态元素会引发人们对形式的审美感受。另外，人工物的合目的性，也就是当外在形式显示与人的目的相契合时，也会产生一种审美愉悦。图5-39所示是芬兰设计大师阿尔瓦·阿尔托（Alvar Aalto，1898—1976）为帕米奥疗养院设计的椅子。这种椅子的选材考虑到了病人对温暖、舒适材料的心理渴望，其弯曲的形态是由材料加工的工艺决定的，而椅子背部的开口则是为了让使用者背部透气而设计的，椅子的功能和形态完美地结合在一起，形态的合目的性产生了一种雕塑般的美感。此外，人作为人工形态的创造主体，当人的意志、愿望和情感凝结在物品中时，也会唤起对形态的审美感受。当然，人工形态所具有的一定的文化和时代特性，也能让人产生美感。

二、形态与材料

人工形态的实现依赖于材料。纵观人类设计造物的发展，就是一部材料演进的历史。最初的造物发明是利用石材和兽骨，经磨制加工成为工具或装饰物。接着利用葛、麻等植物材料，随后蚕丝也被用来织衣。对泥与火特性的认识又催生了陶器。之后，材料开始由人工加工合成，使人类迈入了青铜器时代，标志着文明时期的开启。到了今天，金属复合材料、高分子材料等各种材料的不断发现与发明，使以前难以企及的形态成为可能（图 5-40）。

图 5-39
帕米奥椅

图 5-40
2010 年上海世
博会英国馆使
用亚克力材料
构建的蒲公英
种子形态

材料对于设计的影响是多方面的，有时甚至引导着设计过程的每一步，决定着设计过程和设计工具，对设计师的视角和设计作品的最终形态都有着绝对的影响力。总的来说，材料主要是从其自然物理特性、加工工艺以及由给人带来的视觉和触觉引发的情感体验三方面影响着设计形态。因此，在进行选择设计材料时，需要综合各方面的因素进行考虑。

1. 材料的自然物理特性与形态

人们日常使用的各种设计材料，如木材、金属、陶瓷、玻璃、塑料、纤维、石料等都具有不同的特性，这些特性不仅表现在外观上，也表现在耐用性和人们对其操作后的反应上。在决定用何种加工工艺进行形态制作之前，必须首先了解材料的这些特性。

（1）可塑性 可塑性（Plasticity）是指物体能够被塑造的能力，是材料被塑形后保持其形状的性质。这种保持能力主要是由硬化得到的。陶土和玻璃都具有可塑性，它们的区别在于玻璃必须加热熔融才能随意塑形。塑料也是具有优良可塑性的材料，它之所以在当代材料中占有很重要的位置，很大程度上就是由于它具有能够被任意塑形的能力。也正是因为这一点，塑料成为 20 世纪 60 年代那段由各种激进设计理念以及大胆色彩和造型的各种设计方式组成的设计历史的主角之一。

（2）柔韧性 柔韧性（Pliability）是指物体容易被弯曲、折叠、扭曲或操纵的性质，纸张、皮革、织物、塑胶都具有这样的特性。

（3）延展性 延展性（Ductility）是指物体容易被拉伸的特性。这种特性让金属能够被拉伸为细微精致的金属丝，或将块面材料旋压成纤维状。

（4）可锻性与抗张力强度 可锻性（Malleability）往往与捶打之类的加工相关，多为金属的特性，偶尔也指木材或陶土的特性。可锻性主要是指材料能经受捶打，在压力下能进行拉伸的能力。例如，黄金就是所有金属中最具韧性的，1g 黄金可以打制成约 $0.5m^2$ 的纯金箔，厚度仅为 $0.12\mu m$。抗张力强度（Tensile Strength）与可锻性对应，指的是材料在弯曲和拉伸的情况下不被折断或撕裂的能力。抗张力强度使许多当代建筑、产品形态成为可能（图5-41）。

图 5-41
特殊金属制作的义肢有很好的抗张力强度

（5）弹性 弹性（Flexibility）多指材料在弯曲、扭转、折转之后不断裂的性质。人们经常使用的有弹性的材料是纺织品和各式纤维。它们有着独特的表面光滑度，在编织时能获得漂亮的图案和表面肌理。另有一些材料则需要通过浸泡、加热等特殊处理才能获得弹性。层压木板就是将木材压成薄板并切片粘合后，经过蒸汽弯曲等处理，才获得家具雕塑般的美感和与钢管家具一样的弹性。

（6）刚性 刚性（Rigidity）也是材料的一种特性，特指材料受力后变化较小的情况。金属、石头、骨牙角、木材等都具有刚性。设计师可以利用这一特性在不同的材料上进行雕刻、焊接等工艺操作。人工物的功能往往决定了必须使用有刚性的材料，例如，建筑或家具材料在大多数情况下必须使用具有刚性的材料，因为它们有承载重量的功能，且不能变形。

2. 材料的加工工艺与形态

在了解了材料的特性之后，接下来要考虑的是采用何种工艺进行加工才能使材料具有我们所期待的形态。何种工艺结合材料能形成有机形态，何种能形成硬边形态等，我们都必须了然于胸。当然，由于材料的特性各异，加工方法也大不相同，下面就列举几种常用材料的加工工艺。

（1）木材 木材是一种常用的设计材料，多用于家居环境设计、建筑设计领域中。

木材表面通常有美丽的纹理，其色泽悦目，重量相对较轻。由于木材自身有一定的含水率，因此在不同的湿度环境中，材料会出现脱水收缩或吸水膨胀的情况，这种属性使木材很容易发生翘曲和开裂，但有时也被用来调节室内湿度。木材还具有可塑性，根据木材的刚性差异，传统上将木材分为硬木和软木两大类。硬木包括枫树、橡树、胡桃木、桃花心木，以及樱桃树和梨树等果树，它们雕刻起来往往难度较大，但不易断裂，被广泛用作家具装饰或门板。软木大多是针叶树，其与生俱来的特性使之容易着色、上蜡、滚油或将其抛光成光亮的表面。此外，木材还有不易导电、易燃烧、易被虫蛀等特点。

木制品的加工流程大致为：首先可以通过手工或使用机械设备将自然木材加工成部件，然后组装成制品，再经过表面处理、涂饰，最后形成一件完整的木制品。当然，也可以将自然木材通过层压、胶合、加热等加工方式制成层压木，再根据需要组装加工。通常使用的木材加工方法包括锯、刨、凿、砍、钻、镶嵌等（图 5-42 和图 5-43）。

图 5-42
明式家具几案

图 5-43
层压弯木镂空制成的椅子

（2）金属　金属是一种非常吸引设计师的材料，其在装饰品、家居日用品、各类交通工具、建筑等中都有广泛应用。通常日用品中运用的最多的金属主要是各类合金，因为它们能提高金属的耐用性和强度。当今用得最广泛的合金当属钢铁，现代家庭建筑、装饰几乎无法脱离与不锈钢的关系，房屋结构、管道零件、水槽水池、各种厨房用具也都是用各类钢铁制造的。此外，常用的金属还有金、银等贵金属，通常用于制作首饰。另外，还有铜、锡、铁、铝、锡铅合金、青铜等。

金属具有耐用性，使之常常能保存千百年，为考古学家们提供了丰富的考古资料。金属还具有导热性、磁性、热膨胀性等特性。金属的弹性使其形态变化具有巨大潜力，它既可以被捶打、拉伸、冲压塑造成各种形状；也可以以热加工的方式，通过翻模浇注成形；还可以利用机器，使用车、铣、刨、钻、磨、镗等加工方法，使制品外观尺寸及表面效果更符合技术要求。

（3）塑料 塑料和不锈钢一样，都是各种设计材料中最具现代意味的，现代设计史中那几件标志性的作品，如瓦西里椅、潘顿椅等，所用的主要材料就分别是钢管和塑料。塑料现在被广泛地应用于日用品、家具、家电等各个领域。作为一种高分子材料，塑料具有很好的可塑性，其原料广泛，性能优良，易于加工成型，适合于批量生产，故加工成本低廉。一般的塑料制品具有一定的透明性，有光泽，并能随意着色，不易变色。塑料具有质量轻、耐振动、耐冲击、绝缘性能良好、热导率低和耐蚀性良好等特点。其缺点主要是遇热容易变形，容易老化。

塑料大致可以分为两种：一种是热塑性塑料，它在加热或加压后容易出现不同程度的软化，能多次重复加热塑化；另一种是热固性塑料，它在凝固的过程中发生化学变化，之后塑料的形状便固定下来，此后再对其加热，形态也不会发生改变，在溶剂中也不易溶解。

塑料的主要加工方式有如下几种：处于固态时，可以采用车、铣、刨、钻等机械加工方法，以及电镀、喷涂等表面处理方法；处于高弹态时，可以采用热冲压、弯曲、真空成型等加工方法；处于黏流态时，可以采用注射成型、挤出成型等方法进行加工（图5-44）。

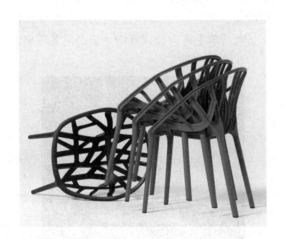

图5-44
维特拉（Vitra）
公司采用注塑
成型方法加工
制作的植物椅

（4）玻璃 玻璃是熔融物冷却凝固所得的非晶态的无机材料。工业上大量生产的普通玻璃是主要成分以石英为主的硅酸盐玻璃。倘若在生产中加入适量的硼、铝、铜等金属氧化物，可制成各种性质不同的高级特种玻璃。玻璃如同金属、塑料一样，也具有很强的可塑性，在高温下可以熔化为黏稠的浆状液体，冷却后能获得模具的形态，包括表面细节等。玻璃往往表面光亮，具有一定的透明度，同时还具有坚硬、气密性、耐热性等特性，但受外力时容易碎裂。玻璃与人们的生活密切相关，建筑物的窗体、家居器皿、家具等，都可以用玻璃制作（图5-45）。

玻璃主要采用吹、拉、压、铸、槽沉等多种加工方法成型。玻璃的成型工艺视制品的种类而异，但其过程基本可以分为配料、熔化和成型三个阶段。成型后的玻璃制品大多需要进一步加工，包括玻璃制品的冷加工、热加工和表面处理，以得到符合要求的成品。玻璃在不同的加工工艺下，所形成的形态特点也有很大不同。吹制的玻璃形态多具有圆滑流畅的表面轮廓，而通过铸或压的方式则更易形成直角和硬边形态。

图5-45
教堂中的玻璃窗

（5）纤维　纤维与人们的日常生活息息相关，它们是最古老的设计材料之一。衣服、竹篮、架子等都可以用各种动植物纤维制成。由于可以将纤维视为线状或能被纺成线状的东西，因此，常常将它与纺织品相联系，与毛毡制品相对立。纤维通常有自然纤维和合成纤维之分。自然纤维包括丝绸、棉麻、亚麻、羊毛等，合成纤维主要是尼龙等材料（图5-46）。

图5-46
编结而成的灯罩

纤维的主要加工方法是交织技术和高压技术。交织技术包括针织、勾编、结编等。在进行交织前，往往要通过纺纱，使基本纤维相互缠绕，构成不易断裂的绳线或纱线，然后在此基础上，利用工具或编织机器，将形态编织而成。高压技术主要是利用连续的敲击，将松松的纤维绑在一起，或将特殊的材料镶嵌在一起。例如，制毡技术就是一种利用敲击绑紧纤维的方法。

3. 材料的情感体验与形态

材料往往会给人带来一定的情感体验，了解这一点，可以帮助人们更好地选择材料进行搭配，从而更好地进行形态设计，或运用新工艺、新材料对既有材料对应的形态加以模仿利用，创造出符合情感需求的设计作品。

材料给人带来的情感体验可以从三个方面来理解。[⊖]首先，材料自身并没有情感，它的情

⊖　柳沙. 设计心理学［M］. 北京：清华大学出版社，2006：268.

感来自人们对材质产生的感受，也就是我们常说的质感。如果说材质是材料自身的结构和组织，那么质感就是人们对于材料特性的感知，包括材料的肌理、纹样、色彩、光泽等，此外还包括它们所具有的表现力。例如，玻璃的表面光滑度、透明度，产生透光、折射、反射等效果，使玻璃制品在明亮的环境中显得璀璨夺目、光彩照人，视觉直观上就能激发人们对它的喜爱。

第二个方面，不同的质感给人们不同的感知，这种感知有时还会引起一定的联想，人们就对材料产生了联想层面的情感。例如，钢管有导热快的特点，摸上去是凉的，而这种人工材质的光滑与反光，往往会让人产生工业化、冷漠的联想。相比之下，具有自然纹理或肌理的木材、织物、皮毛等的导热速度慢，会让人觉得温暖，富有亲和力，具有人情味（图 5-47）。

图 5-47
由驯鹿皮和银
制成的皮戒指

第三个方面，人类多年来利用材料造物的经验告诉我们，材料的选择要兼顾物质与精神两方面的需求：从客观物质的角度来看，选择材料时首先要考虑各种材料的特性以及加工方式；从文化和精神的角度来看，材料的选择还要依据其在千百年的造物史中，在不同文化中被赋予的意义。例如，中国人对玉器的喜爱与推崇远甚于其他国家的人们，这固然是因为玉器色泽莹润、质地坚硬等物理特性能给人带来舒适的视觉、触觉感受，但更多的是出于中国人"以玉比德"，赋予了玉器更多崇高的精神象征的缘故。又如，当下日益受到生态设计关注的竹材，除了其自身弹性好、成材快、可以很好地吸收二氧化碳等特点让人们乐于将其视为绿色环保材料加以利用以外，还由于中国文化中的竹子是"四君子"之一，因其多节、有弹性等特点，被人们视为高洁、不屈的精神象征（图 5-48）。

图 5-48
中国台湾设计
师设计的竹椅

三、形态与结构

1. 形态与结构的关系

从宏观上来说，结构可以指组成整体的各部分之间的安排，具有一定的秩序性。在特定的情况下，针对建筑或产品，结构又可以指支撑物体和承受物体重量的一种构成形式。[⊖]结构与形态密切相关，任何形态都是以一定的结构形式存在的，无论是自然形态或人工形态，结构都是其基本要素；而任何结构也必须依赖一定的形态表达出来，两者之间相互依存（图 5-49）。

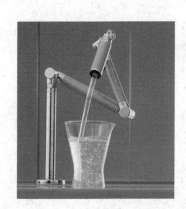

图 5-49

著名厨具公司科勒（Kohler）设计的可调整关节厨房水龙头"卡博"（Karbon Kohler）

注：这款水龙头的主要结构就是那只可随意延伸、调整的机械臂。它能像工作台的机械臂那样，使水龙头有无数的自我稳定的姿态。其结构自身就是形态，而功能也由此得到展现。

任何形态与结构都是以功能为前提的。结构与形态实质上是"手段与目的完整的协调"。[⊖]例如，人体的骨架是支撑人体活动的主要结构，并构成了保护脏器的空间结构。同时，骨架还决定了人体的形态特征，并决定了身体的机能特性。

人工形态的材料要素与结构的关系也十分密切。人们长期以来对材料特性的了解，使之能够用最适合材料的加工、连接、组合方式进行设计制造。今天我们看到的许多新结构，都是在对材料认识的不断加深，或是新材料出现的基础上才发展起来的。

2. 人工形态承载的结构分类

（1）形态的构成结构　概念形态的构成结构主要是指点、线、面等抽象元素向现实形态转化时，所形成的结构。在本章第二节中已经论述了点、线、面的概念与特征，在此主要介绍一下这三种抽象元素的结构构成方式。

从结构上来说，点元素主要是通过堆砌、排列等一系列手法形成结构的。例如，用石子堆砌的墙体等。

线元素主要是通过编织、盘绕、构筑、悬拉等方式形成结构的。编织是指利用线或线状材料的柔韧性形成各种编与织的结构，有时硬质的线材、型材和管材通过连接件连接或焊接构成的网状结构，也可以视为"编"的形式（图 5-50）。盘绕是线的另一种基本结构，泥条盘筑的陶器、弹簧和回形针都属于盘绕的线结构。构筑是一种运用线元素在三维空间中形成的结构，它与二维的编织是不同的，最常见的是建筑脚手架以及桁架结构等。悬拉是利用线

⊖　科特西格尔. 现代建筑的结构与造型［M］. 陈莹犀，译. 北京：中国建筑工业出版社，1992.

⊖　李锋，吴丹，李飞. 从构成走向产品设计：产品基础形态设计［M］. 北京：中国建筑工业出版社，2005：75.

具有的抗拉拽特点形成的结构，在建筑物和拉索桥上常使用这样的结构，它的产生源自构造上的需要，同时也形成了富于韵律和秩序的美感。

图5-50
"编" 的 结 构
形态

面元素通常通过折叠、弯曲等方式形成相应的结构，除了形成特殊的形式，这种结构还能起到加强结构强度的作用（图5-51）。空间的曲面还可以形成壳体结构。壳体结构一般指那些带有曲面，由具有一定刚性的材料构成的结构，其形态可以是圆柱、圆锥、自由曲面等。自然界中比较典型的壳体结构有鸡蛋、螃蟹、贝类等。由于壳体结构的形态要考虑到其承载的重量，因此，人工物中的壳体结构与材料及加工工艺水平密切相关（图5-52）。

图5-51
德 国 设 计 师 设
计 的 塑 料 片 折
叠家具 Nook 系
列

图5-52
中 国 国 家 大 剧
院 是 典 型 的 壳
体结构

（2）结构　骨架结构的提法，源自于对动物或人体结构的类比。骨架结构可以分为内骨结构、外骨结构等几种类型。

就像自然界中的骨骼和软组织的划分一样，产品和建筑往往也存在着结构和表面之分。内骨结构多指外表需要内部骨架结构支撑的构造，这些隐藏在各种造型内部的骨架结构，起着关键的构形、承重和力学作用（图5-53）。内骨结构是相对于外观而言的，有时也会特地利用材质的特点，将内骨结构设计为可视的，使其成为一种风格的刻意表现（图5-54）。所谓外骨结构，即产品与建筑等的结构以外露为基本特征的造型方式。例如，暴露在外的桥梁的钢结构，法国蓬皮杜艺术中心以及自行车构架等都是外骨结构表现的典型代表。

图 5-53
**内 骨 结 构 支 撑
的 灯 具**

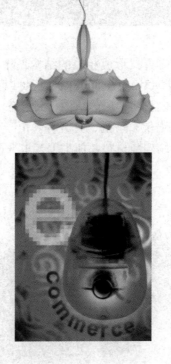

图 5-54
**展 示 内 骨 结 构
的 产 品**

课后思考题 ∨

1. 形态构成最基本的单元是什么？
2. 怎样对形态进行分类？
3. 艺术设计创造的形式美法则主要有哪些？
4. 人工形态主要承载了哪几种功能？
5. 简要概括形态与结构的关系。

第六章

设 计 美 学

人按照美的规律来建造。

—— ［德］卡尔·马克思（Karl Marx）

第一节　美学的基本理论与历史

一、美与美学

"美"（Beauty）是人们使用频率很高的一个词，而且常常成为日常生活中衡量艺术与设计作品的一个无形的标准，这使它成为艺术设计探讨中不可回避的内容。例如，在购物时，消费者对于商品"美不美"的判断，往往会成为影响他们决定是否购买的重要因素，有时甚至是决定性因素。如果追问什么样的商品才能让人们感到是美的，也许每一个消费者都会有从不同角度考虑获得的答案，有人会从形态给人的感觉上来判断，有人会从功能完备与否来判断，甚至还有人会从商品所显示的符号象征意义来判断。即便限定只针对形态讨论美的问题，由于受到文化背景、年龄、性别、生活方式等各方面的影响，人们的回答依旧会不尽相同。美是如此难以清晰描述，以至于早在古希腊时代柏拉图就发出了"美是难的"的感慨。

尽管美难以描述，但审美活动却是客观存在的，上面列举的购物时人们进行的"美或不美"的考量就属于审美活动。审美活动是人们发现、选择、感受、体验、判断、评价美和创造美的实践活动和心理活动。审美活动的目的，不是为了获得实际的知识，而是为了获得一种感动，一种精神上的、情感上的享受。这是人类为了满足自身的审美需求而进行的活动，也是在人类摆脱了直接生存危机的困扰之后所获得的活动空间和精神自由，即对人类自我意识相关联的生命体验，以及生活意义和人生价值的体验。在审美活动中，人和外在世界形成了审美主体与审美客体（对象）之间的审美关系，两者通过审美主体的感受相联系，反映出人与外在世界关系的和谐与丰富性。例如，海上的明月，在诗人眼中通过审美感受会形成"海上生明月，天涯共此时"的意象与联想。

无论是原始人用来装饰身体的贝壳、兽牙，史前陶器上美妙的纹样图式，刻画在岩壁上的洞穴壁画，历代艺术家创作的各种艺术品，还是今天我们为各种产品所设计的外观或包装，都有着审美因素，都是人类审美活动创造的产物。历史充分证明，只要有人和人的活动存在，就会有人对美的感受、追求、创造以及对美的问题的不断思考。

美学（Aesthetics）是一门专门研究人类审美活动规律的学科。它主要考察的系统是以审美感受性为中介所形成的审美主体与客体之间的相互作用。

作为学科的美学，并非只是教人如何判断美丑，总结美的规律，提供美的创造的形式法则。它的关键任务在于以哲学为导向，以人的审美经验为依据，旨在使人们达到思想的"根""源"，即任何创造性思想的活水源头，指向一个人的可能性的世界。因此，美学是创造性的。同时，美学也是批判性的。由于审美活动是一种对人生的观照和体验的过程，个人的精神需要和生命表现都在其中得到展现，并成为世界的一面镜子，指向人的全面发展。因此，当现实世界中某种文化形式居于统治地位并开始禁锢人的生命本性的时候，作为人文学科的美学就会觉醒和反抗，并对此进行批判。若片面地追求物质的、经济的以及技术的发展，精神的活动和追求被忽视，被冷漠，这样发展下去，人就有可能成为赫伯特·马尔库塞（Herbert Marcuse，1898—1979）所说的"单面人"，成为没有精神生活、情感生活的单纯的技术性、功利性动物（图6-1）。来自美学的批判提示我们，应该把人的精神生活置于物质生活之上，强调人应该有一种精神境界的追求，并从中国传统美学中找到有益的启示。

图6-1
卓别林·电影
《摩登时代》海
报

设计是一门技术与艺术相融合的实践学科，作为一种规划构思和造型活动，它承担着为人们未来的生活世界描绘出具体蓝图的任务。设计中美学的引入，不仅会对设计形式的创造和感性活动的研究给予直接的启示，而且借助美学的反思性功能，设计能获得一种人文关怀和审美价值导向。具体而言，美学在设计中有如下四个方面的作用：其一，是对设计活动及其成果进行理论性分析和阐释，有助于对设计的理解和把握⊖；其二，是为设计提供一种价值导向，因为科学技术只是一种工具理性，不能提供目标价值，而美学作为人文科学之一却是一种价值理性，可以为人提供具体的目标价值；其三，是为设计实践提供启示和创新思路；其四，是对设计实践做出反思，从而发挥超越现实的批判功能。

二、美学的发展历程

迄今为止，美学的发展经历了三种形态：前学科形态、学科形态和跨学科形态。18世纪

⊖ 徐恒醇. 现代产品设计的美学视野——从机器美学到技术美学和设计美学［J］. 装饰. 2010（04）：21-25.

德国哲学家亚历山大·哥特利尔·鲍姆嘉通（Alexander Gottiel Baumgarten，1714—1762）建立美学学科以前的美学都属于前学科形态的美学，主要集中于对哲学中美学问题的相关讨论，代表人物有柏拉图、亚里士多德等。鲍姆嘉通建立了美学学科之后，吸取德国古典美学的养分，使美学得到了极大的发展和完善，这段时间的美学可以称为严格意义上的学科形态的美学，以康德、谢林、黑格尔等为代表。随着德国古典哲学的解体，上述严格意义上的学科形态的美学也随之分化，美学日趋同诸多相邻学科，如心理学、社会学、文艺学等结合起来，从而进入了跨学科的时代。在此发展过程中，美学问题的关注对象也从古典美学对于"美是什么"的追问，转到了现代美学的"审美怎样"的描述（图6-2）。也正是在美学的跨学科时代之中，伴随着科学技术飞跃带来的生产力的提高，商品社会的不断扩大与发展。从20世纪30年代开始，人们对应用于生产之中的技术美学的关注逐渐升温，并以此研究为基础，将过去主要用于研究艺术的美学原理应用到对日常用品的设计之中，设计美学应运而生。

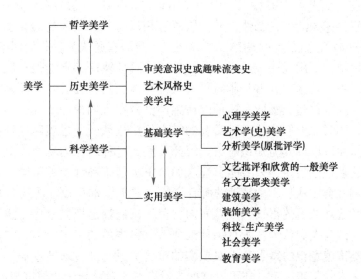

图6-2
李泽厚的美学学科划分[一]

1. 前学科形态的美学

西方对于美学相关的哲学讨论，早在公元前5世纪苏格拉底和他的学生柏拉图的谈话中就曾出现，并尤为明显地体现在柏拉图对于艺术特别是诗歌创作灵感的论述中。在柏拉图的思想体系中，美学堪称整个哲学皇冠上的明珠，他认为存在灵魂不朽和灵魂轮回，人是作为犯错的灵魂被惩罚才会依附肉体的。灵魂的世界是尽善尽美、理式、神的世界，人世是不完美的，所以灵魂在依附肉体之后，总是极力希望飞回天上真、善、美的世界。也就是说，人的存在不是灵魂的原初形式，对原初形式的追求构成人的生存的目的。剥去这个理论的神话外衣，实际上柏拉图的意思是，人的日常存在不过是美的影子，不是人的本然样态，而人生的内在目的就是要追求自身的本然样态，也就是真实的美本身。那么，如何返回"人生的本然样态"，目睹"美本身"呢？柏拉图指出了两条途径：一条是哲学，另一条是审美的道路。而在这二者之中，审美的道路又要比哲学之路更为优越，更能达到柏拉图所描述的神的世界。

———————————

㊀ 李泽厚. 美学四讲 [M]. 天津：天津社会科学出版社，2001：21.

此后，亚里士多德继承并发展了柏拉图的思想，并建立了与美学十分相近的诗学，即以模仿艺术为研究对象的一门学科。他将柏拉图的理式世界改造为可能世界。这是最真实的世界。现实世界是由不真实的、偶然的事件组成的，而艺术家模仿的世界和诗人吟唱的世界成为真实的可能世界的显现，也就是说，艺术虽然是对现实的模仿，但艺术比现实更真实。由于模仿并不等于简单地再现现实，而是具有从个别事物中提炼普遍规律的意思，因此从这一角度看，模仿也是一种创造。因为在任何时候，"创造"都是人类生活中最值得称颂的，最能体现人类本质的字眼，所以这样一来，研究模仿艺术的诗学，自然便属于创作学科，并享有在所有知识体系中的无上地位。

2. 学科形态的美学

美学真正作为一门学科出现，却迟至 1750 年鲍姆嘉通《美学》一书的发表，这也标志着美学从哲学中正式分离出来。鲍姆嘉通使用了从希腊语"aithesis"翻译来的"Aesthetica"一词称呼美学，意在表现出美学的特点。因为希腊语"aithesis"意为感性，它包含两层意思：一层意思是指与感官相关的外在感性；另一层意思是指与心灵相关的内在感性。鲍姆嘉通要生造一个"Aesthetica"，就是要强调第二层意思 $^\ominus$。鲍姆嘉通认为，我们用感官来感知世界，这是习以为常的事情，不用成立一门研究它的学科，而且外在感觉变幻莫测，稍纵即逝，也不足以成为知识对象。艺术的魅力并非源自人人都能体会的外在感性，而是来源于一种更深层次的内在感性，或者说超越感性。这种内在感性潜藏在人们内心深处，不进行深入的研究是发掘不出来的；同时，人们对艺术所具有的魅力的广泛认同，也表明这种内在的感性具有普遍可传达性，从而可以称其为知识对象。因此，只有这种内在的感性才值得成立一门学科来进行研究。尽管从理论上说，只要能引起人们的审美情感和评价的事物，都能成为审美客体，因此从自然到社会，从物质到精神的所有事物，差不多都可以作为美学研究的对象。但是事实上，在美学成立之后的很长一段时间内，美学家们都是把艺术作为主要的研究对象来进行美学研究的。因为人们认为艺术是一种最典型、最本质的审美对象，它最能反映出现实的美学特征、人类审美意识的特点和人对现实的审美关系。通过对艺术美学特征的研究，不仅可以掌握人对艺术的审美关系，还可以掌握人对自然、对社会的全部审美关系。

鲍姆嘉通之后，德国古典哲学的开创者康德确立了美学在哲学体系中的重要位置。康德将人的心理能力划分为知、情、意三个方面，每一方面都对应一门学科进行研究：知，即探讨人类知识在什么条件下是可能的，属于知识论，即狭义的哲学；意，即探讨人凭什么原则去指导道德行为，属于伦理学；情，即对情感的研究，由美学来完成。实际上，在康德的体系中，美学除了能弥补情感研究的缺陷外，还能起到了沟通、完善前两者的作用，成为建立完整的哲学体系所必不可少的一部分。随后，黑格尔进一步发展了美学在哲学中的地位，将其置于整个思辨哲学的最高层次，达到与宗教、哲学一样的位置，从而巩固了美学作为哲学分支学科的地位。

3. 跨学科形态的美学

19 世纪是人类思想发生重大变革的世纪，思辨转向实证，哲学转向科学，这是人类思想大转折的时代，美学也不例外。人们关心的焦点从哲学思辨式的"美是什么"，转向了分辨"哪种颜色或形态是最美的"诸如此类可以证实的问题。然而，传统美学的思辨方法很难解

$\ominus$　朱光潜. 西方美学史：上卷 [M]. 北京：人民文学出版社，1979：73.

决这些问题，必须借鉴其他相邻学科的研究方法和研究成果。于是传统的体系逐渐瓦解，美学从狭义上的哲学分支学科中解放出来，进入了跨学科或者说是泛美学的时代。在法国著名的现象学美学家迈克尔·杜夫海纳（Mikel Dufrenne，1910—1995）主编的《美学文艺学方法论》中，便总结了当今流行的 15 种美学研究方法，并被杜夫海纳总结为"科学的方法"。其中有两门学科对美学的影响最大，那就是心理学和社会学。

心理学之所以被引入美学中，是因为它在解决美感发生的心理机制方面具有得天独厚的优势。从 19 世纪至今，心理学已经向美学全面渗透，形成了今天的审美心理学，并形成了一些学说，如"移情说""集体无意识说""异质同构说"等。与此同时，社会学也开始向美学渗透，审美文化学、艺术社会学都是其中的一部分。社会学美学通常将人的社会属性作为出发点，研究人的审美意识和艺术实践的起源、功能和价值。尽管审美心理学和审美文化学之间存在一定差异，但它们有一点是共同的，即都崇尚实证方法，反对传统的思辨哲学。

在跨学科形态的美学时代中，不仅美学研究的方法发生了变化，美学研究关注的对象也伴随着社会的进步得到了扩展。

自工业革命以来，工业化大批量生产替代了过去的手工制作，机器和技术以前所未有的巨大力量重新塑造了生活中的各种事物，机器不仅成为全新的生产工具，而且成为一种有价值的生活方式。人的直接的、新颖的生活经验本身是提高机器功能的基础。如果说，过去常常需要依靠外加的装饰来使事物变得更美，那么现在机器的出现，则建立了功能与适应的新标准。而这些现代技术自身的基本性质又增强了美学意义上的纯洁性，让人们更能把注意力集中在产品自身的价值上。一些新的美学理论应运而生，如柯布西埃提出的"机器美学"以及随后形成的"技术美学"等，这些理论的发展也意味着一些全新的美学术语得到了承认，如精确、适当、无暇、简单和经济。

与此同时，随着机器给生活带来的巨大变化，艺术自身也在不断发生着变化。与古典艺术家创作的所谓的高雅艺术品不同，现代及后现代艺术家们对现实生活的反思，使高雅文化与大众文化的分界逐渐消解，艺术与日常生活之间的界限也逐渐模糊。马塞尔·杜尚（Marcel Duchamp，1887—1968）将日常生活用品陶瓷便器命名为"泉"作为艺术品展出，便是最好的证明（图6-3）。这也意味着，在传统美学研究的高雅艺术品之外，日常生活中的事物也可以成为审美研究的对象。另一个不容忽视的变化是在 20 世纪 50 年代进入消费社会后，生活中商品的实用价值隐退，而消费符号价值得到强化，并日渐成为商品的主导价值。以

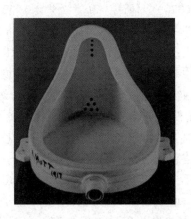

图6-3
杜尚的《泉》

迈克·费瑟斯通（Mike Featherstone）为代表的后现代西方学者以"日常生活的审美呈现"对上述现象进行了总结，以对应那些"非日常生活"的艺术、宗教等生活方式。实际上，所谓的"日常生活的审美呈现"最终指向的是今天担负起同时创造着物品的使用价值和符号价值，与日常生活密切相关的艺术设计，以及更进一步的对艺术设计的美学探讨。

三、艺术设计与美学

设计美学是现代美学体系中一个非常年轻的分支，也是将美学原理广泛地运用于艺术设计之中，在现代设计理论和应用的基础上发展起来的一门应用美学学科，并以艺术设计的功能性区别于以艺术为研究对象的传统美学。

设计美学主要探讨人在艺术设计中的审美活动规律，它主要包含以下三个方面的内容：

1）研究作为审美主体的人，美感的来源、基本特性，审美活动的规律、特性，以及审美能力的培养等。

2）研究作为审美客体，即审美对象的艺术设计所具有的各种主要属性，以及美存在于审美客体中的主要形式等。

3）研究艺术设计审美创造的基本规律。

第二节　美的本质及审美活动

一、美的本质

在日常生活中，人们经常会接触和感受到各式各样的自然界或人造的事物，有时我们会情不自禁地发出对美的赞叹。感慨之余，也许另一个问题会油然而生，那就是我们为什么会觉得这些事物是美的？美的本质是什么？找到美感的源头，能帮助我们确定美的本质及特征。

1. 美感的来源

美感从何而来？在美学史上，由于美学家们各自的理论的出发点和角度不同，历来就有各种各样的说法。这些说法被总结成各种审美发生理论，其中较有影响的是模仿说、巫术说、图腾崇拜说、性本能说、游戏说和劳动起源说等。模仿说源自古希腊哲学家德谟克里特（Democrits，约公元前460—公元前370），他认为审美（艺术）起源于人类对自然界和社会现实的模仿。巫术说是由法国考古学家所罗门·雷纳克（Solomon Reinach，1858—1932）首先提出的。按照他的看法，在原始人那里，一切审美活动都是巫术的直接表现，美就起源于原始人的巫术与图腾活动。与巫术说观点相联系的还有图腾崇拜说，而考古学的发现也佐证了人类早期的审美（艺术）活动与巫术和图腾崇拜有密切联系。例如，中国传统文化中的"龙""凤"的形象，便都有一个不断得到美化的过程（图6-4～图6-6）。性本能说认为，人类审美源于对异性的关注与人的性本能，查尔斯·罗伯特·达尔文（Charles Robert Darwin，1809—1882）和西格蒙德·弗洛伊德（Sigmund Freud，1856—1939）等是该学说的坚定支持者。达尔文在研究中发现，美不仅先于人类社会，而且是一切生物的共性，该共性的基础便是对异性的关注与对性的追求。游戏说认为，人类审美产生于人的游戏活动。这一理论最初由德国美学家莱辛提出，随后在弗里德里希·冯·席勒（J. C. Friedrich von Schiller，1759—

1805）和赫伯特·斯宾塞（Hebert Spencer，1820—1903）的理论中得到发展。以上列举的几种有关审美产生的观点，在美学史上都具有一定的理论代表性，也各有其合理性，特别是巫术与图腾说。但上述理论存在共同的局限性，即都没能揭示人类审美活动背后，真正促使其发生的普遍的现实基础。相比之下，马克思主义的劳动起源说更具有现实的可论证性，并被国内的美学理论界所接受。

图6-4
新石器时代红山
文化的 C 形玉龙

图6-5
汉代四神瓦当的
青龙

图6-6
清代乾隆龙袍上
的五爪金龙

劳动起源说认为，人类美感意识的发展主要归功于劳动实践。出于生存需要，导致了人类生产劳动的产生与发展，而正是在生产劳动展开的过程中，与生产劳动密切相关的人类精神活动也逐渐独立起来，审美活动作为重要的人类活动之一也得到了逐步发展。美感意识首先体现在人类开展生产劳动的工具的制造中。人类创制的第一件工具，可以视为此后所有创造物的起点和最初形态。它蕴含着人类此后一切物质和精神创作活动中所有的最初要素，蕴含着创作者的思维和想象，也体现并增进着创造实践的技能和技巧。从这个意义上说，最初的工具制造和最早艺术品的产生是同一的创造⊖。如果将设计视为人类创造性的造物行为，那么，也正是在第一件设计物的创造过程中，人类获得了最初的美感。

诚如一些马克思主义学者所指出的那样，人必须首先解决衣、食、住、行等物质生存问题，然后才能从事其他活动。换言之，人类的一切活动都是物质生产在前，精神生产在后。对于原始先民而言，创造工具首先是为了满足物质生产的需求，其次才是在工具的制造活动中，作为人类重要精神活动之一的审美活动与生产劳动一起诞生。我们观察早期人类工具形态的变化，便可以发现这一点。例如，图6-7和图6-8所示是旧石器时代及新石器时代的削刮器或砍砸器，其基本形态是为了满足其实用价值才形成的。如果进一步比较旧石器时代与新石器时代的工具，可以看到工具外观形态呈现出一种从不规则向规则的变化，逐渐出现了对称、方圆对比，对工具表面的打磨也更为细致，这些都表明人类对于外部形式感的逐渐把握与人对形式有意识、有目的的利用。人们正是在关注工具生产活动过程与结果之际，从情感上产生出某种审美的愉悦，成为审美活动发生的根源。由此，人类在最初实现自我发展的生产劳动过程中，不仅实现了实用价值，而且也在生产活动过程及其结果中感性地实现了某种"审美的"价值，尽管最初只是实用性的形式感。

图6-7
旧石器时代中期
的山西丁村人石
器

图6-8
新石器时代的七
孔石刀兵器

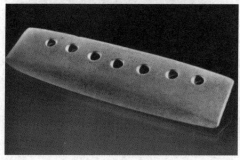

虽然在今天看来，这些原始工具制作粗糙、造型简陋，但在当时却是人类一个了不起的进步。正是在这些简陋的工具中，已经开始体现出人的自由、自觉的本质——劳动创造。相

⊖ 邓福星. 艺术前的艺术［M］. 济南：山东文艺出版社，1986：8-9.

比于一些受生理本能驱使进行创造的动物，例如，能搭建精巧的巢穴，并会用花朵与羽毛进行装饰，吸引异性的园丁鸟；或为了繁衍和抚育后代，而建造精妙、复杂的六边形蜂巢的蜜蜂，人对于客观外在事物的改造是主动的、有意识的，是以满足自我生存发展的需要为目的的。正如马克思曾在《1844 年经济学哲学手稿》中指出的："动物只是按照它所属的那个种的尺度和需要来建造，而人却懂得按照任何一个种的尺度来进行生产，并且懂得怎样处处都把内在的尺度运用到对象上去。因此，人也按照美的规律来建造。"⊖随着工具制作能力的提高，生产能力的扩大，在满足了基本的物质需求之后，人类逐渐从自然的必然中解放出来。只有这时，人们才能自由地把生命的创造力量和本质力量在客观对象中展现出来，既感到了自我与外界的和谐，又感到了自我的解放和自由；只有这时，人们获得的美感才不仅仅是实用性的形式感以及实现目的的满足感，还包括和谐感和自由感。这标志着审美活动开始逐渐与以实用价值为目的的物质生产劳动分离，走向独立发展的道路，也表明人类审美又向成熟迈进了重要的一步。

可以联系设计与纯艺术来理解审美发展的这一过程。在设计造物活动中，物质需要、功利目的是造物的基础，在此基础上人民依照美的规律来创作，满足自身对精神、情感的需要，以及对审美的需要。一旦生产能力使基本的物质需求得到满足，各种材料及其加工成形技术不再困扰人们之后，对于情感表达的需要，以及对美的规律和奥秘的进一步探索的需要，都会促使人们将注意力和创造力转移到绘画、书法、雕塑等无须考虑功利目的，能更纯粹地表现情感的各种"纯艺术"形式之中去。反过来，这也正好解释了为什么尽管审美现象源自最早的劳动创造、工具设计，但在美学成立前后的很长一段时间内，人们都只将纯艺术作品当作主要的研究对象：相比于有着功利目的的设计，艺术的目的更为纯粹，这体现了审美活动的独立性。艺术也因此被视为最具美学的本质特征，最能体现人类审美意识的特点，以及人对现实的审美关系的审美对象。

2. 美的本质

我们知道，美诞生于审美活动之中。这就存在一个具有普遍性的问题，即"美"到底是事物本身具有的一种客观属性，还是欣赏者的主观体验？在美学中，这个问题便常常被表述为"美的本质"，这历来是美学家和哲学家争辩与讨论的焦点，他们的主要讨论角度可以归纳为三个，即"什么是美""为什么美"，以及"美的存在问题"。迄今为止，研究者们对于这个问题的回答可分为三大基本派别：主观论、客观论和主客统一论。

主观论否认客观美的存在，而将人的心灵视为自然美和艺术美的源泉。该观点认为"美在心"，也就是说美是审美主体的一种内在心理状态或心理构造物。与之针锋相对的是客观论，它确信审美对象是独立于人的意识、不依赖于人的意识而存在的，并强调美就是客观对象固有的各种属性之一，美与物体的大小、方圆、轻重、红绿等属性一样，是事物本身就有的。即便没有人的意识，美仍然存在，而人的意识只能对它进行"反映"。主观论和客观论都有其合理性，但也都存在片面性：主观论否认美的对象性，实际上是把审美对象看成了可有可无的事物，审美活动成了一种封闭性的主体内心活动；客观论否认审美的主体性，也就否认了审美的差异性，因而也是片面的。

在美的存在理论中，主客统一论出现得最晚，它克服了主观论和客观论的片面性，是超

⊖　马克思. 马克思恩格斯全集：第 42 卷［M］. 北京：人民出版社，1979：97.

越主观论和客观论而形成的一种理论。今天，我们对于美的本质的理解一般依照主客统一论的说法：美既不在心灵，也不在物，而在心物二者的统一之中。也就是说，美既不能归结为审美客体的一种属性，也不能完全归结为审美主体的内心状态，它是主客相通、彼此契合而形成的一种特殊性质。马克思曾写道："只有音乐才能激起人的音乐感；对于没有音乐感的耳朵来说，最美的音乐也毫无意义。"○就是对主客统一论的确认。

美的主客观统一建立在人类劳动实践的基础上。正是通过劳动，才形成了美得以展现的主客观因素。一方面，人改造了外在自然，创造了一个人化的世界，使这个世界中的事物都成为人的内在潜能的外在表现。例如，从游泳到利用浮木，再到造船、架桥，为了实现涉水渡河的目的，人类经历了一个从使用自然本能，到有意识地利用自然材料进行造物活动，改造自然，形成了人造物的"第二自然"的过程。在这一过程中，自然界中的生物形态，由于形态的合目的性，也提供了人造物的雏形依据——船身是仿鱼的形态而设计的，船桨正是对鱼鳍的模仿。源自内心的审美需求，促使人们进行着美的创造，并总结出规律，不断地举一反三。在创造的过程中，人逐渐实现自己，将自己的能力不断提升到新的高度。另一方面，通过劳动，人也改造了内在自然，即人自身的生理和心理机能，并创造了一个社会化的人，形成了相应的主体感觉能力。例如，我们正是通过不断进行劳动实践创造，使对称、均衡、速度等形式美感在人造物上得以实现的同时，也在人的生理、心理上不断得到强化。

二、审美活动

1. 审美与人的需要理论

审美也称审美活动，是指人发现、选择、感受、体验、判断、评价美和创造美的实践活动和心理活动。审美是人的社会实践活动、思想情感活动的一个重要方面，也是美学研究的基本问题之一○。

"爱美之心，人皆有之"，这句俗语说明了审美现象的普遍性，审美是人类的基本需要之一。美国心理学家亚伯拉罕·马斯洛（Abraham Harold Maslow, 1908—1970）在人的动机理论中提出了人的需要层次论，他最初把人的基本需要划分为五个层次：生理需要、安全需要、爱的需要、尊重需要和自我实现的需要。这些需要出现的先后次序，对应的是低级到高级的需要。低级需要是优先的，越高级的需要对维持纯粹的生存就越不迫切，但高级需要的满足能引起更合意的主观效果，产生更大的幸福感及内心生活的丰富感。后来，有人在此基础上对这五个需要层次进行了调整和扩充，在第四层的尊重需要和第五层的自我实现的需要之间加入了求知需要和审美需要两个层次，扩展为七个层次。在这里，审美需要指的是在各种文化、各个时代人们普遍具有的对美的需求，包括对秩序感、和谐和美感的需求。它位于第六层，仅次于最高层的自我实现的需要。审美需要和其他需要一起推动着人们的创造，是设计造物的原动力。

2. 审美活动的特点

审美活动作为一项人类所具有的自主、自由、有目的的活动，有着与人类其他活动相区别的特点，主要包括超功利性、情感性、形象性等几个方面。

○　马克思. 马克思恩格斯全集：第 42 卷［M］. 北京：人民出版社，1979：125-126.

○　金炳华. 马克思主义哲学大辞典［M］. 上海：上海辞书出版社，2003：610.

　　审美活动具有超越直接功利性的特点。所谓的功利性活动主要包括生物性的本能活动，或者是以实用目的为动机的物质活动和某些精神活动、社会活动等。审美活动表现出人对其周围世界的一种自由关系。倘若各种功利的欲望是直接抓住它的目标物的话，那么审美反思就是把自己的对象推开一段距离，不受功利目的的干扰。因而，审美享受也不是对对象的直接享受，而是一种审美主体的自我享受。

　　审美活动是一种具有感性特征的人类活动。情感在审美活动中贯穿始终，审美活动不仅体现，也满足着人们感性活动的要求，展示着人的情感、个性等人性的自然状态和对生命的感悟。

　　审美还是人们诉诸感性直观的活动。不论在艺术领域、自然界或日常生活中，所有审美的对象都具有可感知的形象性。形象是事物自身构成的形式特征。在审美活动过程中，无论是审美主体通过对审美对象的形态捕捉，还是审美主体脑海中审美意象的生成，都具有形象性的特点。黑格尔所说的"美只能在形象中见出。"也是对审美活动形象性特征的肯定。

　　3. 审美活动的过程

　　审美活动可以分为审美接受过程和审美创造过程。审美接受过程中的主客体关系是一种单纯的意识关系，人在观照审美对象时产生一系列的心理活动过程，从而获得审美经验；审美创造则是将审美主体的主观观念客观化或物化的过程。审美活动是一个感受性和创造性相统一的过程，无论是在审美接受还是审美创造中，审美主体都以感受性为基础，进行着不同程度的审美意象的创造。

　　尽管审美接受和审美创造有所差异，但审美主体的审美体验过程是类似的，并可以大致分为三个阶段，分别为审美直觉阶段、审美联想阶段和审美灵感阶段（图6-9）。这几个不同程度的体验形式共同构成了完整的审美活动过程，并呈现出由初级层次向高级层次、由外部体验向内部体验、由浅层感受到深层体味的层递性。首先是审美主体在审美经验的支持和制约下，通过感官捕获最初的形态信息，获得对象的形式美感，属于审美的初级阶段；然后在情感体验、想象力的作用下，获得审美意象；最后才能进入审美灵感阶段，即在物我交融中，审美主体进入审美境界，这也是指向未来及永恒的超越现实形态的阶段。相比于第一阶段，后两个阶段才是真正意义上的审美，它既包含对情感的驱动，也能满足对理智的需求。

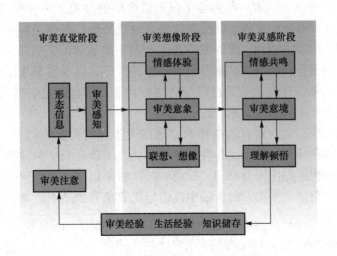

图6-9
审美活动的三个阶段

通过审美活动，审美主体能获得审美愉悦，但这并不是简单、短暂的快感，而是人的内心世界中完整而复杂的动态过程。它由一系列心理活动构成，其中包括审美主体的感知、情感、想象和理解等。通过这些活动之间复杂的相互作用，最终形成了审美主体具有能动性、个性鲜明的审美体验。

（1）审美直觉阶段　审美直觉是指在审美活动或艺术鉴赏活动中，对于审美对象或艺术形象具有一种不假思索，即刻把握与领悟的能力。在审美直觉阶段，审美主体不需要经过复杂的逻辑或智力操作过程，在大脑存储的现有经验与实践基础上，即可直接、迅速地获得对审美对象的认知。

审美直觉阶段获取的是形式美感，它主要反映在审美对象的形态对审美主体感官的驱动上，即人们对形态的感知过程中。所谓感知，一般指客观事物（如设计作品）直接作用于主体感受器官（眼、耳、皮肤、鼻等）并产生神经冲动，经过传入神经到达人的中枢神经系统而引起相应的感觉。在此基础上，知觉通过感觉中枢，对感觉的个别信息进行调节、整理。

审美感知植根于审美主体的自然生命中，同时又积淀了一定的社会理性内容。例如，在对色彩的感知中，我们常会获得"冷""暖"的感受。从生理的角度来看，已有研究证明这很可能与某些特定波长的光线在大脑神经系统中产生的刺激，在强度和结构上与冷热温度产生的刺激有着同形同构的关系有关。从社会理性的角度来看，这也与不同的色调同人对某种社会行为的认识相联系——冷色调恰如性格冷酷无情的人那样，使人望而生畏；暖色调则如热心的人和热情的场面一样，强烈地吸引我们与之接近。可以说，由于各种社会生活模式同人的某些生理感觉在结构上相似，使它们不自觉地进入人的审美感觉并与之相契合，从而具有了特定的社会意义。[⊖]

（2）审美想象阶段　经过审美直觉阶段加工的审美客体，已经不再只是原先客观世界的物理存在，而是与审美主体有联系的感性形态。审美主体在进一步对感性形态进行体验、审视、欣赏和判断时，往往不涉及逻辑思维的分析、推理，以及对功利价值的考虑，而是与审美情感、联想、想象等心理认知活动相关。

在心理学概念中，情感是人对对象的一种态度，是以主体独特的主观体验及其外部表现为形式的复杂心理现象，同时也是人的欲望、冲动、激情、兴趣等的综合表现。在审美活动中，情感是最为活跃的一个因素，并在整个审美过程中始终处于一种积极主动的作用状态，直接影响着审美主体对客体的发现、感受和领悟。也就是说，在审美活动中，审美主体总是会从自身一定的情感出发去感知、理解审美客体。[⊖]当审美客体的某些属性能够满足主体的某种需要时，审美主体便会以爱恨、亲疏等内部体验的情感，以及喜怒哀乐等外露的表情或情绪状态表达自己与审美客体的关系。在审美活动中，审美情感既是审美主体个性化的表现，也是推动联想与想象产生新的审美意象的动力。

在审美活动中，我们也许曾有过这样的心理感受：看到天上的明月，想到故乡的家人；看到天空中的云朵，在脑海中幻化成各种形状的动物，引出一长串的故事。这两种心理感受分别是由审美联想与想象的作用引发的。所谓联想，就是由此事物想到彼事物的心理过程的一种特定形式；而想象是一个在人的头脑中改造记忆表象和创造新形象的过程。换言之，想

⊖　滕守尧. 审美心理描述［M］. 成都：四川人民出版社，1998：70-77.

⊖　王德胜. 美学教程［M］，北京：人民教育出版社，2001：201.

象是人在已有的知觉和表象的基础上，把它们从记忆中调动出来，重新加以编排组织或加工改造，从而在头脑中产生新的形象，并且赋予这些形象以新的价值和意义的复杂心理过程。

联想和想象在审美活动中都属于审美表象。表象是从审美感知、直觉过渡到高级审美阶段的中间环节。表象一方面通过记忆联系着感知的外在对象，另一方面又通过联想和想象联系着审美主体，所以这个环节具有特殊的地位和意义。审美联想和审美想象的心理实质就是在记忆基础上的表象运动。联想是表象运动的初级形式，想象是表象运动的复杂形式，它们都借助于情感的推动，把审美感知所获得的感性形式与旧的表象相联系，从而改造为新的审美意象。

审美意象在本质上是情景交融，它是审美主体脑海中朦胧的观念性形象，并具有概括性、集中性内涵，以及理性认识与感性直觉相结合等特点。在中国传统美学中，这种情景交融的"意象"往往被当作艺术的本体，因此，在中国传统的艺术创作如书画作品中都要求创造意象，即情景交融。以画竹为例，宋代画家文与可所谓"画竹必先得成竹于胸中"，"于胸"之"成竹"指的便是竹子的意象。清代画家郑板桥在《题画竹》中所提到的"眼中之竹""胸中之竹""手中之竹"也分别是审美创造过程中不同阶段的竹子形态："眼中之竹"是指的竹子的自然形态；"胸中之竹"是指朦胧地游动于画家脑中，浸润着画家情感、个性，通过想象获得的竹子的审美意象；而"手中之竹"则是画家将审美意象的"胸中之竹"，结合技法但又不拘泥于技法，并在进一步的创造性想象中，达到"笔到意生"所表现出的一幅竹子的艺术作品。

在设计中，意象的生成往往是指设计师对人造物形象的构思创造过程，它是一种融合理性和情感想象的表象的形成活动。马克思在比较建筑师与蜜蜂的不同劳动时曾写道：最蹩脚的建筑师从一开始就比最灵巧的蜜蜂高明的地方，是他在用蜂蜡建筑蜂房以前，已经在自己的头脑中把它建成了。这里，马克思所说的建筑师"在头脑中建成"的建筑，实际上指的就是意象。也就是说，设计过程结束时得到的设计方案，在设计师的想象中已经观念地存在了，这让设计师能有目的地进行创作表现。图6-10所示是日本长岛冬奥会开幕式的节目单，设计师有意地在一定厚度的特种纸张上用凹印的文字进行表现，意在传达其心目中对积雪中踩过脚印的意象。现代建筑大师贝聿铭设计的北京香山饭店及苏州市的苏州博物馆，其灰白相应的墙体和呈几何化的花窗，都是在他对江南园林意象上的创造，也与他对幼年成长环境留下的记忆相关（图6-11）。

图 6-10
日本长岛冬奥会开幕式节目单（左）与积雪中脚印的现实情景（右）

图6-11
贝聿铭设计的
苏州博物馆

（3）审美灵感阶段　李泽厚曾将通过审美活动获得的美感区分为三个层次：悦耳悦目、悦心悦意和悦志悦神。这三个层次共同的地方是"悦"，都能给审美主体带来愉快的感受。不同之处在于，这三个层次的美感有着从低到高的差异：悦耳悦目处于最低层次，可以对应我们所说的审美直觉阶段；悦心悦意处于中间层次，是在审美想象阶段获得的美感；而悦神悦志则处于最高层，即我们所说的通过审美获得的高峰体验，它是一种达到审美意境的审美愉悦。我国另一位著名的美学家叶朗则主要区分了高级审美阶段，也就是我们所说的审美想象阶段与审美灵感阶段中的审美愉快，并将其分为两个层次：第一个层次是一般审美意象的感性；第二个层次是意境的感性。[一]上述两种对审美愉快的层次区分虽略有差别，但都强调了审美意境是审美的最高层次的体验，而意境正诞生于审美活动中的审美灵感阶段。

在审美灵感阶段，意境的诞生离不开审美情感的共鸣与审美理解，这里特别要对审美理解进行说明。审美理解是指审美主体在审美活动中用某种感性的形式，对客体意蕴和审美活动意蕴的直接的、整体的把握与领会。它是审美经验中的理性因素。值得注意的是，审美活动中的理解有别于科学认识活动中的理解，也不等于符号意义上的理解。科学认识中的理解是一个概念、判断、推理的过程，符号意义上的理解尽管是审美理解的基础，但也与审美理解不同。例如，我们欣赏一幅画作，在随着画面的色彩、形状进行感知的同时，实际上便在领悟着画作的意味了。也就是说，作为审美经验的结构因素之一，审美理解主要表现为主体对对象形式意味的一种直觉把握，我们通常将其表述为"悟"。通过审美主体自身独特的感受和体验，领悟到对象乃至于整个宇宙和人生的普遍意义，从而使整个心灵受到震撼，使审美主体的感性生命受到感动。它基于审美主体个人的感性生命，但又不滞于感性生命本身，而是以身心合一的整体生命去体悟对象，并与对象达到神气相合，获得感性的愉悦。[二]

意境和意象一样，也是一种情景交融。它除了有意象的一般规定性，即情景交融之外，还有自己特殊的规定性。其特殊规定性就是意境中所蕴含的人生感、历史感、宇宙感的意蕴，因此，"意境"是"意象"中最富有形而上意味的一种类型。从审美活动的角度看，意境即超越具体的、有限的物象、事件、场景，能使审美主体进入无限的时间和空间，从而对整个人生、历史、宇宙获得一种哲理性的感受和领悟。意境是中国美学的重要范畴，它强调情景

　　⊖　彭锋. 美学的感染力［M］. 北京：中国人民大学出版社，2004：103.
　　⊜　王德胜. 美学教程［M］. 北京：人民教育出版社，2001：206.

交融，虚实相生。在古代诗词中我们常常可以体会到意境。例如，李白《送孟浩然之广陵》：
"故人西辞黄鹤楼，烟花三月下扬州。孤帆远影碧空尽，唯见长江天际流。"诗中表现了黄鹤
楼、烟花、孤帆、长江等意象，并由这些意象组成了一幅融情于境的画面：怅然的诗人独矗
江边，江水悠悠，一叶扁舟逐渐消逝在视野中。全诗并未直接表达诗人对友人依依不舍之情，
而是借景抒情，寓情于景。在这里，虚实相生，意境反映的内容不拘泥于物象的直接内容，
而形成与空间效应的结合，调动欣赏者的想象力，由实入虚，由虚悟实，形成独特的"意中
之境"的审美空间。中国古典园林，特别是苏州园林向来是意境营造的典范。其建造之初是
为了回避官场的倾轧，因而营造者在设计之初便力图通过浓缩自然的园林，寻求返璞归真的
氛围，以园言志，以景寄情。在设计过程中，造园家们将中国哲学的动静关系运用于创作，
使景物有了动、静之分。身在园中，或见小桥流水、粉墙黛瓦，或见曲径通幽、峰回路转，
或是步移景换，动、静的关系在此处被运用得得心应手。通过漏窗、月洞门等诸多形式
（图6-12），造园家们使园中的每个观赏点，看起来都是一幅意蕴深远而层次分明的画卷，同
时内外的景致虚实相生，又能相互借用。还有那些绵延的半墙隔断、铺地图形，与园中看似
无心栽种的树木相映成趣，以小见大，使人仿佛进入了层次丰富的自然之中。相比于苏州园
林的灵动，日本的枯山水则舍去了水体的凝固静止，以尺寸之地展现了精神的永恒和宇宙的
辽阔（图6-13）。枯山水一般以细沙碎石铺地，再加上一些叠放有致的石头，组成缩微式园
林景观，偶尔也会加入苔藓、草坪或其他自然元素。"水"由沙石表现，偶尔还会在沙表面
划出纹路来表现水的流动，让人能联想到自然的风的力量；"山"通常用石块表现。枯山水
表现的形态是从自然界中撷取的片断，旨在通过这种凝固的形式表现片断中的"永恒"。它
通过写意手法体现了自然山水的壮美，同时又通过"永恒"来提示观者这种美的无常和短
暂，从而让观者认识并超越这种无常和短暂，摆脱现实尘世纷繁和欲念的羁绊，走向精神的
永恒。枯山水的妙处在于没有水，在有无之间、动静之间、多少之间，表达出了宇宙的空灵
与神秘，这也使它成为日本僧侣冥想时的辅助工具。

图6-12
苏州园林的月
洞门

对于艺术设计作品的鉴赏和感受，同样可以使人进入一种情景交融、虚实统一的精神境
界，使审美主体超越感性具体的物象，领悟某种宇宙或人生真谛的艺术化境界。图6-14所示
为香港平面设计大师靳埭强的《自在》系列的海报设计之一。设计师借助纸张的纹理、草

鞋、若隐若现的山峰、笔墨表现的行云流水的"行"字等意象，传达出了人与自然、人与物的和谐，营造了一个无拘无束、自由自在的意境，这既是人在自然中的自在，也是自然在我心的自在。图 6-15 所示是一台个人碎纸机，设计师有意对其进行了特殊设计，将通过机器后的废纸被切碎成树叶状，并且不设纸斗，而是让被抛弃的纸屑直接掉落在地面上，像落叶一般留给人去打扫。设计师通过作品旨在表现秋日"无边落木萧萧下"的意象，而这样的场景在日本传统文化中是有特殊含义的：对秋叶飘落的观感常常与对生命终结静观之美的欣赏联系在一起，并包含着对生命轮回的反思。因此，这台碎纸机借助形态上的隐喻，创造了一种深邃的审美意境。

图 6-13
日本园林中用沙石表现的枯山水

图 6-14
靳埭强的海报设计《行也自在》

图 6-15
获得 2000 年日本名古屋国际设计竞赛金奖的作品《个人碎纸机》与落叶的现实景象

不过，设计的产品或环境所产生的审美意境是对接受者审美体验状况的界定，所以这里便经历了一个由设计师的意中之境向接受者意中之境的转换过程。因此，意境的产生不仅与

作为审美对象的设计作品相关，也与审美接受者，也就是欣赏者的文化素质、审美心理结构以及接收过程的环境条件相关[一]。在今天激烈的全球化竞争中，我们一直在强调通过设计创造民族身份、形成中国设计的识别性的重要性。但这不是在设计中随意放置一两个象征性的"中国符号"便能达成的。真正的民族身份、中国设计识别性的建立，需要设计师对中国文化、哲学的深入解读，并在此基础上结合现代人的生活方式与观念，对传统文化中提出的人与自然的整体观进行反思，进而在实践创作中不断探索。审美意境作为中国美学的独特概念，必将成为这个过程中的关键环节。

第三节　艺术设计的审美范畴

审美范畴是美学中概括审美对象各种主要属性的一些基本概念，如美、丑、崇高、喜剧性、悲剧性等[二]。审美范畴是美学研究的基本任务之一，它从不同的角度揭示了美和审美的本质。为了更好地说明艺术设计的主要属性，我们从美这个最核心的审美范畴出发，根据艺术设计的特性，将该领域不同形态的美概括为形式美、技术美、功能美、生态美等几个审美范畴。实际上，我们所见、所感受到的，是艺术设计作品的整体美——设计美，而上述范畴之间也并非相互割裂，相反，它们之间有着密切的相互联系。对审美范畴进行区分是为了便于读者理解、分析而有意为之的。

对上述四个艺术设计的审美范畴的探讨，都需要围绕形态展开。因为审美活动离不开对审美对象可感知的形态的把握，而形态也正是艺术设计造型活动的核心。在艺术设计中，形态不仅表现为各种形态要素的组合，也承载着功能、技术等内容。相比于纯艺术，艺术设计形态的创造始终是将功能放在第一位的。技术是实现功能的重要手段，因而也在艺术设计中显得分外重要。上述原因使形式美、功能美、技术美成为我们的关注内容。生态美之所以放在最后，是由艺术设计在当今社会担负的责任决定的，而生态美所表现的人与自然的和谐，使人回归到本然状态，也正是审美追求的最高境界。

一、形式美

在艺术设计中，形式美是指对艺术设计作品中存在的，由形状、颜色、质地甚至声音等外在可感知的形态要素组成的复合体的审美观照。从形式和内容的关系来看，任何形式都不能脱离内容而独立存在，形式美也如此。不过，形式美体现的内容不是设计作品的功能或技术，而是形式自身所蕴含的独特的内容，这种内容就是形式因素自身的结构关系所产生的审美价值。

形式美主要表现为两个方面：一是通过感知获得的形态特征直接得到的审美愉悦；二是通过对审美对象的感性形式获得一定的观念和情感意蕴（图6-16和图6-17）。

从第一个方面来看，这些使人能通过感知形态获得的审美愉悦，主要来自于形式因素本身的组合结构关系。第九章中详细介绍了多种形式美法则，如统一与多样，平衡、节奏与强调，比例与尺度等，它们都体现了形式结构的秩序化（图6-18）。这种秩序化的形式结构之

⊖　徐恒醇. 设计美学［M］. 北京：清华大学出版社，2006：44.

⊜　彭克宏，马国泉. 社会科学大词典［M］. 北京：中国国际广播出版社，1989：186.

所以能引发人的美感，是因为它们与自然规律相吻合，与人的心理结构形成了异质同构的关系。

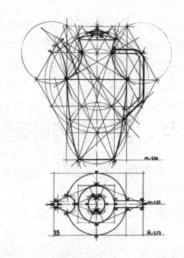

图6-16
按照一定比例
设计的茶壶所
体现的形态美

图6-17
民间艺术品所
体现的色彩和
装饰的形式美

图6-18
对称形态表现
出的形式美

从第二个方面来看，构成形态的形式因素自身也传递着情感。例如，直线、折线表示冷峻；圆润的弧线表示可爱、亲和等。色彩与质地作为形式构成的重要因素，也同样有着传递情感的功能（图6-19）。

图 6-19
鹅卵石状的
MP3 的质感和
形状体现的形
态美

二、技术美

技术泛指根据生产实践经验和自然科学原理发展而来的各种工艺操作方法与技能。技术是伴随着人们的劳动实践而产生的，它既是调节和改变人与自然关系的物质力量，也是沟通人与人、人与社会的中介。从历史上来看，技术的对象往往是技术领域中的物质成果，如手工艺时代的技术、大机器时代的工业生产技术。随着科技的发展，在进入信息时代的今天，技术的对象也延伸到了非物质领域，特别是凸显符号意义的人工信息世界。从最初为了效能而不断进行的工具、生产技术的改进中，人类获得了最初的美的感受。又随着不同时代技术的进步，人类将技术作为身体、感官及大脑的延伸及补充，不断扩大着自己的活动范围，创造着更多的事物，不仅塑造了人们的存在方式，同时也改变了人们的审美视野，提供了新的审美价值。从人类早期的陶冶制器，到后来汽车、飞机的出现，再到如今延伸到世界各个角落的互联网络以及生物技术的广泛应用，都是最好的例证。因而，技术美不仅是人类社会创造的一种审美形态，同时也是与人类日常生活结合最紧密、最普遍的审美存在。

在艺术设计中，技术美的本质是利用对自然规律的掌握和运用，通过能为人们所感知的形象，展示物品的合规律性和合目的性。日本美学家竹内敏雄曾从内容与形式关系的角度，对技术美进行了深入的阐释。他认为，技术美主要表现为内容与形式统一的美[⊖]。无论是针对手工艺品，还是工业化下的机械产品，都可以把其内容视为物的功能性和有用性，功能必须通过具体而鲜明、能被人感知的形象表现出来，这便构成了物品的技术美。然而，不同技术形态下技术美的具体表现是有所差异的。

1. 手工艺与技术美

在传统的农耕时代，技术是以手工艺的形式出现的。例如，染织刺绣、编织编结、烧制陶器、制作首饰和家具等手工艺都具有很强的技术性（图 6-20）。由于手工艺往往由艺人个体手工制作，其技术是建立在人的直观感受以及生产的直接经验上的，因而操作时制作者会自然而然地对尺度关系、节律、比例等有着趋于美的把握。更具体地说，便是制作者通过各种知觉器官在其作为生物体所具有的内在秩序感的指引下，构建了自身与外部世界的关系，

⊖ 竹内敏雄. 论技术美. 载外国设计艺术经典论著选读：上［M］. 北京：清华大学出版社，2006：150-157.

借助自身与世界的同构创造出了具有和谐美感的工艺作品，进而使人们从作品中获得了审美愉悦。在编织刺绣工艺品中很容易找到这种秩序美。例如，图6-21所示是清代苏州地区的蓝缎地网绣名片夹的局部图案，以类似编织的网绣针法绣制。其运针针法类似于编织，图案简繁可以自由创作，用横、直、斜三种不同方向的线条搭成三角形、菱形、六角形等连续几何形单元后，用线线相扣的方法，在各单元中搭成各种美丽的花纹。绣制者不需要事先画底稿，仅是利用这些几何形小单元的不断重复、组合，便能幻化出许多复杂的对称图案。这种秩序的体现在手工艺中司空见惯，它源自人类长期用手与材料进行直接接触而获得的经验，使制作者在制作之前便能清楚地想象手工操作过程中复杂的图形。

图6-20
云南鹤庆新华
村银器制作

图6-21
清代苏州网绣
名片夹（局部）

由于源自生命体的自然秩序和节律，手工艺制品显然比机械制品更具有"活性"。因而，19世纪中期英国"工艺美术运动"理论家约翰·拉斯金（John Ruskin，1819—1900）在批评机器制造的"无生命的"产品时，总是要赞扬手工艺人："技艺高超的手工艺人在制作某件作品时，如果他的双手是随着呼吸或心跳在移动，那么他的工作便有了'节律'，那么他刻

的或画的东西会充满生命的气韵。"⊖

手工艺往往还讲究"因材施技",即依据材质特性施以相应的加工技艺。在中国所见最早的手工业技术文献——春秋战国时代的《考工记》的开篇《总论》中,便记载了手工艺设计和制作的原则:"天有时,地有气,材有美,工有巧,合此四者,然后可以为良。"它强调的也是结合自然、地域以及材料特征,在技术上加以发挥,这样才能达到优良的效果,获得最终的手工艺制品合规律性和合目的性的美感。

2. 现代工业生产与技术美

近现代以来,科学实验的成果逐渐转化为应用技术,并广泛地以机械化大规模加工的形式被应用到生产中,替代了农耕时代的手工技术。如果说手工艺技术主要依赖的是个人化的感觉与经验的话,机械化的大规模生产技术则更强调同质化、均一性与理性,参与生产的工人受到机械的限制而进行技术操作,生产工艺的过程和产品的质量及造型均取决于生产前的设计安排,个性化的因素大大减少。

现代机械化生产出来的产品体现为技术美,与手工艺技术同样表现为利用技术对自然规律进行掌握和运用,并通过人们能够感知的形象展示产品的合规律性和合目的性。在工业化时代,人们掌握了更多的自然规律,技术使人们获得了运用这些规律利用自然的更多可能。一个新的技术原理的应用、新材料的发现,以及新的加工工艺的采用,都会为人们开拓全新的活动领域,并带来技术美感。法国的埃菲尔铁塔(La Tour Eiffel)便是一个展示工业化时代技术美的典范(图6-22)。这座世界知名的建筑始建于1887年,由工程师亚历山大·古斯塔夫·埃菲尔(Alexandre Gustave Eiffel, 1832—1923)主持设计。尽管今天埃菲尔铁塔担负着气象观测、电视中心等功能,但它最初是为了迎接1889年世界博览会,以及纪念法国大革命100周年而建造的。埃菲尔铁塔呈下大上小的形态,塔尖直入云霄。为了实现这一形态,埃菲尔使用了当时新兴的工业材料——钢材进行铁塔的建造,充分反映了当时科学技术的发展水平。在确定了材料之后,埃菲尔首先需要解决的便是抗风和安装的问题。为此,他赋予这座建筑镂空式的钢架结构,使用的全部构件都是预先加工而成的,并以铆钉相连安装(图6-23)。据统计,埃菲尔铁塔的建造共使用了7000t钢铁、12000个金属部件和250万只铆钉。因而,相比于传统建筑的建造,埃菲尔铁塔更像是"装配"而成的,并突破了传统建筑的形式和造型规范。在工程师的技术支持下,最终完成的埃菲尔铁塔高达300m,这是当时建筑从未企及的高度。如今,埃菲尔铁塔已经成为法国的象征之一,每年都有数以万计的游客慕名前来。它给人带来的技术美的感受,并非出自对技术功能的享用或是科学检验的认同感,而是出于一种对形式的观照,体现出产品合规律性与合目的性相结合所达到的一种自由的境界。其形态的隐喻,给人以审美的领悟与心灵的震撼。图6-24所示是20世纪80年代意大利设计师设计的托勒密台灯。此灯的基本造型并非原创,而是对传统工作台灯的改造。设计师使用轻便的铝材,从灯的承重支架入手,用被包裹的电线和接头替代了传统的钢制弹簧,保持了灯具的平衡,使托勒密台灯能够像一个张度很大的圆规一般随意移动灯臂。灯臂的长度是与人的手臂尺度相适应的,目的是在用户进行绘制图样之类的工作时为其提供照明。利用材料和支撑技术改进的灯具,其功能更合理,造型更加简洁、和谐,

---

⊖ E·H·贡布里希. 秩序感——装饰艺术的心理学研究[M]. 范景中,等译. 长沙:湖南科学技术出版社,2005:13.

成为当时高科技风格的代表。

图6-22
法国埃菲尔铁塔

图6-23
法国埃菲尔铁塔
（局部）

3. 信息时代与技术美

自20世纪末开始，信息技术异军突起。到了21世纪，相比于现有的传统手工艺或机械生产技术，信息技术已经成为全世界技术发展的主导力量。如果说此前的各种传统技术的主要目的是"造物"的话，那么，信息时代的技术主要的目的就是"造信息"。也就是说，技术所面对的对象从自然的物质世界转向了非物质的信息世界，而且其主要对象不是自然信息世界，而是人工信息世界，是显示器、储存器、处理器和网络上不断流动和变换的各种各样的符号信息。[⊖]

———————————

⊖ 肖峰."技术是什么"？——信息时代的重新解读 [J]. 洛阳师范学院学报，2008（1）：32-36.

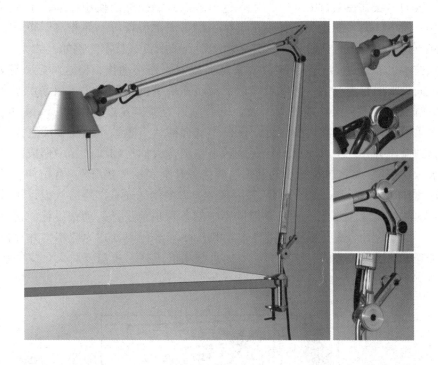

图6-24
托勒密（Tole-
meo）台灯

　　信息技术的一大特点便是信息处理与传递的速度快，而且技术更新异常迅速。2008 年 IBM 推出的超级计算机"走鹃"（Roadrunner，运算速度达 1015 万亿次/s）超越"蓝色基因"（Blue Gene/L）成为世界上运行速度最快的计算机之一，但一年半后又被"美洲豹"（Jaguar，运行速度为 2331 万亿次/s）超越。然而"美洲豹"速度冠军的地位也难以卫冕，因为 IBM 在不久之后公布的计划中宣称，公司在未来数年内将为美国能源部提供超级计算机"美洲杉"，其运算速度将达到 20000 万亿次/s（相当于 200 万部笔记本电脑的计算能力），这让"美洲豹"望尘莫及。速度不仅能让我们在世界各地通过计算机进行各种复杂的图形、图像、数字、文字的处理，还让更多信息的传递与交流成为可能。这些信息以触动人们感官的符号形式呈现在各种显示屏幕上，信息的符号形式表现和符号意义表达成为信息时代技术的又一特点，这个特点决定了设计在当代生活中的重要性，也催生了新的设计研究领域，如交互设计、动画设计、网络游戏设计等。

　　尽管对非物质的信息进行加工的信息技术与围绕物质材料展开的传统物质技术存在的形式大相径庭，但信息时代的技术美依然表现为"产品"形态的合规律性和合目的性。与过去不同的是，信息产品往往是承载信息的符号化文字、图形或图像，人们的操作过程也时常被包含其中。而信息技术美的合规律性，虽然是直接针对人工信息的处理而言，但本质上依然脱离不了对自然规律的掌握。这是因为，所有符号化信息的创造与接收，都要考虑人的认知规律、人的尺度以及人的行为习惯，而人正是自然的一部分。苹果手机（iPhone）之所以能在 2007 年刚一上市便风靡全球，并影响至今，不仅是由于其制作工艺考究、造型简洁明快的物质产品自身，以及其中运用的诸如多触点式触摸屏技术（Multi-hand Input）、方向感应（Orientation Sensor）等各种此前从未应用在手机中的高新科技，更是由于这些技术是以便于人们认知、操作的形式呈现出来的，使人们能够很容易构建一个关于手机功能分布的心理模型，而且很快能得心应手。以在 iPhone 中浏览图片进行放大缩小操作时的多触点式触摸屏技术的应用为例。我们一般都在银行的取号机上有过单触点式触摸屏的使用体验，单触点技术可以支持一些相对简单、明确的操作，如点击确认、向下滚动屏幕等。而相对于较复杂、抽象的操作，单触点技术就显得有些勉强，这时必须运用到多触点式技术。例如，放大和缩小操作，尽管单触点技术也能通过从下至上画直线来定义放大或缩小动作，但这种定义随意性太强，不太符合人们日常的行为习惯，所以难以记忆。而苹果手机所采用的多触点式技术应用在类似的操作中时，却能定义出功能更为强大、更为自然的操作方式。在 iPhone 中浏览照片时，只要将两个手指按在屏幕上并逐渐靠近，该操作就会被认为是缩小照片，反之则被认为是放大照片。这种操作方式之所以容易记忆，是因为它契合人们在物质世界中形成的经验：两指靠近通常表示"捏"，是将事物缩小的动作；两指分开则表示"展开"，有拉伸、扩大的意味（图 6-25）。同样需要依赖人的操作与认知因素的典型案例，还有网络游戏设计中的界面布局与各种按键的图形设计。此外，游戏虚拟世界中的各种角色设计、动作设计、道具设计，以及游戏情节、情境设计，更是以真实世界中人的各种基本行为方式为蓝本，并加以想象，以夸张、渲染等手法表现出来的。这些都需要信息技术的支持，更需要对人自身的认知与了解（图 6-26）。

图 6-25
Bruce Tognazzini
在其著作中描绘的用手指进行图形操作的构想

图 6-26
暴雪娱乐推出的网络游戏《魔兽世界》

三、功能美

功能美的核心内容是人们对形态传递出的实用功能的审美观照，但其内容并非仅限于此，如涉及认知的符号功能，涉及物品生产成本和效能的经济功能，以及视觉上的愉悦美观都能激发起人的美感。随着设计实践的发展，以及人们对功能、功能美认知的加深，提出了功能与合目的性的关系以及合目的性美的关系。功能美的实质是对事物所显示出的合目的性的可感知形态的观照（图6-27）。

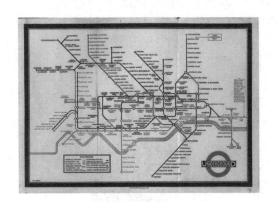

图6-27
伦敦地铁路线图

功能美和技术美既密切相连，又有所区别。技术美表明人们对于客观规律性的把握是人造物审美创造的基础和前提。而功能美则说明人们对人造物的审美创造总是围绕着社会目的性展开的，进而使人造物的形态成为人造物功能目的的体现，以及人的需要层次及发展水平的表征。技术美和功能美都是设计美的要素，也是从不同角度对设计美的解读（图6-28）。

图6-28
客机 **A380**

1. 美感的矛盾二重性

早在美学成立之初，鲍姆嘉通便确定了美学是研究人们深层内在感性的学科，所谓的深层内在感性，具体而言指的便是审美。换言之，审美活动是直觉性的、感性的活动。人们在欣赏某件物品时，往往并没有经过理性的逻辑思考，不会像功能美提出的对于事物合目的性的审美观照那样，由实用或道德目的产生功能美感。然而，事实证明，美感无疑是与有用、功能性密切相关的。奥地利出土的原始社会的"维纳斯"像（图6-29）是对此的最好证明。这座雕像巨腹豪乳，大头短腿，当时之所以会被原始人认为是美的象征，就在于生殖崇拜。那么，美感的个人心理的主观直觉性和美的社会功能性的矛盾是如何在审美中获得统一的呢？许多学者曾对此进行了讨论。鲁迅先生以科学研究的结果为佐证，提出功能美是美感直觉性发生的基础。他在《艺术论》的序言中写道："在人类所以为美的东西，就是于他有用——于为了生存而和自然以及别的社会人生的斗争上有意义的东西。功用由理性而被认识，但美则凭直感的能力而被认识。享乐着美的时候，虽然几乎并不想到功用，但可由科学的分析而发现。所以美的享乐的特殊性，即在那直接性，然而美的愉快的根柢里，倘不伏着功用，那事物也就不见得美了。"李泽厚则将这一问题概括为"美感的矛盾二重性"，并认为美感的个人心理的主观直觉性和美的社会功能性并存，是美学的基本矛盾，它的分析和解决将是研究美学科学的关键。

图6-29
原 始 社 会 的
"维纳斯"

回溯到对人类的美感起源及发展过程的讨论，就能获得部分解答。最初的审美感受诞生在人类劳动实践以保证个体生存之时，在观照实践生产活动过程与结果之际。此后，人们通过实践不断地使外在自然人化，与此同时也使人的内在自然达到了人化。换言之，即在劳动实践改造自然的基础上，人们也形成了长期的文化教养，使最初建立在个人对自然直接功能关系上的个体感官欲望，转变成了一种社会性的感官欲望。在这里，社会性的、理性的、历史的东西累积沉淀为个体的、感性的、直观的东西，这就是审美心理的形成过程。它使审美判断的价值主体由个体转化为人类。[一]以人的形式感的形成为例，尽管今天我们可以将其形成的原因归结为由审美的主客体的同质异构引起的，但发现节奏、比例、对称或多样能够产生审美愉悦，却正是在劳动实践的过程中。例如，劳动时吆喝的号子，或创造工具时设想的工具形态。在原初为了实现功能目的而进行的活动中，人们体验到了审美愉悦，并在此后以此为准则构建了社会生活和环境的秩序感，逐渐形成了超乎功能的愉快的自由感。

2. 合理的功能形式是美的形式

在本书的第五章中，我们阐述了功能与形态之间的关系。可以看到，功能作为制造者赋予人造物用以满足使用者需求的各种效用与形态之间有着密切的联系：一方面，人造物需要满足人的各种需求，这决定了应将功能放在第一位；另一方面，形态是功能的载体，具有功能的价值。在审美活动中，人们正是对事物所显示出的合目的性的可感知形态的观照，才获得了功能美的体验。就人造物而言，功能美是通过人造物形式对功能目的性的表现，并且与人的知觉感受协调一致起来，所产生的美感体验。因此，我们才会有"一把椅子的功能美，主要是人们看上去觉得这把椅子坐着很舒适"诸如此类对功能美的通俗表述。

我们非常熟悉的可口可乐瓶一直是功能美的典范，而近一个世纪来可口可乐瓶的形态变

─ 徐恒醇. 设计美学［M］. 北京：清华大学出版社，2006：144.

迁便是对合目的性和形态美感不懈追求的最佳注解。由于最初可口可乐是被当作止咳糖浆销售，受手工制作以及饮料功能定位的限制，我们在图 6-30 中看到的 1899 年的可口可乐瓶身与当时具有相同功能的药品包装相似，呈圆筒状。当时由于是手工制作，每一个瓶身的形态都不尽相同。此外，由于饮料中含有碳酸气体，玻璃瓶盖也不便于饮料的保存。随着技术的发展，用机器制作的金属盖很快替代了玻璃盖。在发展过程中，为了拉大与竞争对手间的差异，可口可乐公司一直在寻觅与众不同的饮料瓶造型。1915 年，可口可乐公司通过竞赛的方式，获得了今天经典玻璃可口可乐瓶的雏形：瓶身中段鼓起，两头略小，呈现出恰如人体般的曲线美，这不仅易于把握，而且其容量显得比同样高度的圆筒瓶体更大。尽管这款可口可乐瓶几近完美，但在生产中还是存在一些小问题：由于底座相对较小，可口可乐瓶在传送带上不易站稳。1916 年，通过比例上的调整，最终获得的可口可乐瓶体造型成为人们记忆中功能美的经典。20 世纪后期，随着各种新材料的兴起，制作成本更低、更容易塑形、更便于安全运输的塑料可口可乐瓶逐渐取代了玻璃可口可乐瓶。2008 年，公司再次对塑料可口可乐瓶进行了改进，这次改进依然是从功能美角度考虑的，诞生的全新塑料可口可乐瓶设计比过去节约了 5% 的材料，并且更容易握住，更容易打开。有鉴于人们对玻璃瓶的热爱，造型也更像经典的玻璃瓶（图 6-31）。

图 6-30
可口可乐瓶形
态的变迁历程

图 6-31
2008 年重新设
计的塑料可口
可乐瓶与经典
的玻璃可口可
乐瓶的对比

一般而言，一个合理地表达了内在结构或适当地表现了功能的形式，应该是一个美的形式。一个表面形态难看的事物，往往表明它在某方面存在着一定缺陷。英国学者西奥多·安德烈·库克（Theodore Andrea Cook，1867—1928）曾在20世纪初发表的《生命的曲线》一书中，以对生物形态的研究为支撑，对上述观点进行了说明："我们一直在研究贝壳的形态，经过认真的考察认识到，许多引起我们美学遐想的主要原因就在于贝壳的美丽外形，这不仅是贝壳的生物对定点生活适应的结果，而且是其精巧外形更能履行特殊功能的结果。"而且"无论是人工制品还是天然制品，形态的'丑陋'必然表明其功能的缺陷，而某些必要功能的完美形式往往伴随'美'的外形。"库克还提出"凡精巧之建筑，其设计基础无不意味着纯结构之美"。这强调了功能美与结构形式的关系。当人造物的结构形式直接被用来表达其功能目的，而不加以虚饰，并以结构的精巧充分表现功能时，也会表现出功能美（图6-32）。

图6-32
帕特里克·乔恩
（Patrick　Jouin）
设计的一次性成型凳子

注：这款凳子利用快速成型技术完成，所有的轮轴、螺钉、弹簧和铰链都隐藏在凳子本身的结构当中。

然而，虽然功能是人造物首要考虑的问题，但并不等于具有功能美的事物便一定会受到消费者青睐。人造物的美总有相对性，特别是对消费品而言，它总是与当前的消费文化与社会心理相关。近年来中国"飞跃鞋""解放鞋"以及"编织袋"在国内外市场上的沉浮，便是颇具说服力的实例。"飞跃牌"是20世纪50年代末诞生于上海的一个著名国产球鞋品牌。该品牌生产的球鞋款式简洁、用料轻便、持久耐磨，且多道工序采手工制作，使"飞跃鞋"穿起来十分舒适。再加上在今天看来都颇为现代的简洁标志，使它成为功能美的代表，并在20世纪60~80年代颇受消费者青睐，成为当时中国最流行的产品。但在改革开放后，受到大量涌入中国的国外运动品牌的冲击，原来的球鞋厂选择了为外国品牌代工而放弃了对自己产品的开发设计，曾经红极一时的"飞跃鞋"沦为了典型的"穷人鞋"，只能出现在偏远的农村市场或城市的马路地摊上，售价不过十几元人民币。在"飞跃鞋"淡出市场的背后，除了其自身设计原因外，更多的是受到一定消费象征意义的影响：西方产品及其代表的文化往往意味着使用者的高端、时尚、富有；而国内的产品则往往与乡土、落后、贫穷等挂钩。转机出现在2006年，法国人派特斯无意中看到"飞跃鞋"之后。几乎是在看到"飞跃鞋"的一瞬间，其良好的功能和简洁的色彩便深深地吸引了派特斯。他用汉语拼音"FEIYUE"为球鞋注册了商标，同时赋予了品牌"向前飞"（Flying Forward）的新含义，并在广告中将产品与中国功夫结合起来进行宣传。如今，由法国设计师重新设计的"飞跃鞋"（图6-33）不仅登上了巴黎时尚卖场的最显眼处，价格在 50 欧元到 85 欧元不等，并在英国、荷兰、比利时、加拿大、日本热销。国际市场对"飞跃鞋"的青睐，是国人始料未及的。其原因一方面是产品体现出的功能美使然；另一方面也源自产品背后消费文化的变化。例如，设计师赋予产品文化内涵的变化，近年来随着中国综合国力的增强、国际地位的上升，中国文化的魅力对消费文化的影响等。同样，曾一度代表民工文化的"解放鞋""编织袋"（图 6-34）都经历了类似的变化。

图 6-33
经重新包装后在国际市场上热卖的飞跃牌球鞋

图 6-34
路易威登（LV）生产的售价超过两万元人民币的真皮红蓝格子"编织袋"

四、生态美

生态美是人类把自身作为自然界的一部分，以自身和生态环境作为审美对象而进行的审美观照，它的关注点集中于人与自然（包括人与自然界之间、人与人之间）关系所产生的和谐的生态效应上。因此，生态美能够体现人与自然相互依存的生命关联和生命共感，让人回到生命原初的自由本性状态。

人类在传统的农耕时代便萌生了今天我们所说的"生态意识"。我国古典哲学的根本观点"天人合一"就是意在指出人与自然本质相通，需使一切人事顺乎自然规律，才能达到人与自然的和谐。老子在《道德经》中写道："人法地，地法天，天法道，道法自然。"这实际上传达的也是人与自然的一致、相通与和谐的观念。上述这些生态意识、观念的形成与农耕时代的自给自足的经济模式，以及以手工劳动为主的技术方式决定的生产力水平密不可分。这些因素使人们敬畏自然，遵循自然规律进行实践创造，与自然之间呈现出和谐的状态。

现代的生态观念是在工业革命之后，伴随着科学技术和生产力的迅速发展而产生的。19世纪后半叶，德国博物学家海克尔（E. H. Haeckel，1843—1919）第一次在其著作中提出了生态学（Ecology）的概念，并将生态学定义为研究生物与其环境（包括生物环境和非生物环境）相互关系的科学。到了1921年，帕克（R. E. Park，1864—1944）和伯吉斯（E. W. Burgess，1886—1966）将生态学研究从动植物群落转向人自身，并在《社会科学导论》一书中首次提出人类生态学（Human Ecology）的概念。

与现代生态学的提出同时发生的是，在工业文明下，人类借助现代科学技术获得了前所未有的影响或改变自然的力量，并创造出社会经济空前繁荣的景象。但是，农耕时代"取之有度，用之有节，则常足"⊖的古训却随着人类力量的快速增长而被抛在脑后。人类以自己的需要为中心，对自然施以过多的要求，过度消耗着各种自然资源，造成了对自然的污染与破坏，迫使事物进入了非自然的状态。过去人与自然之间的和谐关系，如今由于现代技术的广泛应用而被割裂。一旦人类对自然的强大干预超越了自然界自身的调节能力，人类就会不可避免地陷入生态危机，走向不可持续发展的道路。在电影《阿凡达》中，人类利用现代技术对潘多拉星球上的矿产疯狂掠夺，实际上是当下人类与自然关系的真实写照，并与剧中与自然和谐相处的土著纳美人形成了鲜明的对比（图6-35）。今天，我们强调生态和生态文明，强调人与自然的和谐共生，也就是为了实现整个世界的可持续发展。

图6-35
电影《阿凡达》
海报

审美作为以社会实践为基础而形成的人类文化生存方式及精神境界，是人的生命活动向精神领域的拓展和延伸，也是对人生的观照和体验过程。因此，个人的精神需要和生命表现都在审美活动中得到展现。⊖在人类生态美的体验中，人既是审美主体，又是生态系统的一

⊖ 司马光. 资治通鉴全二十册［M］. 北京：中华书局，1956：7526.
⊖ 徐恒醇. 生态美放谈——生态美学论纲［J］. 理论与现代化，2000（10）.

部分，在此过程中审美主体与审美对象不能截然分开。生态美体现了人对自然的依赖以及人与自然的生命关联，它超越了审美主体对自身生命的关爱，也超越了役使自然为我所用的狭隘价值取向，使审美主体将自身生命与对象世界（包括整个社会与自然）和谐交融。

自第一件人造物诞生以来，设计便一直是连接人与自然界、人与人的纽带，起着重要的调节作用。在今天，生态危机问题日趋凸显，成为关系未来全人类存亡的首要问题。面对这样的情况，艺术设计有能力，也有义务在维护和创造人与自然、人与人和谐的世界的过程中担负起部分重担，诸多的设计实践也证明了这一点。旨在将对环境的影响降到最低，实现可持续发展的生态设计便是其中之一，并以形态为中介表现出生态美。图6-36所示是一款环保陶瓷咖啡杯，它以陶瓷和橡胶材料分别替代原来一次性纸杯的杯身、纸质的防烫护圈以及塑料杯盖，通过保留原有一次性杯子的形态，一方面借助形态强调来表明产品采用新材料后所减少的资源消耗，并具有的生态和环保性；另一方面，继承了原一次性纸杯自身形态在技术、功能上的合理性。今天我们看到的一次性咖啡杯的形态，是在反复设计的基础上得到的，是一件成熟的，在成本、功能、加工技术之间获得较好协调的产品。例如，杯盖的形态有意设计成斜面，是为了方便使用者啜饮；盛热饮的纸质杯身表面往往有小小的凸起颗粒，这是为了防止烫手而设计的。正因为有了来自多方面的细致设计，这款咖啡杯成为集功能美、技术美、生态美于一身的设计佳作，并广受消费者青睐。生态美不仅应体现在减少环境污染的具体设计中，还应该体现在关注不同地区的人与人之间的社会生态平衡的设计之中。例如，对种族平等的关注、对贫困地区儿童的关注等。

图6-36
韩国乐扣乐扣生产的 Eco 环保陶瓷咖啡杯

第四节　设计美与审美创造

审美活动主要是指人在观照审美对象时所进行的一系列心理活动，并进而获得审美经验的过程。在艺术或设计作品的创作中，我们还需要将这些主观观念客观化或物化，这个过程被称为审美创造，它同样属于审美活动的一部分。通过设计的审美创造，我们能将审美意象融入设计构思之中，作为生产的依据，让使用者能够获得具有实用、认知和审美功能的物质产品，并构成人们赖以生存的现实环境和生活空间。[⊖]也正是通过审美创造，我们能从形态美、功能美、技术美、生态美等方面呈现出整体的设计美。

一、艺术设计审美创造的特点

审美创造不同于一般的创造方式。审美创造是一种不仅具有思维的形象性，而且具有情感性的创造方式，它总是伴随着审美意象的展现，以及一定的情绪体验和情感意蕴而产生。而一般的创造方式，如科学发明、技术革新，往往是通过逻辑化的推理获得的，并不含有情感和审美性质。设计的审美创造也有别于艺术的审美创造。艺术的审美创造往往是艺术家对自己观念的表达，是将自己的审美意识借助画笔、颜料诉诸纸面或画布的过程。设计的审美创造则是设计师加入审美意识进行设计作品构思的过程，最终完成的设计是要面向使用者、满足使用者需求的产品，而并非是设计师个人观念的表达。

设计的审美创造首先必须满足功能的要求，并在遵循科学技术的规律的前提下，围绕人的适应性，在形式自由度允许的范围内，通过设计作品的形态来表现审美意识。例如，水杯的设计，其主要功能为能让人把持的饮用水容器。确定功能后，围绕着人体的尺度和使用的方式，可能会产生使用不同耐热材质、不同结构的各种形态。这便为设计师进行审美创造提供了一定的自由空间。当然，这里还要注意设计作品所面对的使用人群的生理、心理特点，才能展开自由的审美创造。

设计的审美创造并非只是单纯地创造让人感受得到的视觉愉悦，也绝非是对设计作品外观的装饰和美化。正如我们在上一节中所了解到的，审美创造获得的设计美是围绕着"和谐"展开的，其中既有通过形式与内容的统一性，即从合目的性、合规律性等方面，展示设计作品形式与内容的和谐的形式美、功能美和技术美，也有表现人与自然、人与人之间的和谐的生态美。换言之，就是通过人与艺术设计作品之间的审美关系，显示人与对象世界的和谐与丰富性，从而展示出艺术设计作品的审美价值。

二、艺术设计的审美创造过程

审美创造以设计师的审美感受为前提，围绕审美意象的生成而展开，在此过程中伴随着强烈的情感体验。审美创造的过程并不因其情感性而与包含着逻辑思维的设计创作过程截然分开，相反，它们是相互交织在一起的。

在审美创造过程中，首先，设计师应该借助自身的审美感受，发掘日常生活中各种事物所具有的美的因素和形式所具有的意蕴内涵，为进一步创造提供参考资料。设计师的感觉是否敏锐、想象力是否丰富，以及对事物的整体把握能力、理解能力的强弱，都会影响下一步审美意象的生成。在中国传统的艺术创作理论中，这个过程被称为感物。感物主要是指艺术家对客观现实的体察和感受，人们常说的"观物取象"实际上也是指类似的过程，它是进行创作的基础，也是审美创造基本素材的来源。在基本素材累积到一定程度时，作为创作主体的设计师会产生创作冲动，从而通过丰富的联想和想象，形成各种审美意象。审美意象是与一定美的观念相连接的心理表象。这个过程在中国传统的艺术创作中被称为感兴，这是设计

⊖ 徐恒醇. 设计美学［M］. 北京：清华大学出版社，2006：70.

师思维活跃、创造力喷薄而出的阶段，并伴随着强烈的情绪体验，也是设计审美创造的关键阶段。最后，为了将这些意象付诸纸端，转化为现实的形象，设计师需要从兴奋的状态转入安定、平和的状态，仔细推敲形态、结构的整体协调性，以及对细节的处理方式，从而获得最终的设计作品。这个过程与本章第二节所描述的审美活动过程有相似之处，读者可以对照前文加深理解。

艺术设计的审美创造是永无终点的，它随着时代的发展，以及人们需要的不断增长而不断发展。因为世界上并不存在"永恒的美"，每个时代的科技进步、文化观念的变化，不同地域的文化传统等，都会对人们的审美趣味产生影响，并使审美创造结果产生变化。

课后思考题 ∨

1. 什么是美学？
2. 美的本质是什么？
3. 审美过程分为哪几个阶段？其中涉及的意象与意境分别是什么？
4. 艺术设计的审美范畴有哪些？
5. 艺术设计审美创造有哪些特点？

第七章

产 品 设 计

第一节　如何认识产品

一、"产品"与"产品设计"两个术语的学科范畴界定

作为一门学科，或是一个专业，一般的术语及其定义的辨析总是根据领域范围的逐步具化而不断改变的。因此，对产品和产品设计的科学认知，必须首先界定研究与学习的角度与范畴。

例如，产品的字面意思很清晰，即生产出来的物品。但这是一个非常宽泛的概念。当我们细究是谁生产的，为谁生产，为什么生产，如何生产，生产什么物品，要解决什么问题，从何种角度解决问题，如何使用产品，在什么时间使用产品，在什么地点使用产品，要达到什么使用效果等具体问题时，产品的定义就会发生不同的变化。

定义的混淆，往往是因为我们没有事先设定研究的范畴，没有清楚地理解术语（Terminology）的基本定义：术语是在特定学科领域用来表示概念的称谓的集合，在我国又称为名词或科技名词（不同于语法学中的名词）。

在本书中，我们一开始就设定了工业设计的专业范畴，即从工业设计师的角度进行研究与学习。所以，一般的术语在其定义之前已经被打上了工业设计的烙印。产品，自然就应该是工业产品；产品设计，也就应该是工业产品的设计或产品的工业设计。

在工业产品中，我们又会因为学科的设定，将工业产品界定在批量化、标准化的工业生产方式下的产品范畴，从而与手工艺品、艺术品等区分开来。当然，手工艺品和艺术品在生产和推广中经常也需要工业生产的介入，研究此类问题，自然就涉及产品的工业设计。

二、产品的一般概念

不同的人群因为立场不同，角度各异，因此对产品概念的理解总是有所不同的。从企业经营的角度，重新审视产品的全部内容，是非常重要的工作。它可用以促成工业设计师们对产品，包括其概念的正确理解。就现状而言，很多工业设计本科三、四年级的学生在产品开发设计中，总是习惯性地进行过多的技术创新，其根源正是在于对产品内容，尤其是新产品内容缺乏正确的了解。

在企业管理中，因为市场需求的关注点不同，企业自身的资源优势不同、经营决策不

同，必然导致投资分配上出现不同的侧重。而理论研究大多是通过分析，归纳历史和现实的个案形成，因此，必然会产生多种对产品的解释。这里还存在一个即时性问题，表现为定义等理论的不断发展、完善、更新。成形的理论一旦反过来指导实践，众多的理论跟随者就会理所当然地走上相应的道路。简单地说，产品的定义在理论上就已经存在多种形式。当然，作为理论，它似乎应该具有较强的抽象色彩，即较多的现实包容性。

下面仅就产品的一般概念及其基本内容进行简要介绍。

1. 科特勒定义

科特勒定义是由菲利普·科特勒（Philip Kotler）提出的：产品就是能够提供给市场以引起注意、购买、使用或消费的东西，它包括实物形态、服务、个性、场所、组织和思想。

科特勒定义是从满足市场需求角度所作的企业产品定义，符合企业管理的需求。

2. 斯泰通定义

斯泰通（Stanton）定义：产品就是有形属性和无形属性的统一体，它包括包装、色彩、价格、生产商信誉、零售商信誉，以及生产商和零售商的服务等，这些属性可在满足购买者需要时为他们所接受。

虽然用有形和无形来归纳产品的内容是一个很好的思路，但是后续的说明将无形简单地限制在信誉和服务范畴，这明显受到其研究目的的影响。

3. 产品的基本要素

1）用于销售或租借的事物。

2）产品具有一些属性，包括同类产品的共同属性和品牌产品的识别特性。

3）产品反过来应该满足需要。

三、产品的生命周期

企业不能期望其产品永远畅销，因为一种产品在市场上的销售情况和获利能力并不是一成不变的，而是随着时间的推移而发生变化，这种变化经历了产品的诞生、成长、成熟和衰退的过程，就像生物的生命历程一样，所以称其为产品生命周期。产品生命周期就是产品从进入市场到退出市场所经历的市场生命循环过程，进入和退出市场标志着周期的开始和结束。

产品的生命周期长短取决于三个方面：产品的基本物质属性，商品废止制，以及消费喜好的更新。

生命周期首先是产品的一个基本特征，它和企业制定的产品策略以及营销策略有着直接联系。企业的产品需要有一个较长的销售周期，以便赚到足够的利润来补偿在推出该产品时所做出的一切努力和承受的一切风险，因此，必须认真研究和运用产品的生命周期理论。其次，产品只是企业产品体系的一个基本组成单元，产品线、产品项目同样有其生命周期。尤为重要的是，当个性文化以原型、主题等元素不断重复出现在产品及其层级体系中，并成为产品市场的主要内容时，产品生命周期也就越来越多地被用于形式设计的事务管理中。我们可以用它来评估、预测原型、主题、时尚、风格、热潮的诸多问题。

从企业经营的角度来讲，一个产品的成功与否不在于它的生命周期有多长，而在于它所在的产品线的生命周期有多长，在于它所处的产品项目及其品牌的生命周期有多长。如果一个企业过于频繁地更换产品线，就不足以形成产品品牌，也说明企业缺乏相应的研发能力。

1. 产品生命周期曲线

产品生命周期曲线（图 7-1）表示的是产品销售和利润在整个产品生命周期间的变化过程。

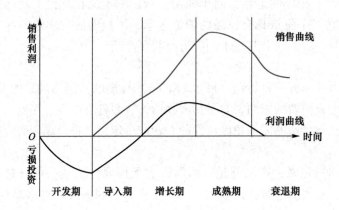

图 7-1
产品生命周期曲线

2. "S 曲线"理论

如果在图 7-2 所示第一条曲线出现峰值前进入一条新的曲线，即可在维持现状的同时，开创出新的途径，这就是"S 曲线"理论。

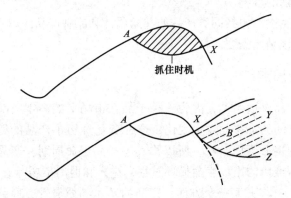

图 7-2
产品生命周期的 S 曲线

新一轮产品的研发通常从 A 点开始，从 X 点进入导入期，如果没有抓住 A—X 机会，则损失会更大。

四、生命周期曲线的设计应用

产品生命周期曲线的应用如下：

1）可用来分析产品大类（如以汽油为动力的汽车）、产品形式（如流线型车）或品牌（如博通公司 B. A. T. 5 轿车）。

2）可用来说明风格、时尚和热潮。

① 人们对风格的兴趣一再复现，往往呈现周而复始的几个循环周期（如甲壳虫轿车）。

② 时尚大都缓慢增长，然后流行一段时间，最后衰退。

③ 热潮很快进入市场，持续很短一段时间，并只吸引有限顾客。

3）是营销人员用来描述产品和市场如何工作的有用工具。

4）能够帮助设计出不同生命周期阶段的好的营销战略。

产品生命周期的存在，赋予了产品两大设计特性：一是产品的改良设计，它导致了产品系列，尤其是产品线的存在；二是改型周期的循环往复，它导致了产品风格、时尚的不断延续、再现（图 7-3）。

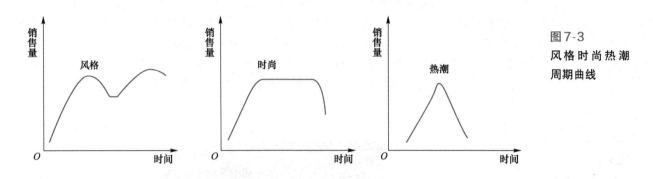

图 7-3
风格时尚热潮
周期曲线

第二节　正确认识企业的产品

产品是一个宽泛的概念，是生产的成果，是用于满足市场需求的有形和无形的东西，它可以是物品，也可以是服务，或是二者的组合体。

设计师应当建立一个全面的产品概念。从企业经营和用户体验的角度看，产品从来都不是单独存在的，它具有丰富的内涵、外延与层次。

一、企业中的产品定义

企业经营者习惯于因时、因地、因人、因事而异，灵活地根据本企业的具体情况理解产品的内容。他们所做的产品定义，不过是对其企业经营的产品进行的全面总结，带有强烈的个人色彩。

例如，因为 Alessi（家用品设计制造商）是应用艺术的实验室，所以它生产出来的产品必然是应用艺术的实验品。这样的产品定义，一方面使企业不至于局限在狭窄的具体产品范畴（如果盘）内，在产品种类上显得尤为丰富。在多元化拓展前，只要属于厨房桌面制品，且符合企业产品特色定位的设计概念，就都在企业产品经营考虑范围内。这对喜欢自由表现设计想法的设计师来说，简直就是将梦想转化为现实的天堂。很自然，创造易于产生设计概念的自由氛围和空间，必然成为 Alessi 引以为豪的优势之一。当然，这与 Alessi 最初从事的产品经营领域有很大的关系。

另一方面，这样的产品定义，为企业进军厨房桌面制品以外的产品领域提供了根本的理论保障。这使得 Alessi 的产品多元化与其他企业的多元化在相关性上具有很大的不同，众多门类的产品概念只是因为设计理念的归核化（如寻根哲学，以及如游戏、关爱等限定性主题修饰）而紧密结合，呈现出统一的识别特征。对这一内容的长期研究，必然导致 Alessi 深入、系统地理解其产品的识别体系。这是企业产品定义与其核心竞争能力相互依存、相互作用的典型案例。

二、企业产品的品牌识别概念和基本属性

产品的识别首先来自于企业的个体差异，离开具体的企业个体，将无从解释的产品的识别问题。

我们知道，产品是企业形象的核心载体。作为一个具体的产品，其包含的信息的容量是极其有限的。而市场信息的繁杂与消费者信息获取的相对被动，迫使企业在有限的产品空间中，只能重点突出其中的一个信息，而以其他有限的几个信息为辅，以求陈列于货架上的产品能在众多同类产品之中，在购买者惊鸿一瞥之下抓住他们的眼球。

例如，IBM用超市中购买鱼和购买手机的两张图片（图7-4），很好地表述了企业产品识别的概念——让企业的产品从众多的竞争者中脱颖而出。要达到这个目的，就必须具备很强的识别特性。

图7-4
IBM的企业产
品识别理解

在市场上，产品识别集中表现在企业间的不同特性上，直接反映了管理者的经营思路与方针策略。在产品的直观表象上，体现为两个层面的内容：一是形态特征的统一，例如，系列产品的设计语言共同采用一些识别符号，以获得风格或主题的一致，这在相同的产品集合中，属于相对稳定不变的因素；二是企业产品的变化因素，体现在因素的范畴定义、幅度限制和频率设定，这些变化因素一旦形成某种规律，也会形成识别内容之一。例如，我们要评价一个企业是守旧或是开明，对消费需求变化的反应是迟钝或是敏锐，就可以观察产品更新的情况，并进行诊断。

至于产品中识别与非识别因素的平衡，实际上就是要在满足企业品牌识别的基础上，根据企业的实际需要，合理地而不一定是最大限度地适应或引导消费的需求变化，即追求形式上统一的变化和变化的统一的合理平衡。

对一个企业来说，如果同一时段推向市场的产品识别内容限定过多，那么在设计阶段，就会限制设计师的创作空间，不利于新产品的开发。另外，在企业产品种类较多的情况下，这样又会在识别上造成信息传递的混乱。

我们可以通过对上一节列举的产品一般概念的图示分析，来比较设计中识别因素与非识别因素的分界线，初步寻找适合产品识别的研究、实践和分析方法。

1. 产品层次图（图7-5）

产品是以工业化批量生产为基础的产品与服务。它的功能和形式必须首先满足工业生产的商业与市场目的，其次必须满足工业生产的技术、工艺、流程的要求。在此基础上，聚焦

于用户体验，满足其对功能和品位的独特需求。

从企业产品的特质来看，图7-5中的所有要素都可以是个性化的考虑，都可以通过不同的创意体现企业的识别内容。科特勒的产品定义并不适合产品识别的研究。

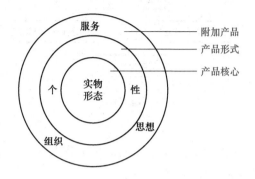

图7-5
产品层次图

2. 产品的洋葱图（图7-6）

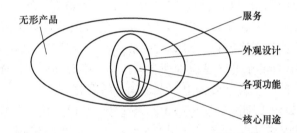

图7-6
产品的洋葱图

在斯泰通的产品定义中，所有竞争者的产品具有相同的核心用途和功能组合，服务因消费定位也可能重叠。形态识别的产生可能来自功能的组合和服务两个方面，如某企业长期生产三层折叠手机、某韩国企业长期生产滑板手机，这类识别在竞争企业间是可以通用的，它不具备核心识别的唯一性。核心识别的产生来自外观形态和设计概念中的人文信息的独特考虑。当然，整体的识别形象来自各方面要素的综合作用。至于无形产品，其外观设计中的文化内涵，功能组合中的价值取向，服务中的情感享受，以及核心用途的技术时尚，似乎都是产品定义中重要的组成内容。定义中的原意或许是指企业的品牌感知、希望强调整体的、非视觉化的信息因素。

如此看来，产品的一般概念显然是不适合企业产品的识别定义的。

三、从一般产品到企业产品的转化（共性与个性）

专业的定义与理论模型往往是抽象的，它强调一般原理。而设计的工作却是要形成具象化的形态概念。设计概念的产生取决于设计师对用户体验和企业经营要求的理解。信息在这三者中的传递与过滤，决定了一般产品到企业产品的成功转化，必然是一个巧妙妥协与有趣平衡的过程（图7-7）。

同时，也为最终的产品设计概念带来了两个必然的设计属性——产品的共同属性与个体属性，也可简称为共性与个性。例如，西门子公司的家用冰箱首先应该具有冰箱的属性，然后才是其独特的品牌个性。

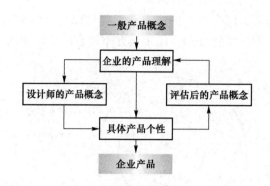

图 7-7
一般产品到企
业产品的转化

分析一般的产品概念转换到企业产品概念的简单流程和决定因素，可以大体了解识别特性形成的原因，从而确立产品识别的基本内容。

四、企业产品的三个识别内容

构成产品的每一个因素都可以成为识别体系中的一个要素。而每一个因素都会随时间、空间等具体环境的改变而改变，识别内容的特征化必然会因此具备无限的可选择性。选择哪几个因素或因素的组合作为识别特征，需要企业结合自身情况对下述问题进行综合考虑：

1）如何逐渐形成合理的企业产品识别理念与体系。唯有如此，才能形成鲜明、统一的品牌形象，使企业的所有产品形成一股合力，满足竞争的需要。

2）如何因时应景调整识别的特征与形式，以适应时代的变化。研究并把握时代的相关变化，如时尚、技术、工艺等诸多方面，以及建立长期的企业产品识别内容研究机制是潜在的两大任务。

3）如何在不断的变化中保持企业设计文脉的延续性。

第三节　产品的分类与创新内容

一、企业管理中的产品分类

产品的分类方法多种多样，明确不同的产品类型，有利于企业根据不同的变量关系制定适宜的产品策略。而这些产品策略也是产品识别设计中，对相关产品集群进行识别规划的参照依据（图 7-8）。

1. 根据企业经营目标分类

从企业经营目标来看，企业的产品只存在两种基本状态：现有产品和新产品。现有产品是对旧有产品进行肯定或否定后产生并存在的，是企业产品经营的一种历史回应。而新一轮即将投入生产的产品，也应该是对现有产品的改进、改型或进行多样化的繁殖与拓展。

对企业来说，采取这样的产品分类方式，有助于促使企业从已有的资源中分析成败得失的原因，从而保证产品经营的延续性，这是保持并逐渐拓展明确的消费市场的稳妥做法，也是企业经营成熟产品时最常采用的分类方法。

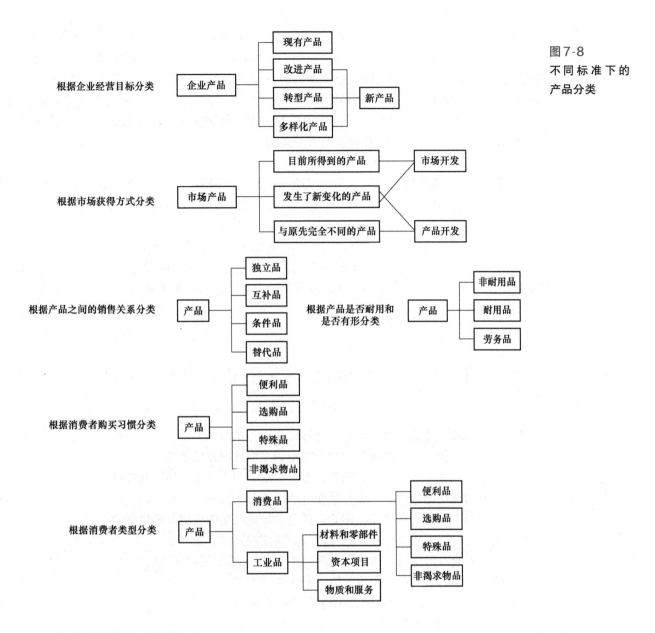

图 7-8

不同标准下的产品分类

2. 根据市场获得方式分类

如果市场需求是明确的，那么企业在产品经营过程中所要关注的就是满足此类需求的产品是否出现了新变化，这种变化的幅度有多大，以及是否具有更强的吸引力，然后从这些分析中判断是否并如何回应产品的变化。对一种特定的市场需求来说，产品的新变化通常体现在成本、工艺、材质或使用方式的变化上。企业通常需要考虑是否可以进行相关联的市场开发，或是通过产品开发来保有或争夺现有市场。

3. 根据产品之间的销售关系分类

有时因为购买了一个产品，就必须或极有可能购买其他的产品。就像购买了相机，就需要配置一个与之配套的摄影包，然后会考虑增配镜头、三脚架等。从销售上讲，充分利用已有的销售及售后资源是企业获取竞争优势的一个有效手段。

4. 根据产品是否耐用和是否有形分类

明确产品的耐用与否，有助于企业形成正确的经营思路，尤其是研发思想。常用品的消耗频率越快，使用周期越短，开发的思路与表现的形态就越多，通常产品就会呈现出两种极端状态：一种是因为使用的习惯定势而保持较为单一的种类；第二种是因为生活的多样需求而品种、样式极度丰富。耐用品使用周期越长，对技术、工艺、结构和材质的要求就越高，研发周期也就越长。对通用性和互换性的长期考虑，使类似于 DIY 的模块化程度越来越高。在这种情况下，产品的设计思路也因此大受影响。

5. 根据消费者购买习惯分类

根据消费者的购买习惯进行分类，有助于促使企业以科学研究的态度分析影响消费习惯的各种因素，当然还包括研究习惯本身是否合理，从中寻找产品更替的充分依据。

6. 根据消费者类型分类

消费类型不同，购买动机各异，对产品内容的要求也就有所偏重。消费品总是体现出较浓厚的生活气息和时尚气息；而工业品则总是极力迎合使用者的经营要求，注重人机环境的协调统一。相对而言，有限定制或许应该成为较大型工业品的理想经营模式。

二、产品的创新内容

1. 新产品的定义

新产品是指与老产品在技术指标、性能、结构、用途和使用方式上具有本质不同或明显差异的产品。

2. 新产品的类型

1）具有全新功能的产品，如首次能够传送视听信号的电视。

2）在现有功能上进行改进的产品，如用音叉取代摆轮的手表。

3）具有新用途的现有产品，例如，烟雾筒最初用于杀虫，后来用于喷涂等。

4）具有附属功能的产品，如在早期电话的基础上增加一些功能的免提电话。

5）开辟新市场的现有产品，例如，通过市场重新定向或将某地区的商标打入另一地区。

6）通过降低成本招揽更多客户的产品，如便携式计算器。

7）通过对现有产品的一体化形成的高档产品，如带时钟的收音机。

8）降级产品，如制造商出售的原先购买的零部件。

9）改进式样的产品，如汽车和服装的不断翻新。

3. 新产品的分类（图7-9）

企业要推出的产品必定是"新"的，然而新或旧都是相对的，划分标准的不同决定了企业产品的不同组合。因此，从设计的识别角度重新理解新产品的分类是有必要的。同时，新产品的分类实际上对产品的新内容做出了具体的企业定义，这使设计在目标内容上有了明确的要求。

（1）按新产品的技术开发类型划分　利用最新技术开发出来的新产品，需要在外部的识别上表现出与原有技术的差别。如 Alessi 在金属核心研究计划实施过程中决定采用不锈钢镂空这一新技术，原有的冲压成形的金属水果托盘自然就会以镂空的技术形态出现，这种镂空形式一旦与诸如剪纸娃娃一类的人文原型形态结合，必然会产生新产品的全新识别特征。因此，新技术的设计应用通常具有很强的拓展性。

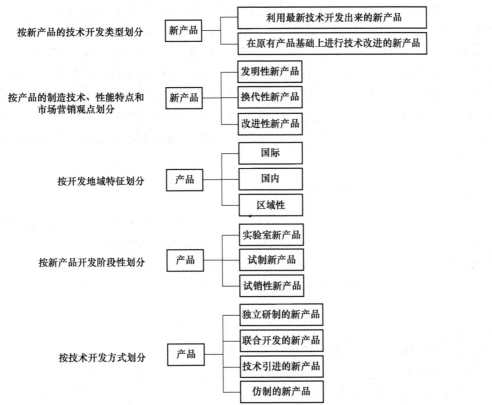

图 7-9
不同标准下的
新产品分类

对于在原有产品基础上进行技术改进的新产品，一般是延续原有的产品，使其在主要识别特征基本不变的情况下，依循时间的轨迹进行适度调整，在增加品种花色的同时，保持品牌形象的一贯性。

（2）按产品的制造技术、性能特点和市场营销观点划分　从识别设计的角度看，发明性的新产品属于开拓型的，企业更愿意赋予它们全新的原型、概念和主题，但在设计的整体理念上保持不变。由此多产生新的产品品牌，形成新的产品项目。

换代性新产品产生于原有产品的基础之上，多属于技术升级。例如，奔腾 CPU 的升级，采用高性能 CPU 的计算机在外观上应该与较低性能的计算机有所区别。

改进性新产品在外观上应体现出历史延续性。因此，外观改变多少和新旧问题必将成为设计考虑的识别问题。

（3）按开发地域特征划分　决定文脉的因素不仅有历史，还有地理和民族的问题。AB-SOLUT 公司在产品的分类上迎合的正是按消费地域划分的方法，并在此基础上引入了地域文化的内容，构建出一套有趣的主题理念：法国地区葡萄架下的浪漫探险，北欧地区冰雪森林中温情豪爽的探险，墨西哥地区的热情奔放的探险等。当然无论主题如何变化，浓烈的刺激感和冒险的新奇感这一 ABSOLUT 的产品时尚文化理念是始终不变的。

（4）按新产品开发阶段性划分　新产品的设计不应该是一蹴而就的。无论是出于降低风险的考虑，还是出于培养设计力量，抑或增加设计概念、原型、素材库，以便于筛选的考虑，企业都有必要在新产品开发的不同阶段调整设计的内容偏向。Alessi 设计管理在概念管理内容上的研究大抵源于此。

（5）按技术开发方式划分　新产品的来源可以从技术的获得方式中去寻找。例如，索尼和爱立信的合作产生的是一个更具吸引力的品牌。当然，电子行业和运动产业的结合会产生更多的具有更为专业的运动型电子产品的设计概念，如运动型的 MP3 或运动型的三防手机等。尤其需要强调的是，新产品是多种技术并存的，因此技术的获得方式有一个主次的组合问题。这就要求依凭技术产生的设计能够成为识别品牌形象的要素之一。现实中，企业的新产品分类一般不会只采用单一的标准，而经常是多重标准的组合。这一情况导致了企业产品组合策略的复杂性和独特的可识别性。因此，新的产品分类可以也应该成为识别设计的一个重要来源。

三、新产品创新大纲概要

新产品创新大纲是企业进行新产品开发的指导纲要。一般来说，它从产品竞争领域、新产品活动的目标和实现目标规划三个方面对开发的基本活动进行说明，解决了 5W1H（WHO/WHEN/WHERE/WHAT/WHY/HOW）的基本问题。

下面试列举新产品创新大纲的基本概要，以供参考。

1. 产品竞争领域

（1）产品类型或等级

（2）最终用户应用、活动

（3）顾客群

1）用户状况：现有用户和新用户。

2）人口统计方面。

3）心理统计方面。

4）分销状况。

（4）技术

1）科学、技术、艺术。

2）经营。

3）营销。

2. 新产品活动的目标

（1）发展

1）迅速发展。

2）受控发展。

3）维持现状——更新。

4）受控收缩——转移。

（2）市场状况

1）创造新的市场机会。

2）扩大市场占有率——进攻型。

3）维持市场占有率——防御型。

4）放弃市场占有率。

（3）特殊目的

1）多样化。

2）季节性调整。

3）避免被收购。

4）建成生产线。

5）投资、资产收益率。

6）资金回收。

7）维持、改变企业形象。

8）其他。

3. 实现目标规划

（1）关键创新要素的要素

1）市场和市场营销。

① 竞争对手的产品。

② 市场重新定位。

③ 特许权扩展：商标、公司名称；销售人员特许权；交易地位。

④ 用户研究，未满足的需求。

2）生产、经营。

① 工艺、制造技术。

② 产品质量。

③ 低成本。

3）技术创新。

① 内部资源，包括基础研究、应用研究、开发和生产。

② 外部资源，包括合资公司、许可证和收购。

（2）所用创新程度

1）先导。

① 艺术性突破。

② 杠杆性创造。

③ 应用技术。

2）适应：技术性和非技术性。

3）模仿、竞争。

① 紧跟战略。

② 分片特许。

③ 经济手段和价格竞争。

（3）次序、时机选择

1）率先进入。

2）敏感反应。

3）迟钝反应。

（4）特殊方面

1）避开职能。

2）避开法规。

3）产品质量水平。

4）获取专利的可能性。

5）有无组织体系。

6）避开竞争对手。

7）仅进入发展的市场。

8）其他。

第四节　企业产品的层级体系

一、产品的层级与公司产品的层级策略

量体裁衣的个性满足要求企业在目标市场定位、目标市场细分的基础上，因应竞争环境，根据自身的战略、战术意图做出每一销售周期的产品更新。对应企业的这一产品选择，自然地形成了各自不同的产品层级。理论上，可以根据完整的开发步骤拟出一些相关的层级模型，以便理解和研究。

一般的，企业的产品可以归纳为如图 7-10 所示的五个层级。

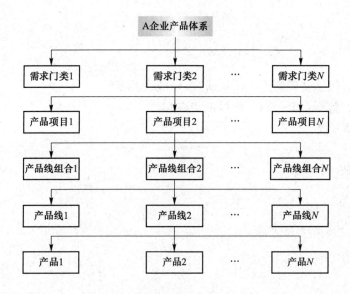

图 7-10

企业产品层级图

（1）需求门类　指构成产品集的基础的核心需要。例如，Alessi 的传统制造领域仅限于厨房桌面制品，满足人们在厨房桌面上的生活需要，这是企业对产品需求的一个定义。当然，相比定位于厨房餐具或咖啡用具需求的企业而言，Alessi 的定位似乎显得更为宽泛，划分标准也大为不同。

（2）产品项目　指由具有同一品牌和相同设计主题的所有产品类别组成的集合。例如，Alessi 推出的 Girotondo 项目设计，数以百计的产品都试图通过对娃娃剪纸图案的不同运用，唤起消费者的儿时被关爱的回忆。

（3）产品组合　一般指根据消费者细分或需求细分，为占据某一局部市场的相关位置而开发出一系列的产品。例如，在 Girotondo 产品项目中，针对果品盛放需求推出的所有产品集

合。产品组合归根结底是为了体现企业的市场占有策略，这样，对市场需求的不同理解必然会导致不同的产品项目划分。对 Alessi 来说，划分的标准可以是多重的，最终，为实现企业的设计师策略，Girotondo 产品项目以 KK（KINGKONG 组合的英文缩写）命名，并被用于对外宣传的产品目录上。

（4）产品线　指同一产品项目中具有相同设计原型的一组产品（图 7-11）。在企业中，产品线的极度扩张也会形成产品项目。例如，Girotondo 产品项目的形成就是这样，在娃娃剪纸图案用于产品设计的前两年，企业采用不锈钢镂空工艺推出了高低不同的果盘系列，这是产品线的一种基本形式。此后，在验证了设计原点的正确性后，企业确定了设计的思想和相关的主题，开始在广泛的产品种类中实践这些设计理论，此时 Girotondo 就正式成为企业的产品项目了。

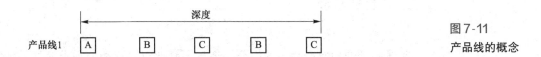

图 7-11
产品线的概念

（5）产品　在设计中，人们关心的企业产品总是隶属于某一产品线，具有特定的原型特征和主题特征的个性产品。

在企业的宣传中，还可以看到诸如产品系列、产品族群的说法。一般的，产品系列是对具有较紧密关系的产品集合的泛称，有时指一种产品线，有时指一类产品组合，有时可能指一组式样不同但功能上可以相互配合使用的相关项目。产品族群则是对产品各个层级的泛指。

二、产品线的概念与内容

1. 产品线的概念

在企业中，产品线是指密切相关的一组产品，它们以类似的方式发挥作用，出售给同类顾客群，通过同一类型的渠道进行销售，或者售价在一定的幅度内变动。在设计管理中，这样的一组产品往往因为集中于某一消费需求点而具备相同的形态原型，体现为对某一原型的众多置换与变形。例如，MENDINI 为 Alessi 设计的 ANNA 产品系列，始终以 ANNA 的人头图案作为贯穿所有产品的基本原型图案。

2. 产品线的管理策略

企业一旦在市场上获得了初步的立足点，就会开始努力填补其产品线。产品线填补的作用在于两个方面：一是加强已占据的市场区隔的原型产品密度，在合理的经营成本范围内，在最大限度地适应消费个性化的基础上，压缩竞争对手的生存空间；二是力求在总体市场中，能够接触到更多的市场区隔。企业主认为，面对已经占领的较有利润的产品、市场的竞争者，宽阔的产品线是保证长期成功所不可缺少的。如果企业将自己局限于当初进入的市场区隔，那么，它将只能对广阔的市场进行有限度的渗透。

为达到第一个目的，企业通常采用原型产品繁殖的策略；为达到第二个目的，企业通常采用产品延伸策略。

（1）产品繁殖　产品繁殖是指在产品线的每一个部分推出许多种产品形态或机型。在许多产业中，企业往往采取产品繁殖的方式作为市场渗透的主要策略。通常产品改良也属于这一范畴。

产品繁殖能够满足企业的以下目的：

1）它允许企业对更多的区隔市场进行诉求，在增加了企业的产品线后，就可以迎合不同的品味、偏好和水平。

2）产品的数目越多，紧密结合配销通路与零售店的能力就越大，这种做法使其他企业难以打进配销通路，也很难在有限的货架（或展示）空间上取得一席之地。

（2）产品延伸　产品延伸改变了产品线的长度，而这种延伸需要许多年的积累。

从总体上看，企业的产品线只是该行业整个范围中的一部分。如果企业超过现有的范围来增加它的产品线长度，就叫产品线延伸。企业可以选择向上、向下或双向扩展。一般情况下，产品线的过度延伸，将增加设计、生产和销售管理上的难度。为解决这些问题，企业通常会将其设定为产品项目来进行更高层次的开发。

三、产品线组合

1. 产品线组合图

产品线的延伸构成产品线的组合，体现了企业对具有相似需求偏好的消费群的综合理解，是企业相关产品策略的具体表征（图7-12）。

2. 产品线组合三要素

（1）产品线组合的广度　指一个企业所拥有的产品线的数目，它反映出企业所生产产品的品种数目或产品系列数目。

（2）产品线组合的深度　指每条产品线中所包含的产品品种规格，深度越大，意味着企业能够提供的产品规格和型式越多。

图 7-12
产品线组合图

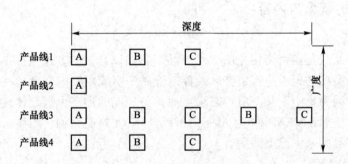

（3）产品的关联程度　指各产品的使用对象、生产技术条件、分售网点、原材料的采购和使用及其他方面相互关联的程度。

（4）组合三要素的作用　拓宽产品线广度将拓宽新市场，有利于发挥企业潜力；加深产品线的深度可以更好地适应市场的需要；而加强产品线的关联性，则可以发挥企业在有关专业方面的能力，增强企业在市场上的竞争力。因此，企业通过拓宽产品组合的广度、加深其深度，以及加强产品线的关联性，可以起到促进产品销售、增加企业利润的作用。

在企业中，产品线组合根据产品涉及的目标需求和门类跨度，分为全线全面型、市场专业型和产品线专业型。

四、产品组合的概念与内容

在每一个销售季度，企业总要推出一组新的产品来满足消费和竞争需求，这组新产品与同时占据市场份额的其他产品一起被称为企业在该季度的产品组合。在企业中，产品组合可以看作企业针对目标市场构建的产品"组合拳"，如产品的各种花色样式的配合。

产品组合要解决的问题，是如何在提升企业品牌识别形象的同时，合理地利用有限的资源达到最佳的市场占有率。它集中体现了企业每一时段产品市场投放的策略。反之，企业在考虑产品投放策略时选取的角度各异，势必会导致产品组合的不同变化，甚至分属不同的产品层级。

（1）按照产品功能相互配合使用的相关组合　例如，日本尼康公司生产的照相机都附有各种用途的镜头、滤光镜及其他配件，所有这些产品项目就构成了一个产品组合。

（2）按照产品的市场生命周期不同阶段划分的相关组合　分为导入期产品（组合）、成长期产品（组合）、成熟期产品（组合）和衰退期产品（组合）。

（3）按照产品的市场投入的主次关系形成的相关组合　分为形象产品（组合）、拳头产品（组合）、匹配产品（组合）和滞后产品（组合）。

一般的，企业的产品分类基本上决定了产品组合的区分与组合标准。事实上，产品组合基本没有严格的层级区分。在一般情况下，它集中地解决了企业市场策略的产品运用问题。产品线是一种组合形式，产品项目也是一种组合形式。

第五节　企业的产品树状层级体系

一、企业产品树的概念

无论企业生产多少产品，作为个体的有限资源总是促使企业集中于某些特定的领域。归核化选择意味着企业经营的产品总是集中于某一方面的有机组合。如果直观地认为企业是一棵树，那么树上的果实就是其赖以盈利的产品。将企业的产品按照生长规律绘制在一张树形图上，就构成了产品树的基本概念。

可以根据研究的需要绘制包含企业有史以来全部产品的树形图，也可以绘制某一阶段企业现有产品的树形图（图7-13）。

二、产品树的企业识别问题

记住森林中的每一棵树是不可能的事情。一些树之所以能脱颖而出，给人们留下深刻的印象，不仅是因为树种的珍稀。对于相同的树种，我们可能感兴趣于某一棵树的历史沧桑，或感兴趣于它的独特体态与环境的特殊融合。这是识别产生的主要因素。

借助树的形态来区分企业的形象是一个直观而有效的方法。企业的不同形象是长期市场竞争中"物竞天择"的自然结果，这取决于包含了企业经营中的产品战略的长期作用，取决于了企业产品经营策略的不断调整，表现了产品组合的不断调整、更替和更新，最终体现为产品集合的总体形象。借助树的概念，可以更加直观和条分缕析地分析识别形成中的相关因素。

我们可以绘制企业所有的产品树图，以此建立一个完整的产品集合框架体系，形成整体的识别原型数据模块；也可以绘制每一阶段的产品树图，比较树图中的变化，有条有理地分析其产生的原因。

图 7-13
产品树

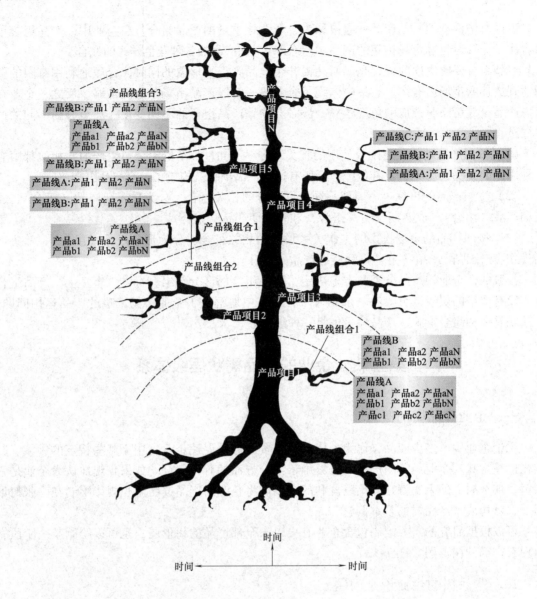

产品线组合3
产品线B:产品1 产品2 产品N

产品线A
产品a1 产品a2 产品aN
产品b1 产品b2 产品bN

产品线B:产品1 产品2 产品N
产品线A:产品1 产品2 产品N

产品线B:产品1 产品2 产品N

产品线A
产品a1 产品a2 产品aN
产品b1 产品b2 产品bN

产品项目N

产品项目5

产品线组合1

产品线组合2

产品项目4

产品线C:产品1 产品2 产品N
产品线B:产品1 产品2 产品N
产品线A:产品1 产品2 产品N

产品项目3

产品线组合1

产品项目2

产品线B
产品a1 产品a2 产品aN
产品b1 产品b2 产品bN

产品线A
产品a1 产品a2 产品aN
产品b1 产品b2 产品bN
产品c1 产品c2 产品cN

产品项目1

时间
时间 ← → 时间

三、企业产品树的空间结构

我们可以将产品的层级关系纳入产品的树形结构中。果实总是生长在树的各个枝头，而树枝总是从主干开始逐级变细。这样，首先就可以借助树枝的层级来表现产品的层级；其次，树枝的大小、主次就与产品的组合主次有了关系；最后，产品线层级的树枝长短、大小就自然表示了产品线的长度和宽度。借助这种形象的树形图分析企业产品识别中的形态识别特征、理念识别内容、设计战略与策略，是产品开发设计中确定设计理念的有效研究工具。

例如，要确定产品的设计主题，可将产品形态对应地放置在企业产品的树形图上，分析每条产品线中设计特征的延续与更新问题（借助基因的遗传与变异理论，可以深入地分析研究这一问题），从中找出适合企业发展的产品延续的基本特点，借此总结、辨析、比较、归纳其中的设计主题及其变化。

四、企业产品树的时间问题

和树一样，所有的企业都有其发生、发展、衰退、消亡或再发展的过程。更重要的是，企业在这一过程中表现为一种持续性，例如，IBM 永远也不可能成为 Apple。

在创建初期，企业通常首选的稳妥策略，是从一个或有限几个产品经营开始，一旦其中的一个或几个产品被市场接受，则尽快地发展它们，使其形成产品线；拓展它们，利用现有的技术优势，最大限度地满足目标消费者的相关需求，形成产品线组合。在这些产品的市场相对稳定并积累了足够的资金后，为抢占商业先机，满足新的产品需求将被提上议事日程。然而，新的产品不可能脱离企业经营各个环节中现有的人才结构、基础设施的持续发展，因此，即便是利用嫁接技术，苹果树上的李子也将是苹果味的。不能从企业主干中获得相应营养的新产品很快就消失，而适合的产品也只有吸取足够的营养，才能逐渐丰硕。也就是说，失败的产品数量应该限制在企业所能承受的范围之内；不符合产品树特征的产品，则应在一开始就排除在计划之外。

不幸的是，企业对创新产品设想的控制能力并不是与生俱来的，而是在与失败的长期交流中获得的。相当多的产品设计，总是在投入生产后才开始表现出其糟糕的一面；更为可怕的是，一些产品甚至在初期可能因为某种意外的因素取得了成功的销售额度，在企业将其设计理念发展到众多的相关产品中之后，才发现不得不终止已经付出的努力。

要在产品开发中增强这种把控能力，可以将时间因素引入产品树中。以远离主干为时间流逝的方向、从上到下、从里到外地绘制企业的产品树图。我们可以比较各个产品组合的发展情况，分析成功或失败的原因，对即将发展或新增的产品线进行前景预测。然后在长期不断地进行这项工作时，对每一阶段预测的准确性再做出分析。这是获得产品更新与创新设计控制能力的一种有效途径。

如果将象征产品的形态图形绘制到产品树图上，则可以研究产品的原型及其置换变型的关系，从中寻找出主题特征的集合规律。

如果将产品形态的文化描述（如形容词的文字描述）绘制到产品树图上，则可以分析文化内涵中的共性规律，从中归纳设计的文化原型。

如果将设计主题的产品演绎绘制到产品树图上，则可以对产品主题的演绎方式和表现形式做出原则上的判断。

第六节 如何认识产品设计

一、产品设计的基本观点辨析

产品设计是一个不很科学的提法。因为产品中包含原材料和各类零部件，有些东西是不需要工业设计师进行设计的。在产品开发过程中，技术设计、商业设计、工艺设计、材料设计在不同的时期、不同的领域，有时候不需要工业设计师的参与。

国际上通行的提法是工业设计，是指以工学、美学和经济学为基础，对工业产品进行使用方式、人机关系、外观造型等综合设计与定义。在工业设计学科中，产品设计是作为专业化细分提出的，对应的是工业设计中的日用品设计、交通工具设计、用户界面设计、推广传播设计和传达设计等，它解决的是工业化产品中的工业设计问题。

在现代商业化的竞争环境中的，解决的是产品的品牌化、用户的感知体验和社会的价值评价问题。简单地说，就是在社会价值的认同下，基于特定生产者的品牌要求，为特定用户群的工业化产品提供基于感知体验的设计需求。

概括地说，产品设计需要从全面的产品内涵中，进行基于品牌、用户体验和社会认同的整合式工业设计。

产品设计需要立足于市场需求，根据企业的定位诉求，从构建企业产品体系的目标出发，进行基于品牌、用户体验和社会认同的整合式工业设计。

二、从产品开发中认识产品设计

产品设计的提法是应对产品开发，它只是产品开发中的一个部分，建立完整的产品开发流程模型是设计师首先需要建立的基本观念。唯有如此，才能够在分工中知晓在何时、何处合理地融入系统的开发活动，才能清楚每一阶段的问题任务与评价标准（图7-14）。

图7-14
产品开发流程图与设计事务关系图

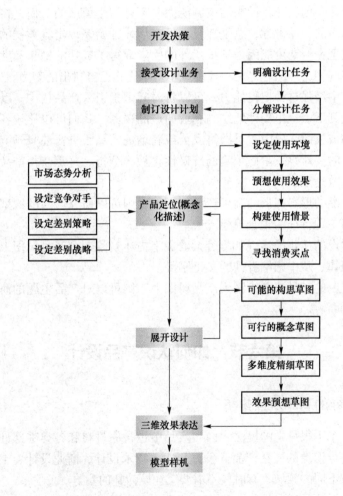

三、产品设计的一般分类（层级分类）

在工业产品设计中，通常会根据设计的难易程度进行多样的层级分类，建立一个对应的金字塔结构模型（图7-15）。

图7-15
**产品设计的层级
分类**

图案化设计俗称花色设计，也称平面装饰设计。它是实现产品多样化最为常见的方法，具有投入小、见效快等优点。例如，SWATCH手表的设计。

改良设计是在原有产品上进行局部要素的改动。例如，增加产品功能，改变其材质，在保留其特征形态的基础上进行不同程度的造型演化。改良设计的目的，是在维持用户使用习惯范畴内的有限度设计，以期达到产品线延伸与繁殖的目的，是实现产品多样化和品牌化的最常用方法，如iPhone的系列产品设计。

创新设计也称原创设计、概念设计或革新性设计。从工业设计的层面讲，是相对于改良产品，能够给用户带来有别于前者的具有全新体验的设计。需要强调的是，创新设计不同于发明，而是偏向于用户感知体验的新颖使用方式或风格设计。在企业产品战略中，往往体现在概念性设计和节点产品的界定中。

四、产品设计的目的与产品设计师的职责

1. 产品设计的目的

产品设计是在已有的技术和用户需求的基础上，对目标产品进行感知体验的推陈出新，通过适当满足用户的需求，来达到满足企业市场竞争需求和社会发展需求的目的。

基于用户体验来讲，是对其需求进行个性的多样具象化，以满足不同的感知体验。简单地说，工业设计的目的，是在工业生产条件允许的范畴内，获得具有良好感知体验的产品。好的产品设计，应当是合理而科学的，适合用户需要的，被设计赋予相应灵性、性格、美感的。由此产生各类风格设计，如机械美学装饰设计、仿生学设计、文脉主义设计、功能主义设计、情境设计、体验设计等。

基于企业的市场需求来讲，是根据市场竞争的态势，选定差异化的目标个性，依靠差异化的感知体验设计来吸引消费，构建战略性的客户群。这是品牌设计的核心体现，也是形成品牌设计的必然途径。当然，品牌的差异化设计，必然是通过统计学中圈子文化的风格设计得以最终实现的。反言之，各类风格设计又是对应目标用户群的偏好产生的，具有品牌传递的圈子文化的再现。

基于社会发展需求的角度来讲，社会首先是群体化的，从行业、区域、国家和整个社会的层级角度，产品设计应当考虑其中的相互合理的竞争、科学的定位和和谐发展。在设计问题点的选择上，深入、细致地考虑各个层面的社会问题，从有效、可持续解决社会问题的角度，对产品设计的任务进行系统的界定。这是企业经营中格局的体现，也是各类竞赛设计中

设计问题点的源头。其次，社会的持续与协调需要充分考虑个体的需求，合理地平衡两者之间的矛盾，并从中做出取舍，是产品设计发展战略的依据。由此产生了人本设计、价值工程设计、绿色设计、可持续设计等。

2. 产品设计师的职责

产品设计师的职责是由产品开发设计流程中的工作任务细分决定的。因此，应根据产品开发的目的设定开发流程，然后根据设计任务对每个流程环节中的工业设计内容做出详细的界定。事实上，现代的设计分工也是在这样的职责界定的基础上进行划分的。

设计师在产品设计过程中的职责界定，对应于设计分工，体现于设计流程的衔接，归属于设计的任务管理。

从产品设计的流程来看，问题的提出—分析—解决是基本的逻辑顺序。

设计师首先应当具备发现和转换问题的能力。面对目标产品，设计师需要因时、因地、因人，遵循使用情境，全面考虑诸如生产—流通—消费—再生产的各类循环关系模型因素，从用户、客户、社会的综合关系中，系统地梳理出具有价值的问题点，然后把这些问题点转换为感知体验设计中需要达成的设计问题，在对设计问题赋予价值权重的基础上展开设计。一般的，问题的提出体现于产品设想。

其次，设计师应具备科学分析问题的能力。设计问题的权重，首先有赖于充分而翔实的用户调查研究与市场调查研究；然后是对设计效果的历史研究，这体现于时尚的更新和经典的延续。

最后，设计师应具备能够合理创意，利用造型解决问题的能力。这是产品设想转化为产品设计概念的过程，也是设计师专业能力最核心的体现。

合理的创意首先在于对问题解决方式的独特理解，如马鞍椅的坐的方式，使用方式往往体现于功能形态；其次在于对功能结构的装饰性附形的选择上，例如，马鞍的原型选择何种时期、何种风格、何种元素，如何与功能形态有机而巧妙地融合，最终形成形式各异的设计概念（图7-16）。

图7-16
两种不同的马鞍椅设计概念

第七节 如何学习产品设计

在理解产品设计定义的基础上，构建企业、用户、设计师与产品的关系图，是学习产品设计的先决条件（图7-17）。

图7-17
产品设计关系图

在此基础上，对产品设计的基本任务进行细致的分解，对应设计师的职责，是学习产品设计的有效途径。

一、产品设计初期的任务

产品设计的展开，始于对项目课题的认识和理解：

1）通过设计任务书，确定课题的目的与任务，对目的与任务进行分解，明确每一阶段、每一环节的具体事务和评价标准。

2）根据设计任务与流程，进行人员、时间等资源的配置，拟定设计进度计划和管理表单。

二、产品设计的基本任务

对技术设计人员来说，产品设计任务是为产品提供满足功能的合理技术组合，解决产品的技术问题；对工业设计师来说，则是为产品提供满足需求的良好的感知体验形式，解决的是基于可视化的形式问题。这是产品设计的最基本任务。

要实现美的使用，设计师必须解决功能和形式的合理匹配问题。以什么样的形式表现什么样的功能，自然也就成为设计师追求的目标。至于合理性，一方面强调了形式与功能的相互关系；另一方面，则要求形式必须满足批量生产的机器形式需求。换句话说，工业设计师必须用工业化的产品形态语言，来合理解决功能与形式的融合问题，以实现产品美的使用。通常情况下，纯净的线条就是工艺美术运动以来现代设计的产品特征（图7-18）。

图7-18
产品的纯净形态美

美的使用，主要是指产品使用的良好感知体验。它源于对使用者需求的满足，这些需求可能是明朗的，也可能是潜意识的、未曾清晰化的。所以对消费者的接触、购买、使用、维护、废弃等一系列行为进行细致的调研、分析、预测，从而设定需求参数，设计具有良好用户体验的产品，是产品美的使用的基本设计流程。

从功能与形式完美统一的实现途径来说，美的使用因为在设计、生产和使用环节的传输，会体现为信息在创造、生产和使用上的同质化流动。简单地说，美的使用就是一种形式文化，其基本特性在于它的可交流性。作为一种可交流的形式文化，它的语言实现体系以意象为内核，形成了以文化原型要素、原型的置换变形，由单一或多种原型构成概念，由多个概念构成主题，由单一或多个主题形成哲学理念等要素构成的文化语言体系。当这些要素在统一的理念下形成长期、持续的惯性时，就构成了某种风格，从而使品牌设计成为可能。

三、产品设想与产品概念

设想是功能的，概念是诗意的。设想人人可有，但只有概念是不行的，因为要把对事物的理解，用合宜的形态、手法，巧妙而美地表现出来，所以归属于设计的专业范畴。从设想到概念是一个艰苦的创意过程，这决定了设计师的工作重点首先在于概念的生发，同时也决定了设计管理者的中心任务之一，正在于如何保证合理概念的生发。

在设计中，产品的设想是对要开发产品的需求、技术、造型功能的描述。具有功能形态的产品描述，称为产品的设计设想。几乎所有的生产厂商都能将这样的产品设想纳入新产品开发的视野中。企业的这种产品推向市场并获得成功的关键，在于如何理解使用者的心理需求，选择何种方式和意象来巧妙地演绎设想。前者为产品设计设定研究的角度和基调定位，包含了消费群细分和使用者偏好描述；后者是如何诗意地实现产品功能的问题，其中隐含两个问题：一个是形态的美学问题，另一个是实现的手法问题。

具备独特的文化品位，并符合某种整体识别理念的产品预想描述，称为产品的设计概念（图7-19）。

图7-19
产品的设计原
型与设计概念

四、概念的产生、预想与构成

概念的产生源于对产品的认知，归根结底来自于设计师和管理者对使用需求的认知，这种需求可能是明朗的，也可能是潜在的。它体现为对市场消费群的定位与细分，在细分市场中，最终体现在目标消费群的品位细分上。

消费者定位与细分的基本方法与工具是5W1H分析法，用以定义与描述WHEN、WHERE、WHO、WHAT、WHY、HOW（图7-20）。

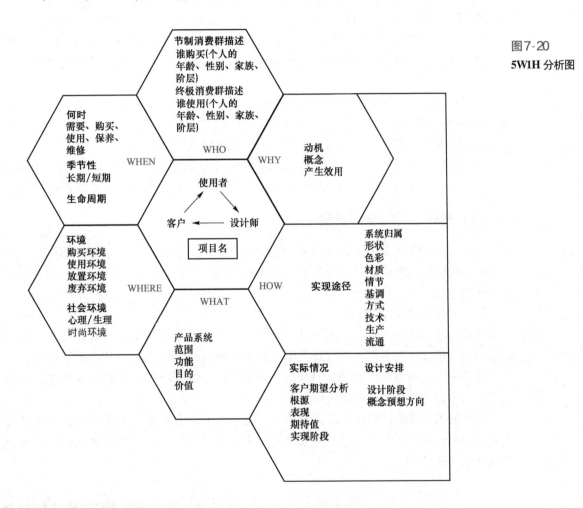

图7-20
5W1H 分析图

首先，通过5W1H分析法确定需求和设计的问题点；然后通过权重的价值分析方法，对问题点进行优先排序，构想使用的场景、过程和达到的效果。在此基础上，进行产品概念的设计，进而形成产品项目。

在产品概念的设计过程中，根据需求问题点和需求问题的满足，首先形成的是具备基本功能结构形态的产品设想（Idea），然后结合消费者的个性品位及其需求满足的效果预想，形成具备良好装饰形态的产品设计概念（Concept）。

五、概念产生的方法

草图是设计师进行思考的基本方式，也是概念生成的基本方法。绘制草图是概念成形、炼形和定形的过程，也是概念发展方向定位、推演和细化的过程。用草图进行思考是设计师的一种本能。

草图从捕捉灵感、想法和创意开始，是串联各种设想（Idea）和概念（Concept）的最好工具。草图的这种串联，通常以主题或概念为内核，以思维导图为逻辑形式来实现，在设计中体现为原型的置换变形。

在设计过程中，根据设计的阶段任务，一般将草图划分为四种类型。

1）快速记录初始想法的构思草图。这一阶段的草图是设计师自己的速记语言，用来确定、分析、解决、优化设计需求的问题点，体现为构思的扩散分布和聚合梳理。

2）形成完整意象的概念草图。这一阶段的草图因为要准确地形成清晰的意象形态和衍生出多种相关概念，所以需要绘制大量的草图，以便进行方案的比较、选择与重组。这类草图通常用于设计交流。

3）进行定形和参数化的精细草图。这一阶段的草图在完善概念的基础上，用以展示功能、结构和形态。多以平面图结合三视图，整体结合细部的方式，形成初步参数化的草图。这类草图多用来和用户进行交流，以获得第一手的终端反馈信息。

4）效果预想草图。这一阶段的草图以精确的形态、色彩、材质和工艺效果，有时结合使用场景，完整地体现设计的概念及其细节。这类草图多用来说服客户，是概念推销的有效手段。

六、产品设计的学习进阶

产品设计的学习是一个由易到难的进阶过程，这一过程源于产品设计需求的基本分类：一是产品的图案化装饰设计，二是产品的改良设计，三是创新型设计。从需求量来看，这也是一个数量由大到小的分类。

1. 产品的图案化装饰设计

在定型或成熟的产品上用图案进行装饰，是使产品线得以丰富的有效手段，也是以较低的成本投入增加产品多样性的有效手段。对于品牌的培育而言，产品的图案化装饰设计甚至可以成为决定性的战略。例如，SWATCH 的 GRAPHICS DESIGN 产品设计战略，就是在标准化的腕表原型上进行文化创意设计。

产品的图案化装饰设计，具体到单个产品概念上，主要是考虑装饰图案与产品及其部件的融合问题；具体到产品系列上，主要是解决图案的主题、风格和图案原型的置换变形的规律化问题（图7-21）。

图 7-21
STAMPS 腕表的
图案装饰设计

2. 产品的改良设计

产品的改良设计一般是产品线繁殖和延伸的实现途径，是基于原型产品的再次设计。

设计过程中，首先需要对消费满足和潜在消费进行深入细致的比较分析，以获得有限更新需求的问题点；然后，对产品的功能进行分析、增减、重组，以获得改良的功能形态；最后，对原型产品进行造型上的调整、变化。因此，改良设计往往也被称为有限创新设计。

在改良设计中，设计师通常会延续原型设计的既有风格，进行经典的积淀打造和时尚的更新。在产品设计上，自然会形成经典款式和新型时尚款式的分野。在这一过程中，锤炼提纯原型要素，提取时尚元素，再将两者进行有效的融合，就成为设计师的中心任务，同时也形成了设计文化的脉络（图7-22）。

图7-22
FAN- ITI 吉罗通
多水龙头产品改
良设计

3. 创新型产品设计

创新型产品设计俗称原创设计。当然，创新不是发明，它是相对现有产品而言的，具有颠覆性的更新设计。

这类设计具有极强的实验性，主要是为了探究不同于现在的新的方向性的风格、时尚、概念，体现为用户感知体验的全新改变。

在意象设计文化中，创新体现为新的主体原型。这一原型所具有的特征与现有主体原型的特征，通常是相对或相反的，这种颠覆性的背离在很多时候又表现为历史的回归。例如，米斯椅之于巴塞罗那椅，以及尼康的 DF 系列之于 D 系列单反相机（图7-23）。

在现实设计中，因为创新设计的前瞻性和实验性，其风险是所有设计类型中最大的，所以它们需求量最小。但是，高风险意味着高利润，因此，成功的创新产品往往会带来无与伦比的收益与机会。这也是众多国家、机构和企业以创新为主要战略的原因所在。

4. 构建设计师自己的专业资料库

产品设计的学习是一个不断积累的过程，设计能力的提升有赖于对理论的掌握、对案例的研究和对实践的身体力行。在设计管理过程中，要评价设计人员的专业与否，通常首先看他（她）是否构建了自己的专业资料库，并且在持续不断地丰富与调整自己的资料库。

图 7-23
尼康 **D** 系列的
流线型功能主义
风格与 **DF** 系列
的复古机械美学
装饰主义风格

　　资料库的构建首先取决于理论知识的框架体系梳理，而知识体系的梳理又受到所从事领域的影响。在产品设计中，专业领域的浸润带来的是专业知识的精通，甚至是专业领域门槛的形成。例如，交通工具设计、汽车设计、家具设计和座椅设计这样的专业领域。对于长期从事某一门类产品设计的设计师，有时候会长期从事诸如儿童座椅等专一门类的产品设计。这些专门领域的设计，会更具产品本身的共同属性，形成专有的设计理论、方法与工具。

　　其次，资料库的构建取决于设计的前瞻性和预见性，这是基于设计根本任务的考虑。设计属于未来，解决的是用户新的产品感知体验问题。这集中体现于对历史的继承和对时尚的预判，由此形成设计文脉的发展。因此，资料库需要解决经典的积累、分类和时尚的研究、预判问题。这样一来，就形成了以专有领域为中心，以经典时尚视觉要素为拓展，以风格原型为脉络的资料库体系构架。

课后思考题 ∨

1. 什么是产品设计？
2. 企业管理中的产品分类有哪些？
3. 产品组合的概念与主要内容是什么？
4. 企业产品树的基本概念是什么？
5. 产品设计的基本任务分解有哪些？

第八章

视觉传达设计

第一节　视觉传达设计概述

一、视觉传达设计的概念

视觉传达设计（Visual Communication Design）是以印刷或计算机信息技术为基础，以视觉符号为媒介，创造具有形式美感的视觉信息，并能对受众产生一定影响的构思、行动过程。

视觉传达的概念最早起源于 19 世纪中叶欧美的印刷美术设计（Graphic Design）的扩展与延伸，但随着现代设计的范围逐步扩大，以及数字技术的不断发展，印刷美术设计表现的内容已无法涵盖一些新的信息传达媒体，如影像设计、电子读物设计、多媒体设计等。1960年，在日本东京举行的世界设计会议中，参会者一致认为必须综合不同媒介的技术特点，对各种信息传达的方式进行归纳，至此，视觉传达设计作为一门学科才逐步确立起来。

视觉传达是以视觉符号为媒介进行信息的传递与沟通，并使信息转变成"看得见的传达"的。"视觉符号"和"传达"是视觉传达的两个基本概念。视觉符号是指人的视觉器官（眼睛）所看到的能表现事物一定性质的符号，如文字、图形、色彩、线条、肌理和空间等。但不管是哪种视觉符号在设计作品中呈现，都要满足功能信息传达的需要，并给人一种形式的美感，体现功能和艺术的高度结合。传达（Communication）在拉丁语中是"沟通""给予"的意思，它反映了传达或通信的基本内涵，是信息发送者利用符号向受众传递信息的过程，它可以是个体内的传达，也可能是个体之间的传达，如所有的生物之间、人与自然之间、人与环境之间以及人体内的信息传达等。传达包括"谁"（设计委托方或设计者）、"把什么"（信息）、"向谁传达"（受众）以及"效果、影响如何"四个程序。传达的最终对象是人本身（受众），所以对人视觉心理和传达规律的掌握是视觉传达设计的关键。

视觉传达设计是以特定的媒体承载视觉符号所表达的信息，常见的媒体有招贴、包装、杂志、网站、APP 界面以及导视系统等。信息是用来传送、交换、存储且具有一定意义的抽象内容，可以分为商业性信息和非商业性信息。在视觉传达设计中，商业性信息是为现代商业服务的，用于传达设计委托方的商业意图、产品信息、情感等，最终实现其利润的最大化，同时也是企业—商品—消费者沟通的桥梁，如广告设计、包装设计、企业形象设计等；非商业性信息用于传达社会公德、设计师的自我情感、非商业组织的理念及公共信息等，如公益海报设计、城市导向识别设计、政府活动宣传等。

视觉传达设计是一门宽泛的、概念性的边缘性学科，具有艺术性、技术性、文化性、交叉性以及交互性的特征。艺术性是视觉传达设计的基本属性，因为好的设计形式可以像艺术品一样供人欣赏。视觉传达向受众传达信息，受众通过形式美来感受，以产生思想的共鸣而留下深刻记忆。苏珊·朗格（Susanne K. Langer，1895—1982）认为，艺术是人类情感符号的创造。视觉传达设计中的艺术性不仅要传达信息，而且要通过形式美让受众产生情感上的共鸣。技术性和艺术性的结合造就了视觉传达设计。从工业时代到信息时代，视觉传达设计出现了前所未有的多元模式与多维建构，由只停留在印刷技术上的平面设计发展到以信息技术为主导的数码艺术设计，如网页设计、APP界面设计、三维动画、影视作品等。

文化性是视觉传达设计本身的固有属性。文化的存在依赖于人们创造和运用符号的能力，视觉符号是人类文化显现的载体和表现形式，所有文化性主要表现为信息与视觉符号本身的文化性和设计师本身的文化修养两个方面。交叉性体现在视觉传达设计是一门交叉了艺术、环境设计、工业设计、计算机技术、传播学、市场营销、经济学、管理学等学科知识的学科。因此，从事视觉传达设计的设计师不仅要有独到的艺术修养、美学感知和图形创造能力，还必须具备许多其他学科的知识。交互性是指在视觉传达设计受众和传达者之间互动通信并交换信息的过程中，现在很多视觉传达设计都将选择权交给了受众，引发受众自发地关注和参与，使受众参与到信息传达的过程中。例如，一些商家把广告所传达的信息隐含在网络游戏的环节中，受众的参与将加深对品牌或产品的认知度，从而达到理想的传达效果。

二、视觉语言与视觉思维

1. 视觉语言的内涵及特征

视觉语言是由视觉基本元素和设计原则两部分构成的具有传达意义的规范或符号系统，是视觉传达的有效载体。

视觉语言与通常的文字语言在本质上是相同的，它们都是人类用于传达信息的方式和载体。文字语言是高度抽象化的符号系统，它根据规定性的语法规则进行组合来传达所要表达的内容；视觉语言则是用经过设计的图形、符号等来表达思想，在视觉语言中，不仅图形的形态具有传达功能，图形的色彩、纹理、组合方式等因素都可以使表达的内容有所不同。在文字语言传达中，同样的文字不管使用何种字体、何种颜色，表达的内容都是一样的；在视觉语言中，任何图形或符号，不论是有机、无机，抽象、具象都可以是视觉语言的元素，文字本身也是一种视觉语言的元素。

视觉语言的上述特点决定了它在传达功能上的优势和局限性。视觉语言与文字语言相比，在传达的精确性、逻辑性上略逊一筹，人们很难使用视觉语言来描述科学定律；但在传达的形象性、情感化方面，视觉语言具有文字语言不可替代的优势。视觉语言可以细致入微地将人类的一些难以言说的感觉传达出来。另外，视觉语言在通用性上要强于文字语言，一件视觉传达作品可以被使用不同文字语言的民族所理解；在传达信息流量上，视觉语言同样超过了文字语言，一件视觉传达作品传达的内容可能需要很长的文字进行描述，而阅读文字需要很长的时间，但人在进行视觉语言的认读时，可以在短时间里全面而深刻地理解，这就是所谓的视觉语言传达的"流量优势"。

2. 视觉思维的认知与形成

视觉思维是一个不属于传统哲学或一般心理学范畴的概念，是一个需要深入研究的问题。著名的美籍德裔艺术心理学家鲁道夫·阿恩海姆曾明确提出"视觉思维"这一概念。在其20世纪50年代的《视觉思维》专著中，鲁道夫·阿恩海姆明确指出："视知觉具备思维的理性功能，一切思维活动，特别是创造性思维活动都离不开'视觉意象'。"同时，他还阐明了"视觉意象"在一般思维活动，尤其是创造性思维活动中的重要作用和意义。所以，通过观看、想象和构造两者间的相互作用，可以定义以视觉意象为运作单元且具有理性功能的视知觉，视觉意象作为视觉思维的媒介，是创造性思维所必需的。如果说思维需要通过某种媒介来运行的话，那么，这种媒介在阿恩海姆看来，并不是人们所普遍设想的语言（词语）或概念，而是视觉思维活动中的意象。因此，为了弥合当代哲学心理学中出现的感性与理性的思维裂痕，阿恩海姆在知觉与思维之间重建了一座桥梁，而思维活动中的视觉意象正好起到了这样一座桥梁的作用。由此，可以说视觉思维是一种直觉思维，它总是在寻找与既存图像的对应中被感知。视觉思维对于物象的感知具有整体性的特点，同时，它对新鲜图像非常敏感，是启动逻辑思维的杠杆。

视觉思维是知觉思维的一种，带有非逻辑的、跳跃式思维的特点，能直接把握事物的本质和规律，并能够用表象进行思维直觉的综合判断。长期以来，人们认为在感知与思维、艺术与科学之间存在一道障碍，似乎感知是缺乏认识作用的，只有感知以后才开始思维并走向理性。但现在人们逐渐明白，视知觉与思维是同时发生的。阿恩海姆认为，艺术活动是理性活动的一种形式，其中知觉与思维错综交织，结为一体。思维与知觉的这种结合并不单是艺术活动所特有的。通过对视知觉的研究可以发现，感官感知周围环境时所涉及的典型机制，与思维心理学中的描述极为相似。

视觉思维用表象进行思维，较多地依靠逻辑表象而不是逻辑推理。因此，它既具有直觉性、跳跃性、敏感性、综合性的特征，也具有突发性、偶然性和随机性的特征。它既可能成为美感思维、创造性思维的基础，但也可能兼有片面、浅表及短暂的不利因素。

（1）认知思维的形成过程　视觉对图形的把握是有选择性的，完全忠实复制原物的作品几乎不存在。从自然物象向视觉形式的转化过程，应该是对艺术直觉的把握过程，是作者最深的"心源"和"造化"，是相接触时的顿悟和震颤。通过对视觉形式的选择和构造来达到创作者的目的，寄托和抒发他的思想和情感。

在对陌生图像进行认知的过程中，视觉总是在寻找大脑中既存图像的参照因素，作为辨认陌生图像的依据。当人们用眼睛扫视物像时，其心中并非一片空白，而是将通过眼球映射在视网膜上的图像与隐藏在大脑中的既存图像进行对比，竭力找出记忆库中的图像与眼下的陌生图像之间的关系，一旦两者基本吻合，就沟通了认知过程的各个环节，完成了认知思维的过程。如果一次对应失败，还将进行第二次、第三次对应，直到找到相同的或相似的对应物象。如果没有找到，则认知过程将中断，只是在大脑记忆中建立了一个新的、陌生的、不完全的图像残留痕迹。没有被认知的图像不可能留下牢固完整的记忆。人们总是希望从一朵云、一个斑痕中去认识和解读出某种图形，通过联想把大脑中记忆的图像投射到云朵或者斑痕上，完成"对应"识别的过程。

视觉思维在寻找既存图像对应的过程中，有一个明显的特点：在对视觉对象进行扫视的过程中，兴趣中心是专一的，只对最主要的、有意味的图像感兴趣，只关心与大脑中既存图像有对应关系的图像，而对于其他意义不明、不熟悉的图像会漠然处之，"视而不见"。随着一次视觉认知的完成，视知觉又会很快转移到另一个兴趣中心上，进入下一轮视觉思维的过程，从而形成视觉流程。这种视觉思维过程，保证了辨认物象的可能性和快捷性，但也存在着认知过程的狭隘性和习惯性，对视觉中心以外图像的认知的模糊性和简略性（图8-1）。

图8-1
视觉的兴趣中心

（2）视觉思维的创造性　视觉思维作为一种创造性思维，主要表现为：①以意象为中介的视觉思维具有源于直接感知的探究性；②具有运用视觉意象作为运作元素，而有利于想象作用的灵活性；③这种视觉思维便于产生顿悟或诱导知觉，即唤醒主体的"无意识"的现实性，有利于打通主体的自觉意识与无意识之间的屏障，从而使无语的"无意识体验"能够迅速转化为可以由自觉意识加以利用的有效且现实的知识。在这三个特征中，前两个特征是信息搜索系统和信息加工系统，在当今时代有可能在一定程度上为"计算机"的功能所取代；而第三个特征则是人的视觉思维所独具的。视觉思维之所以具有创新功能，主要是由于它在视觉意象的诱导下，有利于使"意会的智慧"向"言传的知识"转化。视觉思维活动的这一特点象征着人类认识活动的感性与理性之间的内在交汇和融合，从而为人类认识活动带来思维的创造性。如图8-2所示，禁烟创意海报把草叶的燃烧与人体肺部（生命）的损耗这两种不同但又相互联系的元素巧妙地结合起来，表达了吸烟对人身的巨大伤害。这就是以意象为中介的视觉思维具有源于直接感知的探究性。

图8-2
禁烟创意海报

（3）视觉思维中的"沟通"问题 设计，就是通过对视觉形象进行信息内容的有序组织，使形与图的组织关系形成语序，构成可以明晰表达信息内容的完整的"视觉语言"，如设计大师鲁巴林（Lubalin）所说："图形设计师的天职就是利用图像投射信息。"好的设计可以在没有文字的情况下，通过视觉语言得以沟通和理解，可以跨越地域、民族的界限以及语言的障碍和文化的差异，这正是视觉传达优于语言传达的一个方面。视觉设计实际上是在寻找与现实世界的意义能够产生同构的形式符号；反过来，人们在理解图形符号时，也是通过这种寻找方式来获得现实世界的意义的。

视觉语言对视觉传达设计而言，除了体现理性思维的形式外，还在于透过视觉语言中内涵的思想和情感，界定一个设计所要传达的意念，促成设计作品与观者之间的良性对话，实现有效沟通，从而使对于视觉效果的把握有迹可循。图 8-3 所示为一组杀虫剂的广告，其创意是借用自然界昆虫克星对杀虫剂进行了替换，简单明了的表现手法使受众自然地联想到产品的功效，其采用的正是人们视觉习惯所接受的形象样式。

图8-3
某杀虫剂广告
（戛纳广告节金奖作品）

视觉语言所传达的意义并不存在于某一具体物象中，它的含义存在于画面的关系中，存在于互相依存的因素里，存在于受众的视觉文化心理结构中。好的设计不会被动地等待人们发现，而需要主动地引入参与并创造，为观者的视觉方式创造契机，疏通信息传达的渠道。一般地，观众根本不"想"，只"看"（人们对于信息的接收70%来自于视觉），至于观众看后会感到什么，是设计者无力规定、无从左右的。只有当设计者的设计思维转化为恰当的、有趣的且好看的图形语言，并以这种图形语言感染观众、规范观众的视觉认知时，创意才算是以主动出击的方式操纵了观众的心理导向，这才算是进入了造型艺术的佳境。
视觉传达设计旨在创造一种完美的形式，一种主动出击的形式，它不只要给予观者视觉乃至心理上的冲击，更应该主导观者的视觉反应，使之朝着设计目标预期的方向发展。它利用人类的理性智慧和直觉智慧，充分发挥接受者的主体条件来参与图形的理解，共同完成有意义的形象之于设计本身的超越。究其根本，还是和格式塔心理学中"完形"的概念息息相关。

"格式塔"是德文"Gestalt"的音译。在格式塔心理学中，格式塔既不是一般人所说的外部形状，也不是一般艺术理论中笼统所指的形式。前一种偏指一种空间结构，后一种则偏指各部分的排列关系，它们都不符合格式塔的确切含义。中文一般把格式塔译为"完形"，这才是这个词的意译。"完形"这个词给人的印象是客体本身的性质，而格式塔心理学所说的形，却是经由知觉活动组织成的经验中的整体。换言之，格式塔心理学认为，任何"形"都是知觉进行了积极组织或建构的结果或功能，而不是客体本身就有的。如图 8-4 所示，画面中仅为三片不完整的猕猴桃切片，而人们的第一印象却是知觉自动填补完整的、本身并不存在的"三角形"。

对此的理解，其一，对于设计者来说，其对创作的"火候"问题的掌握是因人而异的，艺术修养越高的设计者，其对"完形"的把握越游刃有余，他能很轻松地将受众引入其设计中。其二，对于观众来说，其对作品的理解程度也取决于他们"参与"的程度，而这里的"参与"往往是客观的，它来自于视觉思维短时间内的触发，来自于平时的积累在瞬时的再搜索，它即通常所说的第一印象。它不同于人们以往所想的含有更多主观色彩的"参与"，这与视觉思维整体性的特点也是息息相关的。由此可见，无论对于设计者还是观众而言，眼睛对于图像意义的主动探询都是十分重要的。正如柏拉图所说："人的眼睛透过内在一把燃烧的火，将喷出去的火花投射到视觉对象身上，眼前的玫瑰才产生玫瑰般的生命。生命需要主动探寻，视觉也要主动出击！"

图 8-4
完形的创意

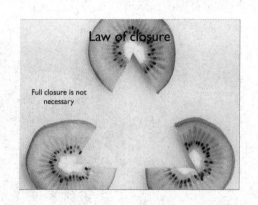

视觉思维关心的是形的完整感觉和整体印象，能够对所认知的对象进行自觉的组织和完形，具有能动的创造力。例如，对某人的辨认，虽然这个人因为衣帽改变，须发变换，胖瘦变更，岁月流逝而发生了许多局部的变化，但是视知觉仍然能够通过分析、比较和判断做出正确的辨认，这就基于视觉思维对视觉对象整体上的把握和感知。视觉思维并不是孤立地和机械地反映个别现象和离散要素，而具有整体反映对象并进行进一步组织的能力，也就是前面提到的视觉思维对图像的感知具有整体性的特点。

视觉思维在认知对象特征时，能够自觉地按不同的形状、大小、轻重、色彩等要素进行"分组归类"，视知觉会根据相同或相近的因素的内在张力，对线条、形状、空间进行组织和分类识别。视觉思维在整体感知的基础上，能够自觉补充残缺的形象部分，在心目中完成一个完整的图像。

三、视觉传达设计的原理与方法

1. 视觉传达设计的原理

（1）信息传达规律　视觉传达设计的目的在于传达信息，其传达过程具有特定的规律性。视觉符号的信息传达是通过设计师对信息的认识形成概念，使信息变成视觉符号语言，信息接收者对这种视觉符号语言进行解译和分析，从而形成对客观事物的认识。当接收者对符号信息进行辨认或解译时，视觉信息的传达就完成了。视觉形式作为传达通道，将设计者和接收者连接起来。设计师采用图形、造型和文字结合的方式，将需要传达的信息转换成视觉形式，接收者又将视觉形式转换成需要传达的信息。正是通过这种转换，将信息、设计者、视觉形式和接收者组成了一个相互联系的完整系统。在设计时，需要掌握视觉符号的信息传递规律，把设计的注意力放在接收者及信息本身上，才能够准确地确定视觉传达设计的形式和内容。

（2）视知觉原理　视觉是人类感知世界并获得信息的主要途径，不同的视觉现象给人以不同的感知。视觉分为视觉感觉和视觉知觉。视觉感觉是视觉对大脑的直接刺激，形成神经信号和经验，如颜色的冷、暖，物体的大、小等视觉知觉是在视觉感觉的基础上所进行的进一步处理，能辨别事物并对其做出反应或赋予意义。视觉知觉可以分为三个阶段：感觉阶段、组织阶段，以及辨认与识别阶段。组织阶段是指对组织成一致的图形产生客体和模式的知觉。辨认与识别阶段是最高阶段，此时大脑将形成的知觉信号与记忆中的表征进行比较，识别客体并赋予其意义。辨别物体并对其做出最佳反应涉及更高水平的认知加工过程，包括观察者的理论、记忆、价值观、信仰以及对客体的态度。

（3）符号学原理　视觉传达是一个以表象符号为主、以语言文字符号为辅的设计领域。符号必须具有可感的形式，这种形式成为符号的充分条件是它必须是人类意指过程的创造物。也就是说，符号是"能指"与"所指"的结合物。能指，就是符号可感的形式；所指，就是人们在意指作用下赋予符号的内涵。图8-5所示为2016年里约奥运会官方标识，该标识的颜色由橙色、绿色和蓝色组成，图案由三个变形的人体构成，三个人手臂相连，翩翩起舞，这是该符号"能指"的部分；而其所反映的里约热内卢城市文化、自然景观、快乐居民等文化内涵以及奥林匹克精神即为该符号"所指"的部分。

图8-5
2016 里约奥运会官方标识

人们是通过"传统文化"去认识"符号"的，经由对传统文化的学习、认知，才能了解社会现象里所有符号所代表的意义。同时，人们也透过所有符号的形式，如文学、绘画、建筑等表现出自己的文化。事实上，传统文化是整合符号形式（Signifier）与符号意义（Signified）之间关系的潜在力量。由此可知传统文化的重要性，若无传统文化，人们将失去符号系统的规约作用，而无法认知符号和了解信息，则新的文化及社会将无法继续运作。

2. 视觉传达设计的方法

视觉传达设计强调视觉冲击与创意表达。视觉思维是在表象、概念的基础上进行分析、综合、判断，才能产生联想和想象，它来源于实践，同时又支配着实践。视觉设计中的创意往往体现创作者思维的独特性、反常规性和思维逆向性。通常，视觉传达设计以自然物原型及符号为创意来源，在此基础上发散地联想和想象，通过变形、夸张、跨时空等形式规律，与其他元素组合出新的图形结构。

（1）正负形　在传统图案中，人们所绘制的图案部分称为"图"，而留出的部分称为"底"。但在现代设计中，"图"与"底"是相对的。在视觉传达设计表现手法中，"正负形"具有巧妙的艺术特点。对形状的知觉是一切造型活动的基础，它取决于画面中能够使图形从背景中突出表现出来的那些基本条件，如明暗值的对比或者线条的围合的提示。由于图形和背景的相互关系的变化，对形状的知觉呈现正形和负形两种不同的情形。人们在习惯上倾向于对正形的知觉，而对负形的知觉则一般需要经过专门的训练才能获得。例如，图 8-6 和图 8-7 所示均是通过正负形展开联想的极简风格创意图形。

图 8-6
正负形创意图
形设计（一）

图 8-7
正负形创意图
形设计（二）

"正负形"研究的重点，是实现从以正形为中心的观察到对负形的观察，进而达到正、负形状的相互作用的动态过程的转变，以及将这种观察的策略最终发展成一种设计方法，即以达到画面图形关系的模棱两可为目的的构图原则。图 8-8 和图 8-9 所示为较完整的正负形创意海报设计。

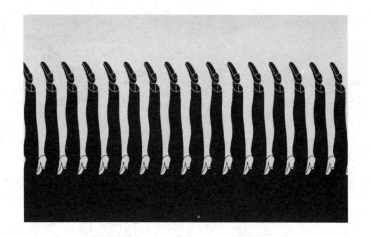

图 8-8
正负形创意海
报设计（一）

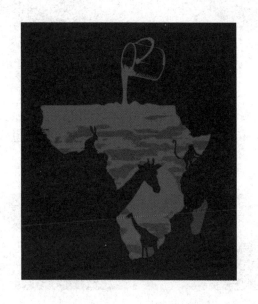

图 8-9
正负形创意海
报设计（二）

（2）同构图形　解构与同构从概念上来说都是重新组织，同构是解构的发展，是对两个以上的东西进行组合；解构是将一个完整的东西分解后，再以另外一种不同于原来方式的完整方式进行组合。图形的同构就是利用事物之间某种相似的关系或为达到某种特定效果和目的，将相似的关系或毫不相关的东西组合起来传递信息。这种相似可以是含义上的相似，也可以是视觉形式上的相似，或者两种情况都有。矛盾的两方面或相似的物体，可以是不同质感、不同元素、不同物种等，把它们重新巧妙地结合在一起，形成新的统一体，突破物与物、形与形之间的对立、矛盾，使之协调、统一，创造出具有合理性，以及一定理念意义的图形。同构图形克服了视觉上的麻木，尽管结构关系不变，面貌却让人耳目一新。图 8-10 所示为德国公司 Faber- Castell 的铅笔广告，通过静物和铅笔颜色之间的联系，创造了新的广告口号——True Colours（真实的色彩）。

（3）叠加　"叠加"一词在字典中的解释是重复地堆砌累积。视觉传达设计中的叠加就是图形的重复和累积。这里的图形可以是形状相同的，也可以是形状不同的；可以在同一个位置上叠加，也可以随意地在不同位置上叠加。所以，叠加根据元素的形状（结构）是否相

图 8-10
彩色铅笔创意
同构广告

同，可分为同形（构）叠加和异形（构）叠加；根据位置是否改变，可分为同置叠加和异置
叠加。叠加可使人产生前和后的感觉，从而就有了空间感，因此也称其为图形的时空化设计，
如图 8-11 所示。

图 8-11
捷克设计师 Lu-
cie Cizkova 的
叠加图形练习

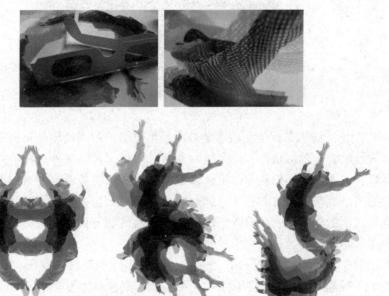

（4）渐变　渐变是指一种图形或骨骼逐渐地、有规律地发生变化。基本形的渐变包括形
状、大小、方向、位置和色彩的变化，这与平面构成的渐变表现手法是基本一致的。由于渐
变与人们平时的视觉习惯大不相同，因此具有很强的视觉效果，在人的视觉上能产生节奏感

和韵律感。渐变的视觉效果还具有强烈的透视感与空间的延伸感。可以将相近的元素造型反复整合，构成另一视觉新形象，构成图形的单位形态元素多用来反映整合形象的性质和特点，以强化图形本身的意义。

四、工业设计中的视觉表现

随着社会经济的发展而来的工业设计学科的发展是一种必然趋势。工业设计视觉表现是工业设计的语言，是将工业设计思想传达给人的媒介，是将无形的创意转化为可知的视觉形象的载体，是工业设计师设计能力的重要基础。因此，对工业设计视觉表现能力的培养非常重要。

1851 年伦敦工业展的举行，使人们开始认识到，工业产品的视觉化将一直影响人类科技的发展。这一时期工业产品"美观实用"理念的创始人，德国建筑学家和美学理论家戈特弗里德·森佩尔（Gottfried Semper，1803—1879）曾经提醒人们注意一个事实：尽管在过去的几个世纪里，人类在生活及科学技术条件非常恶劣的情况下，所生产的产品依然富有无与伦比的美感及实用价值，但在科学和技术迅猛发展、文明进步的今天，与我们祖先的产品相比，现代的产品在外观视觉上是逊色于它们的，甚至远不及他们所生产产品的实际社会适当性和在存在意义及价值上的适用性。直到今天，大部分工业设计师依然将戈特弗里德·森佩尔的这句话作为激励自己的座右铭。

由此不难看到，在人类文明发达的今天，值得现代工业设计者警醒的是，在现代工业产品的特征里，工业产品的视觉美感已经上升到了产品存在于社会的适当性和其存在意义及价值上的适用性的层面。这就要求工业设计在讲究实用性的同时，也要考虑产品的美观性，甚至更多。换句话说，既要符合人们对产品物质功能的要求，又要满足人们视觉审美的需求，以及在美学视觉遗传上的价值。产品形态美已不再仅仅是一种视觉感受，它还要体现在产品上和与用户的交互过程中。工业设计此时的目的就是通过形式，如造型、色彩、装饰、质感等，引起人们在审美视觉上的共鸣，从而满足人们在美学视觉遗传上的要求。

人一生中 75% 左右的活动与视觉有关。视觉可以帮助我们看到外部世界，也能让我们感觉到时间的流逝。工业产品的视觉形象，既要吸引消费者的注意力，唤起人们的想象空间，给人们带来无限的联想，又要加深使用者的印象和提供易于分辨的信息，这样才能引起人们情感上的认同等一系列视觉化效应。现代工业设计中的视觉化趋势，正是这种为识别、传输和解析模式或其结构而概要地表示其形象的过程。

现代的工业设计视觉化趋势，已经超越了原有设计的常规方式，科学和艺术的飞速发展为工业设计提供了更多的可能性。因此，许多设计师开始从原有的传统设计思想中跳出来，给现代的工业设计带来了令人耳目一新的产品。新时代的工业产品通过图像、声音、虚拟环境等各种表现手段，在信息技术的支撑下，充分体现了大自然赋予人类的即时性、事物发展的过程性和生命本身具有的交融性，由此构成了一个历史上任何艺术表现也无法达到的，由光、时间、运动与视觉、听觉、触觉相融合的新型感官空间，创造了一种历史上人们从未体验过的交互产品艺术。

可以透过交互产品这种艺术形式，来分析现代工业设计视觉化趋势的本质。第一，现代工业设计的目的是超脱产品与人之间的基本匹配。这种超脱的概念不再仅仅存在于满足人们对产品的基本使用需求上，还要与使用者的生理、心理、行动等各方面产生完美的体验和交互，并影响使用者身边的人对现代工业设计产品产生诉求；这种设计思想不再是从某一使用者的角度出发，而是考虑到了整个人类社会。第二，工业设计已不再是某一行业或几个专业设计师的创造性活动。随着数字时代的来临，以及科学知识和艺术文化的普及，工业设计已经被众多行业及个人所掌握，以往它常被推崇为一门覆盖面很广的交叉融汇的学科，涉及众多学科的研究内容，而视觉化趋势影响下的现代工业设计早已不是"禁区"，经常可以看到许多专业的工业设计领域被涉猎，并完美地展现了产品的实际社会适当性和其在存在意义及价值上的适用性。

第二节 视觉传达设计的应用与发展

一、传统广告中的视觉语言

广告（Advertising）即广而告之，它是能够唤起大众对某个事物的注意，并具有一定导向性的宣传手段。《辞海》对广告所下的定义是："向公众介绍商品，报道服务内容和文艺节目等的一种宣传方式，一般通过报刊、电台、电视、招贴、电影、幻灯、橱窗布置、商品陈列的形式来进行。"由此可知，广告是一种协助销售的支援方式，从现代广告的表现手法来看，广告吸收了音乐、舞蹈、绘画、雕塑、装潢、文学、电影、电视、广播和新闻的精华，将它们综合成了一门新型的艺术形式。

在市场经济中，广告能促进销售并有利于市场竞争，通过广告可以加速商品的流通。优秀的广告作品不仅能吸引公众的注意力，还能给人带来一种赏心悦目的快感。广告在市场经济中的促销作用是明显的，它与企业和产品的生命力有关，企业越强大，产品越好，广告的作用就越明显，越容易形成良性循环。

日本永井一正在《广告即情报》一书中，列出了广告设计的原则：人性，即广告能引起人们的共鸣或强烈感动，产生"人性共感"；美感，即在不违背传达功能的原则下，要考虑广告本身的美感；情念，即深植于潜意识世界中的人类本能；Idea，即融入幽默感；意义性，即除了商品本身外，消费者同时倾向于购买商品的形象；创造性，即不断产生新价值、新领域；说服性，即广告通过视觉、听觉传达的直觉性能说服大众；现代性，即能反映多元化、信息化时代的特点；一贯性，即广告表现被视为企业形象之一，使经营理念和设计策略具有一贯性；造型性，即在设计造型中寻求原始时代巫术的力量，考虑人类本能的感觉，思考诉求方向的问题点。

1. 广告视觉传达中的文字

文字不但可以表达其本身所承载的信息，还可以向消费者展示广告的文化内涵，以及企业和商品的品牌形象。在现代广告视觉传达中，以文字形象为造型元素已经成为一种潮流，其主要目的和作用体现在以下方面：

（1）体现民族文化特色　文字的风格演变历史是人类文明史上的一枝奇葩，尤其是中国的书法艺术。作者可以通过书法作品表达自己的喜怒哀乐，所以在设计具有传统风格和民族特色风格的广告时，以书法形象为主要设计要素是一种明智而准确的表现手法。例如，图8-12所示的作品字里行间展现了鲜明的日本地域特色。

（2）突出品牌形象特征　以广告品牌为造型元素，通过个性化的字体设计，使品牌形象具有更强烈的视觉效果，以达到更大的宣传力度。图8-13所示为第六届"方正奖"中文字体设计大赛一等奖作品《生命的触丝》，其特征明显，创意感十足。

图 8-12
日本森泽奖字
体获奖作品

图 8-13
书法作品《生
命的触丝》

2. 广告视觉传达中的色彩

广告视觉传达中色彩应用的原则如下:

(1) 依据广告对象属性的用色原则 就是指要遵循广告对象的色彩与广告对象内容的属性之间长期的、自然的一种内在联系。它是人们判别一种商品的性质的视觉信号,因而它对广告的色彩设计有着重要的影响。图 8-14 所示为 Tramontina 的专业刀具广告,深红色的背景与牛肉本身的色彩相互呼应、统一。

(2) 依据广告宣传整体策划的用色原则 为了突出企业形象、产品附加值和识别度,在广告视觉传达中，以企业形象专用色为基本元素进行设计。

图8-14
符合依据广告对
象属性用色原则
的刀具广告

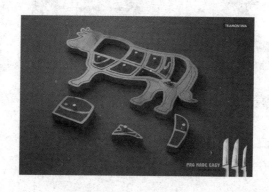

（3）依据市场地域特征的用色原则　针对不同的国家和地区的广告设计，在图形的设计上应考虑民族习俗。例如，出口到阿拉伯国家的商品广告上不能使用六角形的图案，因为六角形是以色列国旗上的图案，会引起阿拉伯人民的反感和忌讳；又如，在对欧洲出口的商品广告中，不应使用中国佛教图案中的万字符，因为按德国的有关规定，禁止所有商品使用类似或近似纳粹标识的符号；在中国传统文化中，仙鹤和孔雀象征长寿和美丽，但其在法国是淫妇的代名词；鹿的形象在中国也是一种祥兽，代表快乐吉祥，但在巴西却是"同性恋"的别称；中国人不太中意的乌龟，在日本则是长寿的象征而深受人们喜爱；日本人喜爱樱花，但较忌讳荷花；意大利人忌用兰花图案；法国禁用黑桃图案，因为它象征死亡。对于这些特殊的民族习惯，在进行广告设计时应引起足够的重视，应避其所忌并遵守相关国家和地区的有关规定，否则会使商品销售遇到麻烦，给企业带来不必要的损失。

（4）图色与底色合理安排的用色原则　在广告视觉传达中，应注意调整图案色和底色的色彩关系，将纯度、明度、色度高的颜色用于品牌的文字、标识、图形等主体要素中，这样可以有效地突出设计主题和增强广告的表现力。

（5）整体统一局部活泼的用色原则　在广告设计过程中，应注意广告的主体色调和局部色相对比的关系，这样既可以把握广告的整体性，又可以使画面充满生机与活力。例如，图8-15所示的广告，整体呈粉色调，局部标识为深蓝色，画面和谐又不显单调。

图8-15
符合整体统一局
部活泼用色原则
的刀具广告

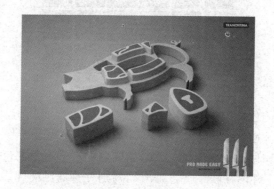

3. 广告画面的编排

（1）编排设计形式的统一性　在广告画面的编排设计中，要强调的是文字、色彩、图形、媒介、肌理各要素之间的和谐统一关系，这种关系体现在其内部的编排结构的关系与秩序当中。

（2）结合商品创造广告个性 广告设计的风格应该取决于商品的性格特征，如大小、软硬、古朴与时尚等，在广告视觉传达中，应以视觉语言将这些特征准确地传达给消费者。也就是说，广告设计的艺术表现个性应该建立在商品的内容特征的基础上，以体现出商品的目的性与功能性。

（3）弃繁就简，体现时代感 现代广告设计的策略已经从过去的以美化商品为目的演变为彰显商品的个性。突出视觉形象的简约化设计，是现代广告设计发展趋势的主要特征之一（图8-16）。

图 8-16
Marco Marco 品牌的 VI 书册版式

4. 广告视觉语言的表现思维

视觉设计是有针对性地表现或创造某种事物和形态时，所经历的从内心活动到外在表现形式的过程。应用于不同载体的视觉设计，又有其不同的表现特征。广告视觉传达设计是由广告内容、主题，即"意"，通过设计者复杂的心理活动，运用联想整合的方式，并利用造型形式法则创造出可视的形象和情节，即"象"，并通过这个形象和情节，直接或间接地对内容进行再现或象征。观众则通过媒体的传播，通过视觉感应获取广告信息并引发联想，产生心理效应。故可以把此类设计称为一种意象设计。顾名思义，广告视觉传达设计就是以广告内容产生形象和视觉传达方式，再以此来表现和传达广告内容。但广告视觉传达设计绝不是对"意"的简单表述，它对广告内容进行提取和升华，是一种再创造过程。

5. 广告视觉语言的代表领域

下面主要介绍不同识别与推广领域中的传统平面设计，主要包括标识设计、海报招贴和包装设计。

（1）标识设计 标识是一种图形传播符号，它通过典型性的符号特征传达特定的信号。其中，徽标是用符号图形象征其使用者的身份标识，如国徽、军徽、校徽、纪念性的标徽等。公共环境中的指示系统符号多属于公共标识、安全标识、指示标识或使用操作标识等，通过标识形象，对大众识别起到引导、指示、规范等作用，提高信息服务质量。

中国银行标识（图8-17）是由我国香港著名设计师靳埭强设计的。设计者在构思该标识时定下四项目标：必须是中国风格的；必须有银行特色；必须有联营含义；必须体现计算机服务方式。他从一百多幅草图中选定以"中"字为主体形象的设计，寓意中国的"中"字与圆周线组合起来的古钱形象，将当代计算机磁盘的圆形与古代钱币的圆形相统一，以红色作为基本色，更加突出了中国用色的民族习惯。

图8-17
中国银行标识

商标是标识的一种，属于商品的标记，它通常以文字、图形或记号以及它们的组合来表现。商标是品牌形象的视觉核心，是企业产品的无形资产，代表企业形象和质量信誉，是企业在市场竞争中的有力武器，故而成为商用价值的标识。商标应符合企业或商品的形象与利益，准确、鲜明地表达指定内容和特性。也就是说，商标应具有识别性、传达性、审美性、适应性和时代性。判别一个商标的优劣，可以使用"SOCKIT"标准：

1）合适性（Suitability），即牌名对产品的功能、特征、优点的描述是否恰如其分。

2）独创性（Originality），即牌名是否与众不同，独一无二，是否与其他牌名相仿或容易混淆。

3）创造力（Creativity），即牌名是否吸引人，是否有韵律或带有文字游戏等成分。

4）能动价值（Kinetic Value），即牌名是否易记，是否有回忆价值。

5）同一性（Identity），即牌名是否与企业标识或已有商标有联系。

6）发展力（Tempo），即牌名能否为准备开放的市场提供合适的基调，能否给目标消费者创造一个好的印象。

（2）海报设计　海报是一种信息传递的艺术，是一种大众化的宣传工具。海报又称招贴画，是贴在街头墙上或挂在橱窗里的大幅画作，以其醒目的画面吸引路人的注意。从某种意义上来讲，20世纪是政治宣传的世纪，海报作为当时的宣传途径，其应用也达到了顶峰。其中，两次世界大战、苏联革命与建设、西班牙内战时期更是政治海报创作的高峰期，尤其在20世纪前50年，是宣传海报大行其道的黄金时代。在十月革命胜利后不久，莫斯科市中心邮电局的橱窗里贴满了海报，以便使市民从这些不同表现形式的海报中了解革命形势。

海报设计是在计算机平面设计技术应用的基础上，随着广告行业发展而形成的一种新职业。它是结合广告媒体的使用特征，为实现表达广告目的和意图，在计算机上通过相关设计软件来设计图像、文字、色彩、版面、图形等表达广告的元素，所进行的平面艺术创意的一种设计活动或过程。

（3）包装设计　"包装"（Packing）一词在《简明包装词解》中的解释是："为在运输、储存、销售过程中保护产品，以及为了识别、销售和方便使用，用特定的容器、材料及辅助物等防止外来因素损坏内容的总称。包装也指为了达到上述目的而进行的操作活动。"在现代社会中，包装的定义已被赋予了更积极的解释，成为企业经营战略和市场销售中的重要内容。包装不仅具有保护功能，还具有促销和美化商品的功能。美国的一个市场研究所通过调查指出：商品推销不能仅仅依靠广告，目前80%的消费者是在市场上，尤其是在超级市场中充分享受自由购物的乐趣，顾客不再借助店员对商品的解说，而是凭借对商品的感觉来行使购买权。包装本身就是一种传达媒介，它通过视觉回答顾客的所有疑问。因此，包装设计师除了考虑包装材料、生产成本等因素外，还要考虑市场趋势、顾客喜好等复杂因素，通过造型、色彩、文字、图形、肌理等各种设计手段，创造出有附加价值的好包装。

包装设计主要包括包装容器设计、包装结构设计和包装艺术设计。包装容器设计是对商品流通、运输和销售环节中的器皿进行设计，其设计过程应该考虑到容器的强度、刚度、稳定性等。包装结构设计是依据科学原理，采用不同材料、不同成形方式，结合包装各部分的结构需求而进行的设计。通过包装结构设计，可以体现包装结构各部分之间的相互联系与作用。包装艺术设计是利用造型、色彩、文字、图形、肌理等各种设计原理，对商品信息进行有效传达的设计（图8-18）。

图 8-18
2013 Pentawards
国际包装设计奖
获奖作品

二、新媒体设计中的视觉优化

新媒体（New Media）是一个相对的概念，是在新的技术支撑体系下出现的媒体形态，如数字杂志、数字报纸、数字广播、手机短信、移动电视、网络、桌面视窗、数字电视、数字电影、触摸媒体、手机网络等。相对于电视、报刊、广播和户外媒体四大传统意义上的媒体，新媒体被形象地称为"第五媒体"。严格地说，新媒体应该称为数字化新媒体。

1. 网页设计中的视觉优化

（1）风格定位 主页的美化首先要考虑风格的定位。任何主页都要根据主题的内容决定其风格与形式，因为只有形式与内容完美统一，才能达到理想的宣传效果。目前，主页的应用范围日益扩大，几乎包括了所有的行业，但归纳起来大体有以下几类：新闻机构、政府机关、科教文化、娱乐艺术、电子商务、网络中心等。对于不同性质的行业，应体现出不同的主页风格，就像穿着打扮，应依不同的性别及年龄层次而异一样。例如，政府部门的主页风格一般应比较庄重，而娱乐行业则可以活泼生动一些；文化教育部门的主页风格应该高雅大方，而商务主页则可以贴近民俗，使大众喜闻乐见。

主页风格的形成主要依赖于视觉语言的运用，主页的版式设计依赖于页面的色调处理，还有图片与文字的组合形式等。这些问题看似简单，但往往要求主页的设计和制作者具有一定的美术素质和修养（图8-19）。

图 8-19
个人网站主页

另外，动画效果要运用得当，而不宜在主页设计中滥用，特别是对于一些内容比较严肃的主页。主页主要依靠文字和图片来传播信息，它不是动画片，更不是电视或电影。至于在主页中适当链接一些影视作品，则是允许的。

（2）版面编排 主页的设计首先涉及的是页面的版面编排问题。版面编排实际上就是中国古代画论中的"经营位置"。主页作为一种版面，既有文字，又有图片：文字有大有小，还有标题和正文之分；图片也有大小，而且有横竖之别。图片和文字都需要同时展示给观众，因此，必须根据内容的需要，将图片和文字按照一定的次序进行合理的编排和布局，使它们组成一个有机的整体。可以依据以下原则进行版面编排：

1）主次分明，中心突出。在一个页面上，必然考虑视觉的中心，这个中心一般在屏幕的中央，或者在中间偏上的部位。因此，一些重要的文章和图片一般可以安排在这个部位；在视觉中心以外的地方，则可以安排那些稍微次要的内容，这样在页面上就突出了重点，做到了主次有别，如图 8-20 所示。

图 8-20
苹果的中国香
港官网主页

2）大小搭配，相互呼应。一般较长的文章或标题不应编排在一起，要有一定的距离；同样，较短的文章也不宜编排在一起。对于图片的安排也是这样，要互相错开，大小之间要有一定的间隔，这样可以使页面错落有致，避免重心的偏离。

3）图文并茂，相得益彰。文字和图片具有一种相互补充的视觉关系，页面上文字太多，就显得沉闷，缺乏生气；页面上图片太多，缺少文字，必然就会减少页面包含的信息容量。最理想的效果是文字与图片密切配合，互为衬托，既能活跃页面，又使主页有丰富的内容。

2. 手机界面视觉设计

（1）版面编排　布局编排在平面设计中的应用非常广泛，而移动界面的设计与平面设计最大的不同在于其功能性、可操作性和可交互性，其版式的选择也是基于产品的功能特性、目标用户、使用场景等因素。移动界面按照其产品功能可以分为两大类：信息展示型界面和功能操作型界面。

常见的以阅读和传递信息为主的信息展示型界面有新闻、天气、阅读、购物、音乐、食谱、健康等 APP 的某些界面，另外，还有新手引导页也是比较常见的以传递信息为主的页面。而这些 APP 基于其不同的功能特点，界面的版式又有各自的特点。

1）以浏览引导为主。以浏览引导为主的界面在布局上会有一条明确的主线，而在常见的版式布局中，上下分割型、左右分割型、中轴型、曲线型等在图文的排版上对用户会有一个潜在的引导提示，因此应用比较广泛。图 8-21 中的两张图片，虽然是不同的场景和功能，但都采用中轴型布局，即图片和文字按垂直方向排列，以引导用户从上往下浏览，结构层次非常清晰。

图 8-21
以浏览引导为主的 **APP** 界面

2）以品牌传递为主。以品牌传递为主的界面更适合采用满版型、重心型、自由型等布局样式。满版型是用图片充满整个版面，其视觉效果直观而强烈。图 8-22 所示的两个界面即采用了满版型的布局，利用全屏的图片和简洁的文案传递出产品的气质和理念，同时给人以大方、舒展的感觉。

3）以提高浏览效率为主。对于注重提高浏览效率的界面，其界面中通常包含较大的信息量，关键在于快速、准确地将信息传递给用户，避免用户的烦躁和困扰。这类应用中比较典型

图 8-22
以品牌传递为主
的 APP 界面

的是新闻、资讯及图库等 APP 的界面。设计这类界面时，可以借鉴骨骼型的版式，骨骼型是一种规范、理性的分割方法，在杂志排版中常见的骨骼型有竖向通栏、双栏、三栏、四栏等。通过图文的混合编排呈现出理性而严谨的感觉，使信息的传递更为快速、清晰，如图 8-23 所示。

图 8-23
以提高浏览效率
为主的 APP 界面

4）以信息展示为主。以信息展示为主的界面，比较常见的有记录型、天气类等 APP，这类 APP 界面更强调信息的直观性。这类 APP 中应用的较多的布局有满版型、上下分割型、左右分割型、中轴型、对称型、自由型等，如图 8-24 所示。

图 8-24
以信息展示为主
的 **APP** 界面

5）以功能操作为主。以功能操作为主的界面，其作用主要是引导用户操作，所以常见的布局主要有上下分割型、左右分割型、中轴型等。

图 8-25 中的左图是一个注册页面，它采用了中轴型的构图，清晰地展现了操作项和注册流程。右图采用了上下分割的版面布局，上面为图片展示，下面为选项和操作，结构非常清晰。

图 8-25
以功能操作为主
的 **APP** 界面

在信息扁平化的潮流下，很多APP界面也借鉴了杂志排版的一些方式，为用户带来了良好的阅读和使用体验。

（2）线条和形状　文字、标题、图片等的组合，会在页面上形成各种各样的线条和形状。这些线条与形状的组合，构成了主页的总体艺术效果。必须注意艺术地搭配好这些线条和形状，包括直线、曲线、矩形、弧形及其综合应用，这样才能增强页面的艺术魅力。

直线的艺术效果是流畅、挺拔、规矩、整齐，即所谓的有轮有廓。直线和矩形在页面上的重复组合可以呈现井井有条、泾渭分明的视觉效果，一般应用于比较庄重、严肃的主页题材。曲线的效果是流动、活跃，具有动感。曲线和弧形在页面上的重复组合可以呈现流畅、轻快，富有活力的视觉效果，一般应用于青春、活泼的主页题材。

把以上两种线条和形状结合起来运用，可以大大丰富主页的表现力，使页面呈现更加丰富多彩的艺术效果。这种形式的主页，适用范围更广，各种主题的主页都可以应用。但是，在页面的编排处理上，其难度也会相应大一些，处理得不好会产生凌乱的效果。最简单的途径是在一个页面上以一种线条（形状）为主，只在局部范围内适当使用一些其他线条（形状）。

（3）色彩处理　色彩是人的视觉中最敏感的东西，也是视觉传达中十分重要的组成部分。色彩总的应用原则应该是"总体协调，局部对比"，也就是说，主页的整体色彩效果应该是和谐的，只有局部的、小范围的地方可以有一些强烈的色彩对比。在色彩的运用上，可以根据主页内容的需要，分别采用不同的主色调，如图8-26所示。

图8-26
COCO桌面手机主题设计大赛作品

一个网站不可能单一地运用一种颜色，这会让人感觉单调、乏味；但是也不可能将所有的颜色都运用到一个网站中，这会让人感觉轻浮、花哨。一个网站必须有一种或两种主题色，不至于让客户迷失方向，也不至于显得单调、乏味。所以，确定网站的主题色也是设计者必须考虑的问题。

一个页面尽量不要使用超过4种色彩，因为使用太多种色彩会让人感觉没有方向，没有侧重。当主题色确定好以后，在考虑其他配色时，一定要考虑其他配色与主题色的关系，要体现什么样的效果，以及哪种因素占主要地位，是明度、纯度还是色相。

最后，还要考虑主页底色（背景色）的深浅，这里借用摄影中的两个术语，即"高调"和"低调"：底色浅的称为高调，底色深的称为低调。底色深的，则文字的颜色要浅，以深色的背景衬托浅色的内容（文字或图片）；反之，底色浅的，文字的颜色应深些，以浅色的背景衬托深色的内容（文字或图片）。这种深浅的变化在色彩学中称为明度变化。例如，有些主页的底色是黑色，但文字也选用了较深的色彩，由于色彩的明度比较接近，读者在阅览时，眼睛就会感觉很疲劳，从而影响了阅读效果。当然，色彩的明度也不能变化太大，否则屏幕上的亮度反差太强，同样也会使读者的眼睛感到疲劳。

三、视觉语言的变化及其未来趋势

1. 视觉语言在新媒体传播下的表现形式

首先，视觉语言依附于高科技的新媒体，其表现出了与以往不同的优势，主要体现在以下两点：数字化的信息更加易于传送，速度加快且准确性提高；数字化信息更易于查询和存储，这使视觉语言可以从多元化、多角度的手法进行表现，多种视觉元素配合在一起，依赖于技术赋予动态的表达方式，受众接收的感官刺激因此而加强，也因此有更多条件来理解作品的内涵。

由于这些优势，视觉语言在新媒体传播下的表现形式如下：

（1）动态表现为主导　相对于在传统媒体中视觉语言被限定在二维空间内，视觉语言在新媒体传播下实现了由静到动，固定化的图形、图像、色彩实现了动态转变，从单一视角转变为多维度呈现。

设计师可以从无限的时空中去表现从宏观事物到微观事物之间的联系，在时间轴、动态轴上发挥创意。视觉语言的动态性使其具备了用故事情节发展的形式生动地表达概念的能力，在这种语境之下，受众身临其境，更便于联系和记忆。其中，视觉语言的叙事能力、可联想性及可记忆性成为动态设计中的要点，要求视觉语言的可读性及可识别性加强，可在海量信息内短时间打动受众心灵。例如，新媒体视觉语言中的文字表现，可塑造为由静至动以及在运动轨迹中产生的识读体验。但是，文字在屏幕上的识别率、可读性、速度、韵律及运动轨迹等，都是新媒体需要考虑的。

（2）合作性加强　在新媒体传播中，视觉语言已不再是信息传递的唯一表现手段。设计者不仅要遵循视觉语言中的形式美，还要将视觉语言与声音、触觉、气味等结合起来，通过合作建构综合体验式的信息传播方式，运用新材料、新的立体装置及交互技术、动态影像技术，有效传达信息并实现情感对接的目的，从而带给受众更为全面的生理及心理感受。这种着力于多方位感受的新媒体传播，使视觉语言不再独立工作，而需加强其合作性。

新媒体传播为人们的感官，特别是视觉带来了享受及震撼，同样也为设计师提供了更为宽广的视觉传达设计平台。但在进行视觉语言的整合创新时，需要避免单纯追求受众感官刺激功能、游戏功能和娱乐功能的强化，不应抛弃或弱化以道德理性、审美价值深度和人文关怀等为内核的精神意蕴。倘若忽视主题，消解人性深度，消解艺术个性，一味追寻科技所带来的视觉语言形式上的变化而忽略其文化内涵，其结果必然会导致受众精神内涵上的空虚、苍白以及视觉设计语言的世俗化。

2. 新媒体传播特征对视觉语言的影响

随着新媒体技术的问世和广泛运用，传统的视觉传达方式已不能满足信息传达的需求与社会发展的要求，这对视觉传达设计提出了更高的要求。艺术和科技的发展为视觉传达提供了新的形式——新媒体艺术。因新媒体自身所具备的特殊性，其传播特征也较传统媒体的传播有很大的不同，传播特征的转变也导致了相应视觉语言的新特点和新表现形式。

（1）互动性传播方式　传统媒体的传播方式是单向、线性、不可选择的，其特点集中表现为在特定的时间内，由信息发布者向受众传播信息，受众则被动地接收信息且没有对信息的反馈。这种静态的传播方式使得信息不具流动性。而新媒体的传播方式是双向的、可互动的，此处的双向，一方面指传统的发布者和受众现在都成为信息的发布者；另一方面指受众可立即对信息做出反馈动作。例如，数字互动媒体中的触屏技术，受众可直接点击界面信息进行反馈交流，如图8-27所示。

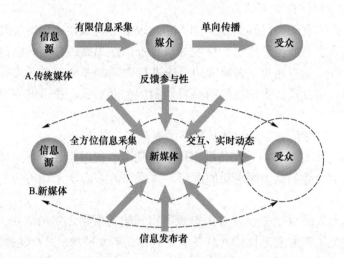

图8-27

界面信息反馈交流图

（2）个性化传播行为　随着微博、博客等网站的出现，使每个人都成为信息的发布者，可以随时随地、个性地表达自己的观点，传播自己关注的信息。个性化的传播方式使个性化的视觉效果得以呈现，视觉形式可供选择的空间加大，其视觉语言既可表明受众个体鲜明的个性，又可令其体会到发布信息以影响他人的快感。

（3）移动性接受方式　无线移动技术的发展，使新媒体具备了移动性的特点，用手机上网、看电视、听广播，在公交车、出租车上看电视等行为越来越普遍。此类新媒体传播中的视觉语言也相应表现出简明性、易操作性等特征。

（4）交融性呈现形式　新媒体在传播内容方面更为丰富，文字、图像、声音等多媒体化成为一种趋势。其视觉呈现形式及组合方式也因此而丰富多样。

3. 对新媒介平面设计视觉语言发展的思考

信息技术的发展正在迅速改变着社会的面貌和人们的生活方式，不同设计领域之间的界限也变得越来越模糊，学科领域相互渗透、互为存在。新媒介平面设计视觉语言就是伴随着当前科学技术的进步而发展起来的，也表现出多种学科交叉、表现手法多样化的潮流。当前，平面设计领域已经实现了大范围的扩展，同时，影响设计发展的因素也日益复杂，这一现象反映着学科与专业相互渗透融合的现实，这个现实又推动着学科研究的进步和发展。在这种情境下，设计者需要重新思考设计的未来，探索适应时代的表现形式。

（1）与技术的结合　著名科学家李政道先生曾说："艺术，使用创新的手法去唤醒每个人遗失或潜意识中深藏的感情，情感越珍贵，唤起越强烈，反响越普遍，艺术就越优秀；科学，是对自然界现象进行准确的观察和抽象，这种抽象的总结就是自然定律。所以，科学和艺术的结合就是人的创造力，他们追求的目标都是真理的普遍性。它们事实上是一枚硬币的两面，这样的一枚'硬币'就代表了文化，"即"设计是科学与艺术统一的产物"。1923 年，现代设计之父格罗佩斯将德国包豪斯设计学院的教育理念"艺术与技术的统一"传播到全世界，使设计终于打破艺术的桎梏解脱出来。而在经济信息化的今天，我们也应提倡设计与技术的结合。随着计算机、网络、数码技术的发展和日渐成熟，新媒介正逐渐融入人类生活的诸多方面。尽管和传统视觉表现形式相比，正处于成长期的数字视觉表现对大多数人而言尚且较为陌生，但不可否认的是，从 20 世纪下半叶开始，人类生活的很多方面都因其而发生了巨大的转变。新媒介技术作为 21 世纪的重要信息技术发展成果，它的出现必然会影响到设计艺术的发展，它在艺术设计领域的强烈冲击力也对整个社会文化造成了强烈影响，给传统的文化艺术注入了新的活力。和传统设计相比，正在蓬勃发展的新媒介平面设计除吸纳了此前许多表现形式之外，还集图、文、影像、声音于一体，强调互动性。它所创造的视觉效果具有更强烈的现代感，给人以新鲜、奇妙的全新体验。

（2）与人文的结合　随着信息时代的到来，迅猛发展的数字技术让人们有一种失控的感觉。在现代化进程中，不断将人文思想注入设计中是极其重要的，具备深刻思考的设计才是有价值的设计，理念需要理想的指导，整体、系统的理念不仅要依靠具有发展意识的局部的改变与突破积累，也需要人文思想的支持。

弘扬人文精神是当代任何门类所要涉及的问题，新媒介平面设计也不例外，现代科技的高度发展，使人具备了利用、改造和征服自然的巨大能力。现代科学技术和科学人文主义在客观上对精神造成压抑的势头有增无减，设计中缺少人文精神，人类对极为丰富多彩的生活和对心灵世界的研究也被排除，尤其是反对关于世界和人生终极存在与价值的追求被停止，忽视了人作为一种社会存在的精神性需求。弘扬人文精神文明在一定意义上可以说是人之为人的根本要义，是人类精神文明建设的永恒主题，是指引人类思想文化不断前进的明亮灯塔。

在现代数字化传播环境中，当代平面设计应找准科学与人文的契合点，将新媒介下的平面设计视觉语言与传统文化和民族特色融合起来。如图 8-28 所示，易迅网的主页设计中就采用了中国民族特色的视觉元素鞭炮和红包，还有富有吉祥寓意的红色和黄色，使人们在感受现代科技文明的同时，又能够得到文化底蕴的熏陶和精神情感的满足。传统视觉元素在视觉语言中的运用，应以与现代文明相融合为基本出发点，用国际化平面设计的视觉语言把民族文化充分展现出来，从单纯的、最基本的功能需求上升至一种深刻的人文思想，给消费者一些人文关怀，更加体现文化的博大与精深。新媒介平面设计应超越表象的、感觉的、经验的、现实的创造活动，使人类的审美意识游离出日常经验的狭隘框架限制，挖掘中国传统文化的精髓，找到一种特有的传统文化蕴涵，并用现代设计的视觉语言表将其现出来，使作品传达出民族化理念，在高技术信息时代创造一个能满足人类精神与物质双重需要的环境。

（3）与商业市场的结合　伴随着科学技术的发展，新媒介用户增多和媒介竞争日益激烈，传统的单一设计已不能满足未来多元化的市场需求。随着信息化建设观念的不断深入，电子政务、电子商务、数字城市等一系列工程的展开，新媒介技术领域的研发和应用水平大幅度提升。设计与市场有着天然的联系，市场需求的大小在一定意义上反映了设计的成败，而现代成功的设计，又总是把市场调研作为设计的一个重要环节，在充分进行市场调研的基础上进行设计，这几乎已经成为新设计产生的必由之路。

新媒介传播也许在今天还不能成为信息传播的主流，但它们的出现代表了未来信息传播市场的发展方向，整体产业也将因为它们的出现而继续腾飞。对于商家来说，这将是一个全新的竞争舞台，也是设计师的一个新的舞台。面对市场的不断扩大，新媒介平面设计作为新生时代的产物，必然伴随着市场的扩大而不断发展。因此，以技术为依托，以市场为导向，不断挖掘其商业潜力，是新媒介平面设计的生存之路。

图 8-28
易迅网的主页设计

未来新媒介平面设计的发展方向将是以多媒体与智能网络技术为基础，其目标受众是真正对设计内容感兴趣的人群。随着新媒介技术的不断发展，它将吸引越来越多的观众和广告主，依靠不断完善的中国新媒介环境，新媒介平面设计的市场潜力将是非常巨大的。

课后思考题 V

1. 视觉传达设计的原理是什么？
2. 视觉传达设计的方法有哪些？
3. 传统广告中的视觉语言有哪些？
4. 网页设计需要考虑哪些要素？
5. 谈谈你对新媒介平面设计视觉语言发展的思考。

第九章

环境设计

第一节 环境设计概述

一、环境与环境意识

1. 环境的概念

要正确地把握设计与环境的相互关系，首先应该对环境的概念有一个正确、全面的认识。所谓环境，就是我们所感受到的、体验到的周围的一切，它包含与人类密切相关的、影响人类生存和发展的各种自然和人为因素或作用的总和。也就是说，环境不仅包括各种自然要素的组合，也包括人及其活动与自然要素间互动形成的各种生态关系的组合。

关于环境的概念，有下列三个方面值得关注：第一，环境是一个整体，它由多种复杂的要素构成，从而形成了环境的复杂性和多样性；第二，某一主体与环境相互联系、相互作用构成有机整体，主体与环境在物质、能量、信息等方面有千丝万缕的联系，不可分割；第三，主体与环境以及它们之间的相互作用都是不断发展和变化的。因此，人类不可能一劳永逸地解决所面临的环境问题，环境是人类赖以生存的空间。一方面，它为人类的生存与发展提供了物质来源；另一方面，它又承受着人类活动产生的废弃物和破坏生态平衡带来的种种副作用。为了人类自身的长远利益，实现可持续发展的目标，我们必须保护好环境，尽量减少对环境因素的破坏。就人类的生存环境而言，环境可以划分为两大类：物质环境和社会环境。

物质环境就是由各种物质因素构成的环境，它又可以分为自然环境和人工环境两种。自然环境是自然界中各种天然因素的总和，如山川、江河湖海、大气、生物圈、岩石圈等。自然环境为人类的生存和发展提供了最基本的物质条件，大自然中的各种生物和非生物因素早在人类社会出现之前就已形成了一个和谐、平衡的生态系统。从生态学的观点来看，人也是生物圈的一个成员。物质环境既可以是宏观意义上的，也可以是微观意义上的，它们在不同层次上对人类的生产和生活产生影响。当代社会处于全球性时代，如果说过去人类社会由许多各自孤立的群落构成，那么今天的人类社会已成了"地球村"。全球化趋势越来越明显，人类社会活动的影响往往是全球性的，由此带来的环境问题也会产生全球性的影响。例如，大量温室效应气体排放引起的气候变化就给世界多数国家带来了灾难，大量使用氟利昂导致臭氧层破坏，其影响也是世界性的。因此，在解决环境问题时，要以全球系统的角度来认识和思考。另一方面，不同国家、不同地区，甚至不同人群也存在着自己独特的环境问题，如城市居民受到的热岛效应、光污染、噪声污染等环境问题的困扰，这些环境问题需要采用不同的方法加以解决。

社会环境是使人们对物质要素在其功能属性之外产生审美和心理的联想，甚至成为人的权力、财富和地位的象征，具有了社会意义。在设计、创造物质环境的过程中，必须充分注意环境对于人类特定行为的影响。例如，在规划城市或居住区的户外环境时，就必须重视物质环境构成对居民交往、邻里关系的影响。户外环境的质量不仅包括空气污染指标、噪声水平和绿化面积等物理要素，更为重要的是环境的社会功能，即环境对人际关系的影响。好的物质环境为人们自然地相互交往提供了必要条件，提高了社会生活的品质。这样，物质环境便与无形的社会环境结合了起来。

作为自然界生物圈一员的人类，其生存需要良好的物质环境，如清洁的空气、水源，适宜的温度、湿度，以及充足的食物、能源供应等，以满足健康生理的需求。而作为社会范畴的人类，还需要尊严、交往、审美等社会生活的基本心理需求，也就是说，人类的生存除了有赖于良好的物质环境外，也有赖于良好的社会环境。社会环境是一种无形的环境，如文化传统、社会风气、道德习惯、政治制度等。这些无形的环境是由人与人之间的相互关系构成的，它不仅会对人类的社会生活产生很大作用，也会影响到物质环境的形成与发展。人类对物质环境的控制、改变、创造并不是孤立地由个人单独进行的，而是以一定的团体为单位，也就是一种社会行为，在一定的社会关系范围内进行的，有了人们之间的社会关系，才会有人类与物质环境的关系。社会环境与物质环境之间存在相互依存、相互作用的关系。物质环境是社会环境的基础，人类社会中人与人之间的关系会以一定的物质形式体现出来，如人类审美的追求就会以某种形态、色彩等可见的物质形式体现出来，成为物化了的精神及文化的象征。

总而言之，设计是人类有目的的实践活动的过程及结果，属于社会范畴。因为设计的形成及发展水平都受到诸多社会环境因素的制约，如经济发展水平、文化背景、技术条件等。设计也属于自然范畴，因为设计受到自然的物质条件和自然的客观规律的限制，如材料、能源、气候等，成功的设计应该是社会环境效益和物质环境效益的统一。

2. 环境意识

环境意识是在正确、全面地了解环境概念的基础上，正确认识和把握人在自然界中所处的位置，建立人—社会—环境之间的协调关系，从而实现可持续性发展这一人类的基本目标和基本任务。

人类的环境意识经历了长期的发展和演变的过程。在人类社会的早期，由于生产力水平低下，人类的生活受到大自然的支配，因而对大自然充满了崇敬，甚至有畏惧的心理。不同的民族都产生过对高山、大河，甚至动物、植物的自然崇拜，在人类与环境的关系中，环境显然处于主动地位。随后，人类在屈从于自然的过程中慢慢地认识了自然，逐渐产生了与自然环境协调相处的观念，中国古代哲学"天人合一"的观念，就体现了古代哲学家对理想境界的追求，中国传统的设计思想反映了崇尚自然、珍视自然的原则。我国古代的园林艺术将山水、林木、亭台楼阁、廊榭桥舫等有机地融为一体，形成了独特的自然风景式园林。自然环境与人造环境水乳交融，创造出富有诗情画意的意境，成了人们寻求与自然和谐相处的理想模式。这是一种"物我相呼"的环境意识，中国哲学历来强调一切文明创造均溯源于"天人合一"的宇宙真谛，天与人是相互交流的，天赖人以成，人赖天以久。我国设计典籍《考工记》提出："天有时、地有气、材有美、工有巧，合此四者，然后可以为良；材美工巧，然而不良，则不时，不得地气也。"这一命题简明扼要地说出了设计的原则和价值标准。

但是，随着人类社会生产力的发展和科学技术的进步，人类在自然界中的地位发生了显著的变化，对环境的观念也随之改变。在追求一个较好的生存环境的过程中，出现了"征服自然""人定胜天"等凌驾于自然环境之上，支配、利用和控制环境的倾向，过度地开发和滥用资源使环境受到极大的破坏，自然形成的生态系统失去了平衡，人类对自然的"征服"所付出的代价，大大超过了所获得的成果。特别是工业革命以来，大机器生产使人类活动对环境的影响规模更加巨大，新的生产方式和生活方式在为人类创造大量财富和优裕生活条件的同时，也产生了空气污染、生态破坏、能源危机等一系列世界性的环境问题。汽车就是一个典型的例子，自1885年人类发明汽车以来，作为一种现代文明的象征，汽车改变了人与社会的关系，也改变了人与自然的关系，在给人们带来生活方便与快捷的同时，其危害也随之而来。汽车排出的大量温室效应气体和其他有害气体，使大气环境质量受到严重破坏，危及人类自身的生存质量。今天，全球性的环境问题，如厄尔尼诺现象、臭氧层空洞、酸雨、大气及水资源污染等都达到了极其严重的程度。人类在创造物质文明的同时，也付出了沉重的代价，陷入了环境危机之中。

严酷的环境问题使人们不得不对人与环境的关系进行深刻的反思，开始认识到保护和改善人类环境已成为人类一个迫切的任务。当代社会对环境问题表现出了极大关注，人类开始用新的眼光来看待自己周围的环境。人的肌体的产生和发展证明人是自然界的产物，因而人和自然界是统一的，是大自然的组成部分。只有人与环境相协调，社会才能得到永恒的发展，这是今天人类面对的严酷现实。由于生存危机导致的"环境意识"的觉醒，正如加拿大建筑师阿瑟·埃里克森（Arthur Erickson）所说的"环境意识是一种现代意识"。联合国《人类环境宣言》指出："现在已经达到历史上这样一个时刻：我们在决定世界各地的行动的时候，必须更加审慎地考虑它们对环境产生的后果。由于无知或不关心，可能给我们的生活和幸福所依靠的地球造成巨大的无法挽回的损害。反之，有了比较充分的知识和采取比较明智的行动，就可能使我们自己和我们的后代在一个比较符合人类需要和希望的环境中过着较好的生活。"这段话充分体现了现代环境意识的重要性。

3. 设计中的环境意识

设计活动是规划、创造人类生活环境的最基本的活动，它在构成世界的三大要素的人—社会—环境之间起着重要的协调作用。人类的任何设计决策都会对环境产生不同程度的影响，设计大大提高了人类的生活质量。例如，家用电器方便了人们的日常生活，汽车、火车、飞机方便了人们的交通。但是，物质生活水平的提高有时是以消耗大量资源为代价的，甚至还可能给环境带来直接的危害。因此，在设计活动中如何平衡人类对更好生活条件的追求与保护环境之间的关系，是当代设计师的一个重要课题，这就要求我们在设计过程中保持清醒的环境意识。设计中的环境意识是多方面的，其中最重要的是要更新观念和行为，正确理解人在自然界中的地位和使命，认识人类设计活动对整个社会及生态系统的作用，预防和阻止对环境的破坏，为后代留下一个良好的生存环境。从历史上看，人类与环境的不协调是由人类活动缺乏设计或设计失当引起的，而这种不协调也只能通过明智的设计来解决。

由于环境是一个多层次、多元素相互作用的系统，需要从不同角度、不同层次来分析人类设计活动的环境效应，有的设计在一定范围内是符合自然规律的，但从更高、更广泛的层次上来看却有可能破坏环境，又是违背自然规律的。对任何设计活动的评价，都不能仅从眼前或局部的利益出发，而忽略了长期的或综合的环境影响。工业设计在很大程度上是在商业竞争的背景下发展起来的，有时设计的商业化走向了极端，成了驱使人们大量挥霍、超前消费的介质，从而导致了社会资源的浪费和对环境的破坏。在这方面，美国 20 世纪 50 年代的商业性设计是典型的代表。商业性设计的核心是所谓的"有计划的商品废止制"，它试图以年度换型计划等方式，通过人为的设计使产品不断地花样翻新，从而大大缩短产品的使用周期，迫使消费者不断地购买新产品，抛弃旧产品。以这种方法，生产企业大大缩短了生产—消费周期，获得了更多的商业利益。由于年度换型计划常常只是产品外观或风格上的变化，产品的基本结构和基本功能并没有很大改进，导致许多使用效果良好的产品遭到废弃，造成了极大浪费。这里，工业设计扮演的纯粹是一个商业性的角色，完全没有考虑设计的环境效益。随着人们环境意识的加强，人们对设计中的过度商业化提出批评，20 世纪 70 年代初，美国设计理论家维克多·巴巴纳克（Victor Papanek，1927—1999）出版了其名著《为真实世界的设计》（Design For The Real World），书中强调设计应该认真考虑地球的有限资源的使用问题，设计应该为保护我们居住的地球的有限资源服务。遗憾的是，他的思想在当时并未得到设计界的普遍认同，反而因为其理论与设计师的商业利益相冲突而被美国工业师协会开除。如何将设计固有的商业性和环境效益统一起来？既要为企业增加利润，使产品便于销售，又要满足环保要求，这就需要给工业设计重新注入伦理道德的观念和社会责任。要做到这一点，需要更新先前的设计观念和评价准则，放弃那种过分强调产品在外观上的标新立异的做法，而将重点放在真正意义上的创新上面，用更为负责的方法来创造新的产品与服务，以满足用户的需求。

在当代技术条件下，将设计的商业利益与环境效益统一起来是切实可行的。消费者环境意识的觉醒给以环境效益促进商业利益提供了契机。一些企业将环保作为树立企业形象、改善公共关系的重要手段，并获得了可观的经济效益。无氟冰箱的成功就是一个实例，尽管冰箱生产和使用过程中排放的破坏臭氧层的氟利昂气体远比汽车空调及喷雾器少得多，但无氟冰箱以其环保号召力而获得了消费者的青睐。在某些发达国家，人们甚至愿意以稍高的价格购买对环境友善的产品。这说明只要设计得当，鱼与熊掌是可以兼得的。随着环保热的升温，有一点特别值得消费者、设计师和企业注意，即防止那些貌似环保的设计出现。

人类的设计活动不仅创造了人类的物质环境，也构成了人类生活的视觉文化景观。因此，设计中的环境意识还应包括从人的生理及心理需求出发，考虑不同的社会文化背景，对环境中的色彩、造型、材质等视觉审美因素进行精心设计，避免视觉污染，创造出协调、美好的人类生活环境。视觉因素的协调既包括人造景观与自然景观在视觉上的协调，也包括人工环境中不同视觉要素的协调。在进行城市规划、建筑设计及环境设计时，不仅要在生态上与自然环境相协调，也应在景观上与自然取得默契。尽量避免对自然地形、地貌和植被的破坏，与自然形成"共生"的关系。美国著名建筑师和设计师弗兰克·劳埃德·赖特（Frank Lloyd Wright，1869—1959）的"有机建筑"是这方面的典范。他的有机建筑就是"自然的建筑"。自然界是有机的整体，建筑师应从自然界中得到启示，房屋应当像植物一样，是"地面上一个基本的、和谐的要素，从属于自然环境，从地里长出来，迎着太阳。"赖特设计的流水别墅体现了有机建筑的理想（图 9-1），它轻盈地凌立于流水之上，平台参差地伸入周围空间，体型和材质与地形、林木、山石、流水相映成趣，建筑物与大自然融为一个有机的整体。

图9-1
赖特的流水别墅

二、环境设计的概念与要素

1. 环境设计的概念

环境设计又称"环境艺术设计"，是指对建筑室内外的空间环境，通过艺术设计的方式进行整合设计的一门实用艺术。环境艺术所涉及的学科很广泛，包括建筑学、城市规划学、人类工程学、环境心理学、设计美学、社会学、文学、史学、考古学、宗教学、环境生态学、环境行为学等。

环境艺术设计通过一定的组织、围合手段，对空间界面（室内外墙柱面、地面、顶棚、门窗等）进行艺术处理（形态、色彩、质地等），运用自然光、人工照明、家具、饰物的布置、造型等设计语言，以及植物花卉、水体、小品、雕塑等的配置，使建筑物的室内外空间环境体现出特定的氛围和一定的风格，来满足人们的使用功能及视觉审美上的需要。人在一定的环境中生活，自然环境和社会环境都会对人类产生重要的影响，人们根据自己在不同时期的思想意识、生活目标和理想追求对聚居地不断进行重新构建的设想，并把它落实到一个形态载体上，从而逐渐形成了环境设计。

环境设计可以理解为用艺术的方式和手段对建筑内部和外部的空间进行规划与设计。在中国，所谓的"环境艺术设计"就是指室内装饰、室内外设计、景观设计、建筑装饰和装饰装潢等。尽管称谓很多，但其内涵相同，都是指围绕建筑所进行的设计和装饰活动。区别仅在于是室内装饰还是室外装饰。由此可以看出，室内设计的叫法也很不妥，其限定性概念显然是将室外装饰设计排斥在外，致使围绕建筑外立面和小环境的装饰设计，出现了建筑、室内、园林、景观等各设计施工行业竞争的现象。

另一方面，环境艺术设计在狭义（围绕建筑的室内外设计）上讲，其叫法比较贴切。但就广义的概念和范围来说，环境艺术几乎涵盖了地球表面的所有地面环境和与美化装饰有关的所有设计领域，这是不合理的。

环境设计是由城市规划、景观设计、园林设计、建筑设计、展示设计、街道设施、环境标识等专业构成的，这是当今的国际共识。环境设计大体可以划分为几个层次，每个层次都有与之相对应的学科，这些学科有各自的独立性，但又相互渗透和联系。它们共同构成了人居环境设计这一大的学科体系（图9-2）。

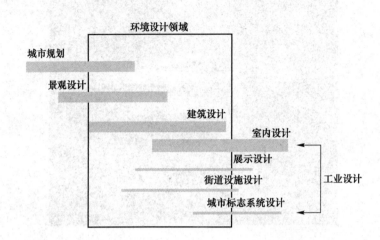

图9-2
环境设计体系

虽然我们生存的环境有许多人为的疆界，但这个世界仍是一个整体。人类共享着同一片天空、海洋和为数不多且不能再生的自然资源。人类进化的历史，正是一部人类用自己力量构造理想的生存环境的历史，环境设计史是一部综合性的设计历史，一部人类栖居形态演变、营造技术进步和环境艺术思想发展的历史。

一部完整的环境设计史所要展现的，应该是人与自然之间关系演变的过程，尤其是人作为最高级的生物形态去主动地影响自然和环境的过程。环境设计是一个新概念。从大处着眼，它涉及整个人居环境的系统规划；从小处着眼，它关注人们生活与工作的不同场所的营造。环境设计活动中有不同的分工，但是分工却不能分家，所有对环境的设计离不开一个整体的人居环境质量的思考。环境设计的工作范畴涉及城市设计、景观和园林设计、建筑与室内设计的有关技术与艺术问题。环境设计师从修养上讲应该是一个"通才"，他除了应具备相应专业的技能和知识（城市规划、建筑学、结构与材料等）外，更需要有深厚的文化与艺术修养，因为任何一种健康的审美情趣都是建立在较完整的文化结构（文化史的知识、行为科学的知识）之上的。与设计师艺术修养密切相关的还有设计师自身的综合艺术观的培养、新的造型媒介和艺术手段的相互渗透。环境设计使各门艺术在一个共享空间中向公众同时展现。作为设计师，必须具备与各类艺术交流沟通的能力，必须热情地介入不同的设计活动中，协调并处理有关人们的生存环境质量的优化问题。与其他艺术和设计门类相比，环境设计师更像是一个系统工程的协调者。

环境设计作为一门新兴的学科，是第二次世界大战后在欧美逐渐受到重视的，它是20世纪工业与商品经济高度发展，科学、经济和艺术相结合的产物。它一步到位地把实用功能和审美功能作为有机的整体统一了起来。环境设计是一个大的范畴，其综合性很强，是指环境艺术工程的空间规划，艺术构想方案的综合计划，其中包括了环境与设施计划、空间与装饰计划、造型与构造计划、材料与色彩计划、采光与布光计划、使用功能与审美功能的计划等。

环境的艺术就是创造良好场所的艺术，就是用艺术的手段来优化、完善我们的生存空间。自然环境是相对于人工场所或者说人工环境而存在的具体的自然造化。它是整个生态平衡的支撑，又是环境艺术整个文脉系统的重要组成部分。它也客观地制约着人工场所的形态构成与发展。环境设计也可以看成人类的艺术创造活动，人们通过设计手段有意识地物质化自己的审美理想。在环境艺术中，物化形象和抽象功能与艺术空间是并存的。所谓物化形象，指的是赖以构成环境的界面和相关物品：广场、建筑、庭院、绿化、壁画、雕塑和特定的室内空间；所谓空间艺术，则是物质形体的抽象的空间关系的处理艺术。

环境设计审美的过程是一个多元化的感受认识过程：个性离不开一般意义上的、功能上的普遍性；现实性离不开历史上的延续性和发展上的未来性；诗性则离不开实用性。环境设计的表现要尊重客观工作环境，准确且经济地应用设计语言。无论环境设计作品的个性有多强，只要是好的，必然是有条理、有秩序的，这与其文化和自然背景有着必然联系。

2. 环境设计的要素

环境设计作品大部分可以单体的形式出现，因此也遵循产品设计的要素原则，其要素分别是功能、材料塑造和造型（图9-3）。

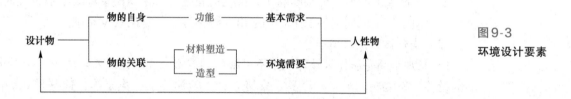

图9-3
环境设计要素

（1）环境设计的功能　环境设计的功能应包括物质功能与精神功能两个方面。因为环境设计是为"人"而设计的。因此，必须满足人在这两方面的需求，例如，户外座椅是为了方便行人休息而设计的，功能很明显。而街头雕塑则是为了满足人的精神享受，对提高环境设计的艺术质量是很重要的。

（2）环境设计的材料、构造与工艺　环境设计作品一般都设在户外，因此，应选择耐热性好的材料。由于城市环境中的客流量较大、人与物之间关系比较贴近，环境设计作品采用钢结构的居多，重视细部处理，设计意图往往采用机械制图来表达。

（3）环境设计的造型　环境设计作品与建筑作品的造型区别都比较大。建筑作品受材料、工艺和体量巨大的限制，一般采用直线和平面的造型为多。而环境设计作品因受材料影响较小、本身体量也较小的缘故，造型便不受限制，可以采用弧线和曲面的造型。展示设计及城市标识设计中，有很多内容属于视觉传达的设计范围，如广告、灯箱、招牌、标识。

总之，环境设计作品由工业设计师来完成也是恰如其分的。

三、环境设计的原则与方法

1. 环境设计的原则

（1）居住区内的环境

1）居住区环境设计应以建筑为主体。在住宅室外环境设计中，所有室外构筑的设计都应围绕主体建筑来考虑。它们的尺度、比例、色彩、质感、形体、风格等都应与主体建筑相协调，当两者的物质构成形式与精神构成形式统一形成有机的统一状态时，住宅的室外环境设计才能达到环境的整体和谐。

2）环境设计应以满足使用功能为本。室外环境设计是一种"以人为本"的设计，因此，首先考虑满足人在物质层面上对于实用和舒适程度的要求。所有附属于建筑的设施必须具备相应的齐全的使用功能，环境的布局要考虑人的方便与安全，只有这样的设计才是有价值、有实际意义的。

3）艺术设计是室外环境设计的重要课题。现代住宅环境设计的目的除了营造一个舒适与方便的居住环境之外，还必须在环境中体现美的旋律与丰富的文化内涵。景观设计本身就是一门艺术，是一门把握意境而创造的艺术。随着社会的进步和物质生活水平的提高，人们对于环境的审美要求的迫切性与多样性将具备越来越重要的作用与意义。

4）绿化是优化室外空间的重要因素。住宅环境绿化是指在居住区用地上栽植树木、花草而形成绿地。居住区绿地的功能有两种：一种是构建户外生活空间，满足各种休闲环境的需要，包括游戏、运动、锻炼、散步、休息、娱乐等；另一种是创造自然环境，各种环境设施，如树木、墓地、花卉、铺地、景观小品等手段创建优美的室外环境。植物的色彩和造型是多种多样的，并随季节的变化呈现出不同的形象。植物的自然造型经过人工处理能组成各种优美的图案，高大的乔木、低矮的灌木、鲜艳的花卉、大面积的草坪或单独布置或结合在一起，灵活地点缀于住宅的周围环境中，创造出一种恬静、优雅的视觉氛围。

（2）居住区外的环境

1）景观小品是居住区外环境中不可缺少的点缀。在居住区外环境中，绝不能忽视景观小品的设置，如雕塑、水景、灯具、桌椅、凳、阶梯扶手、花架等，这些景观小品色彩丰富，形态多姿。它们既给居住生活带来了便利，又给室外空间增添了丰富的情趣。在室外环境中设置景观小品的目的有两个：一是满足生活需要，二是满足审美需要。对一些既具实用功能又具观赏功能的小品设施，其尺度、比例要满足使用中的人体功能要求，且要与整体环境相协调，其色彩、质感一般都与整体环境形成对比效果，布置的位置除符合使用要求外，还应遵循想象力的美学法则。

只具视觉功能的景观小品的设计难度是最大的，审美要求是最高的。这些小品通常应布置在空间环境中人的视觉交汇处或端部，以形成空间环境的趣味中心。这些小品一般都应有创作主题，且其主题应与居住区的景观氛围一致。这些小品的形式有抽象的，也有具体形象的，但无论什么形式的小品，其比例、尺度都要与空间环境相协调（一般不考虑使用上的尺度）。其色彩、质感的设计大多采取与环境对比的方法，以强调小品在环境中的视觉形象。只有充分考虑到以上诸多因素，才能较完美地设计出环境景观小品。

2）利用高科技的先进产品、技术和工艺是室外环境设计的必然趋势。在现代化的室外环境设计中，高科技的含量已越来越高。在现代化住宅中，室外环境应考虑设置以下新科技产品：智能化的管理与生活服务设施；安全监测与报警系统；现代通风装置；新材料的运用。

3）环境设计中应特别注意生态保护工作。生态保护的实施，一方面体现在遏制有毒有害物质的使用；另一方面体现在保护自然资源的工作中，环境设计中利用绿色植物来美化环境，而其本身就是一种自然资源，住宅周围种植绿地正是扩展了自然资源的范围。在居住区绿化中，还应注意尽量保护原有古珍树木，并尽量选择一些优良的植栽品种。

4）利用技术经济分析方法来规划合理的居住区环境设计。与所有的工程技术设计工作一样，居住区住宅环境设计也应该利用技术经济分析方法，在技术含量高、质量优与人格合理等因素之间找出一个最佳平衡点，只有这样，才能确定一个较为合理与经济的设计方案。

2. 环境设计的方法

环境设计有自己的设计方法和设计程序。设计程序是指为达到设计目的，根据设计内容、性质等事先所做的工作次序、计划安排。程序本身就是一种方法，它是对设计规律的科学总结，建立程序的目的是逐步地、更有效地集中解决设计环节中的问题。

对室内设计来说，完整且有表现力地表达出室内环境设计的构思和意图，使建设者和评审人员能够通过图样、模型、说明等全面地了解设计意图也是非常重要的。在设计投标竞争中，图样质量的完整、精确、优美是第一关，因为在设计中，形象毕竟是很重要的一个方面；而图样表达是设计者的语言，一个优秀室内设计的内涵和表达也应该是统一的。一个完整的环境设计程序通常应分为以下几个阶段：

（1）前期阶段 前期阶段也就是做好设计准备工作。它主要有以下几个方面的内容：设计准备、环境分析和设计咨询。

（2）初步方案设计阶段 初步方案设计阶段的任务是在前期准备阶段的基础上，对业主的项目做进一步的研究和分析，并做出初步方案、设计时间及经费预算等。

（3）展开阶段 展开阶段是初步方案设计阶段的深化。该阶段将业主的初步审核意见加以反馈和分析，吸取合理的意见和要求，并对初步设计方案进行修改，使其更加完善。由于初步方案强调和表现的是整体效果，展开阶段就需要继续对方案进行细化和深入。围绕着空间和各部分之间的关系详细地研究和设计，如功能作用、人体工程、环境行为、心理感受、色彩、光照、材料和技术等问题，都要求有较为具体的内容和详尽的细节。不仅要考虑艺术方面，还要对水、电、结构、供排水及环保等方面进行深入的研究，并需要和相关专业进行协调设计。

（4）施工图设计阶段 设计展开阶段的内容经业主审核和批准后，就集中在设计施工图的制作上。施工文件实质上是要将所有的设计意图具体化，让所有将来参与建设、施工的人员能够完全理解设计目的，包括所有细节。

因为这一阶段的内容是在展开设计的基础上进行的，从工作的不同阶段的性质来讲，这段时间更多的是严密而细致的工作，把展开设计具体化和细致化，以求更具操作性。

（5）施工监理和意见反馈阶段 这个阶段往往是许多设计师容易忽略的，但这恰恰是一个重要环节。由于施工阶段的实地环境因素存在许多意想不到的情况，确定下来的设计往往需要进行局部修改。再加上设计上对材料、结构等的要求也会由于市场供应等因素进行调整，所以设计与施工需要紧密地联系与合作。另外，项目在施工完成后还会有一些局部的项目调整，需要设计师做进一步的工作。再者，对设计师而言，一个项目的完成不等于设计生涯的结束。设计师需要在实践中不断积累经验，完善自己，所以收集各方人士的反馈意见也是设计工作中不可缺少的一部分。设计师要善于从不同的意见中吸取所需要的成分，其设计水平才能不断提高，这项工作可以采用设计调查法和设计分析法来进行。

四、现代环境设计的理念与趋向

1. 现代环境设计的理念

从设计角度看"环境"二字，主要是指人们在现实生活中所处的各种空间场所。从广义上说，空间与场所可以涵盖我们所生存的整个世界。随着社会的进步，人的生活方式日益丰富，毫不夸张地说，现实世界的每一个角落都已打上了人类活动的烙印。从田园到花园，再到高科技企业园，都充分反映了人类在科技进步的帮助下，不断实现自我完善的历程。

从设计方法上看，建筑外环境设计具有其"公共性"的一面。除建筑师外，城市规划师、园林设计师和雕塑师都纷纷涉足这一领域。他们各自有其独特的侧重点和处理方法。例如，园林设计师精通绿化，对植物种类和季节、土壤的适应性研究非常熟悉，还能够设想各种时令的景致变化；建筑师对营造的技术感兴趣，他们研究的是砌筑、搭建和形式，对于与建筑设计一体化的室外空地尤为热衷。现代艺术手法更富于想象力和整体意义，这首先需要参与者整体观念的更新，跳出栽绿篱、埋栅栏等泛泛的处理方法，放弃狭隘的行业偏见。这是发挥想象力，创造场所特征，使其与整体环境相映生辉的基本前提。

（1）从专业设计到整合设计　环境设计学科在我国的发展一直是基于实践的发展，从室内设计发展起来的，这个学科事实上也是实践驱动的学科，即便后来引入了室外环境设计，也基本上没有脱离环境设计的范畴。用户体验、设计管理、品牌战略、可持续设计等新设计方向的加入，使设计任务由原来的用创意和技术手段来解决功能、问题的方式，拓展到对整个生存环境的研究、创造和体验。这时，设计的重点已从环境中的一个个体扩张到如网络般相互交织的整个系统。

（2）由封闭思维到开放思维　对我国的环境设计专业而言，从室内设计拓展到外部环境设计是一次学科壁垒的突破，但这种突破还远远不够。可持续生活方式的环境设计需要来自建筑学、传媒学、管理学、人类学、社会学、心理学、行为学等多学科领域的知识。环境设计并不是要覆盖这些领域，而是要在其中作为协调者与其他专业共享一个情境。通过设计创意去推进和加强这种多学科的交流，从而实现共同的价值观。

（3）基于策略的设计　基于策略的设计是"设计的设计"，因为基于策略的设计不仅涵盖了环境设计的功能、空间、材料、构造、风格、光与色、种植等传统物质设计的对象，而且还探究到了价值观的层面。

（4）基于可持续发展的设计伦理　可持续生活方式的环境设计可能是一个压倒性的伦理，但同时又是一个开放性的标准。在这个大方向下，多层面的价值观可以实现共存，诸如传统与创新、全球化与地域性、精英文化与大众文化等两分法的两端都能在可持续发展这一价值观下找到各自存在的依据。

（5）形式与功能的结合　就园林设计来说，现代园林与传统园林的服务对象和装饰性与观赏性不同，现代园林面向大众的使用功能已成为设计师们所关心的基本问题之一，其形式建立在功能之上，并力求简明与合乎目的。例如，纽约观景台公园和横滨美术馆前广场公园虽然都不大，条件也不复杂，但公园设计视线安排合理，使用方便，空间划分明确，细部考虑周到，反映了现代主义设计手法在当代园林中的广泛应用。大自然是劳伦斯·哈普林（Lawrence Halprin）许多作品的重要灵感之源，在深刻理解大自然及其秩序、过程与形式的基础上，他以一种艺术抽象的手段再现了自然的精神，而不是对自然的简单移植或模仿。劳伦斯·哈普林对自然现象进行过细致的观察，他曾对围绕自然石块周围的溪水的运动，以及自然石块的块面形态和质感，做了大量的写生与记录。在这些研究中，他体验到了自然过程的抽象之道。例如，他设计的美国俄勒冈州波特兰市（Portland，Oregon）伊拉·凯勒水景广场（Lra Keller Fountain Plaza）（图9-4），从高处的涓涓细流到湍急的水流，从层层跌落的跌水直到轰鸣倾泻的瀑布，整个过程被浓缩于咫尺之间。

图9-4
伊拉·凯勒水景
广场

（6）场所精神与文脉主义 对文脉的深层阅读要求深入到一个场所的精神领域之中，并关注传统的阻力。从某种程度上讲，每一设计实际上都是在创造一种场所，只有在更倾心地体验设计场地中隐含的特质，充分揭示场地的历史人文或自然物理特点时，才能领会真正意义上的场所精神，使设计本身成为一部关于场地的自然历史或演化过程的美学教科书。法国园林师亚历山大·谢墨托夫（Alexandre Chemetoff）在拉·维莱特公园（Parc de la Villette）中设计的下沉式竹园（The Bamboo Garden）（图9-5），有意识地保留了城市的地下管线设施，给水管、排水管、电力管纵横于场地之中，让人们了解到这一小小的绿色空间实际上是城市庞大聚集体中的一个"碎片"。

图9-5
拉·维莱特公园
中设计的下沉式
竹园

2. 现代环境设计的趋向

从构成世界的三大要素的自然—人—社会这三个座标体系出发，现代设计已从产品设计拓展到环境设计，由"生存意识"发展到"环境意识"。正如加拿大建筑师阿瑟·埃利克森所说的："环境意识就是一种现代意识。"美国建筑师们认为：20世纪80年代的重要发展并不是这个主义或者那个运动，而是对环境设计和景观设计的普遍认同。环境设计与人的生活密切相关，以至于迅速发展成一门专业性很强的、十分实用的新兴边缘科学。基于对现代环境设计现状的分析，清华大学美术学院张绮曼教授提出：现代环境设计可以有以下七个新的趋势：

（1）回归自然化　随着环境保护意识的增强，人们向往自然，喝天然饮料，用自然材料，渴望住在天然的绿色环境中。北欧的斯堪的纳维亚设计流派由此兴起，且对世界各国影响很大。该流派提倡在住宅中创造田园的舒适气氛，强调自然色彩和天然材料的应用，采用许多民间艺术手法和风格（图9-6）。在此基础上，设计师不断在"回归自然"上下功夫，创造新的肌理效果，运用具象的抽象的设计手法使人们联想到自然。

图9-6
斯堪的纳维亚风格的室内设计

（2）整体艺术化　随着社会物质财富的丰富，人们要求从"物的堆积"中解放出来，要求室内各种物件之间存在统一的整体美。环境设计是整体艺术，它应是对空间、形体、色彩及虚实关系的把握，对功能组合关系的把握，对意境创造的把握以及与周围环境关系的协调。许多成功的环境设计实例都是艺术上强调整体统一的作品。安藤忠雄设计的真言宗本福寺水御堂在其设计中充分利用了天、水、光，象征着净化、死亡和重生（图9-7）。

图9-7
真言宗本福寺水御堂

（3）高度现代化　随着科学技术的发展，可在室内设计中采用一切现代科技手段，使其

达到最佳的声、光、色、形的匹配效果，实现高速度、高效率、高功能，创造出理想的值得人们赞叹的空间环境。

（4）高度民族化 如果只强调高度现代化，那么，虽然人们的生活水平提高了，但会感到失去了传统，失去了过去。因此，室内设计的发展趋势就是既讲现代化，又讲传统。在日本，许多新的环境设计反映了日本设计人员致力于高度现代化与高度民族化相结合的设计体现。例如，东京目黑雅叙园酒店及其办公大楼的室内设计，传统风格浓重而又不失新颖，设备、材质、工艺高度现代化，室内空间处理及装饰细部处处引人入胜，给人留下深刻的印象并深受启发（图9-8）。日本各地的大小餐厅、菜室及商店装饰食器均进行了配套设计，即使在很小的餐馆用餐，也能感受到设计者的精心安排。"处处环境美，处处有设计"给人们留下了深刻的印象。

图9-8
东京目黑雅叙园
酒店

（5）个性化 大工业化生产给社会留下了千篇一律的同一化问题——相同的楼房、相同的房间、相同的室内设备。为了打破同一化，人们开始追求个性化。一种设计手法是把自然引进室内，使室内外通透或连成一片；另一种设计手法是打破"水泥方盒子"，以斜面、斜线或曲线加以装饰，以此打破水平线和垂直线来求得变化。还可以利用色彩、图画、图案，以及利用玻璃镜面的反射来扩展空间等，从而打破千人一面的冷漠感，通过精心设计，给每个家庭居室以个性化的特性。

（6）服务方便化 城市人口集中，为了保证高效、方便，国外十分重视发展现代化服务设施。日本采用高科技成果发展城乡自动服务设施，自动售货设备越来越多，交通系统中计算机问询、解答、向导系统的使用，自动售票检票、自动开启和关闭进出站口通道等设施，给人们带来了方便，提高了效率。其使室内设计更强调"人"这个主体，以让消费者满意、方便为目的进行设计。

（7）高技术、高情感化　最近，国际上工艺先进国家的室内设计正在向高技术、高情感方向发展，这两者相结合，既重视科技，又强调人情味。在艺术风格上追求频繁变化，新手法、新理论层出不穷，呈现出五彩缤纷、不断探索创新的局面。

第二节　环境设计应用与发展

一、室内环境设计

1. 室内环境设计概述

室内设计通常也称为建筑内环境设计，是环境设计中的一个重要组成部分。现代人生活和工作的大部分时间都是在室内度过的，室内环境对人的生理和心理影响更直接、更大，并且室内环境还有其自身的特点。因此，掌握室内设计的规律和要点也是整个环境设计的重心。

室内设计的目的是为人们的生活和工作创造一个良好的室内环境，也就是说，所设计的室内空间必须符合人的生理和心理的需要。人的个体差异形成了人们对环境需求的差异性，如何最大限度地满足不同人在不同环境中的不同需要，就是设计所需要考虑的，同时也是审视环境质量的标准。

人的"生活空间"可分为个人的、家庭的、社会的和工作的四个部分。不同时代、不同地域的人有不同的生活方式，并形成了与之相适应的"生活空间"，这就要求对其使用中的功能要素进行合理安排，以满足不同的使用需要。室内设计要在生活空间方面充分考虑个人、家庭、社会和工作等方面的因素，达到相互促进，以求尽善尽美。

（1）室内设计的定义　室内设计就是运用艺术的和技术的手段，依据现代人的生活特质，创造出符合人们的生活、生产需求，满足人们物质和精神需要的室内环境的过程。室内环境既要有使用价值，满足相应的功能要求，又要反映历史文脉、建筑风格、环境气氛等精神因素。环境是指独立于人们以外的客观条件，包括自然环境，如阳光、空气、山水、土石、花草等；人工环境，如城市、建筑、室内。"环境"是一种空间，包括光线、形状、设备等，构成与人的各种关系；"设计"是指处理人的生理、心理与环境关系的问题。单纯的"美化"并不能解决人在特殊环境下的生理需求及环境对人的特定限制问题。因此，设计实质上是研究和处理人与物的各种关系，包括人与材料、人与造型、人与声音、人与色彩、人与光线、人与经济、人与地位、人与生活习惯等。

由此可见，室内设计是为满足人们室内生活的需要而去创造、组织理想生活时空的环境设计，它是建筑设计从室外到室内的"景象化"—"物质化"的过程，是建筑设计的延续，是建筑空间概念深化的体现。同时，它是一项涉及多学科、多工种、多内容的混合性设计。

（2）室内环境设计的内容　室内环境设计大致分为以下四个部分：

1）室内空间设计。室内空间设计是在建筑的基础上对其内部空间做进一步处理，调整空间的尺度和比例，决定空间与空间的衔接、过渡、对比、统一等问题。空间设计是整个室内设计的核心和主角。内部空间大多是由建筑墙体、屋顶以及家具、植物、设施等实体围合而成的，是相对实体而言"虚"的部分。空间的大小、比例、形态首先应与人的活动性质相一致，例如，客厅与卫生间的空间显然是不同的，而不同的空间形态对人的心理、行为将产生不同的影响，即使性质相同的空间，也会由于使用者的数量与其精神上的需求的不同而不尽相同，这就产生了空间的多种变化。一个空间的造型和体量是由诸多方面的因素决定的，人、活动、环境、材料和技术等都是影响空间设计的因素，而空间设计是室内其他设计的基础（图 9-9 ~ 图 9-11）。

图 9-9
室内空间设计
案例（一）

图 9-10
室内空间设计
案例（二）

图 9-11
室内空间设计
案例（三）

2）室内装修设计。室内装修设计是按空间的要求对界面进行处理，即对顶棚、墙面和地面的材料的选用，以及对色彩、图案、肌理的处理等做出设想并确定采用的工艺方法。应该明确的是，室内装修设计只是室内设计的一部分，许多业外人士常将室内装修设计与室内设计混为一谈，其实，室内装修设计是在空间设计的基础上考虑使用的需要，对界面的材料进行分析和选择，满足使用时的物理、化学要求，还要考虑材料的色彩、图案、质感等以适于人的心理需求，并与环境整体保持一致。此外，还要确定采用何种工艺来实施完成。

3）室内物理环境设计。室内物理环境设计是对室内的通风、温度、湿度、采光和照明等方面的设计与处理，它也是室内设计的一个重要部分。物理环境与人的关系最为直接，例如，空气的流通、温度的高低、光线的强弱直接影响人在环境中的舒适程度和对特定活动的需要。与自然环境不同，现代城市建筑室内的物理环境受到了狭小空间的极大制约，且人与人之间对环境的要求也存在一定的差别。所以，人为地改变和创造室内物理环境，是达到符合人们生活所需的物理环境的最有效的办法。一般来说，物理环境是有一个比较确定的技术标准和指数的，室内物理环境设计就是要从各方面来达到这些标准。

4）室内陈设设计。室内陈设设计指对室内的家具、设备、灯具、绿植以及装饰物、艺术品等的设计。家具和设备除了本身的使用功效外，还在室内环境中和其他元素一起构成了空间、装饰来烘托整体环境。室内视觉方面的考虑也是室内设计的重要方面，环境的气氛、信息的传递、文化的体现等往往是通过人的视觉得以实现的，对视觉的形状、色彩、质感等方面的考虑和设计是室内设计中不可缺少的部分。可以说，室内陈设设计是在完成室内基本功能的基础上，进一步提高环境质量和环境品质的深化工作，其目的是使人们在生理和心理上得到充分的满足。这里将室内设计的内容分成几个部分，目的是便于读者对室内设计有一个比较完整的认识，在实践中，设计不是分割的和孤立的，不能采用分别完成后相加的方式。也就是说，局部的设计不能离开整体观照，这一点在设计工作中是至关重要的。

（3）室内设计要素　室内设计的任务就是综合运用各种技术手段，考虑周围环境因素的作用，充分利用有利条件，积极发挥创新思维，创造一个既符合生产和生活物质功能要求，又符合人们生理、心理需求的室内环境。室内设计要素大致包括以下六个部分：

1）空间要素。空间的合理化并给人们以美的感受是设计的基本任务。要勇于探索时代、技术赋予空间的新形象，不要拘泥于过去形成的空间形象。

2）色彩要素。室内色彩除对视觉环境产生影响外，还直接影响人们的情绪和心理。科学的用色有利于工作，有助于健康。色彩处理得当既能符合功能要求，又能取得美的效果。室内色彩除了必须遵守一般的色彩规律外，还随着时代审美观的变化而有所不同。

3）光影要素。人类喜爱大自然的美景，常常把阳光直接引入室内，以消除室内的黑暗感和封闭感，特别是顶光和柔和的散射光，可使室内空间更为亲切自然。光影的变换，则可使室内环境更加丰富多彩，给人以多种感受。

4）装饰要素。室内整体空间中不可缺少的建筑构件，如柱子、墙面等，结合功能需要加以装饰，可共同构成完美的室内环境。充分利用不同装饰材料的质地特征，可以获得千变万化的和不同风格的室内艺术效果，同时还能体现地区的历史文化特征。

5）陈设要素。室内家具、地毯、窗帘等均为生活必需品，其造型往往具有陈设特征，大多起着装饰作用。实用和装饰功能应互相协调，以求得功能和形式统一而有变化，使室内空间舒适得体，富有个性。

6）绿化要素。在室内设计中，绿化已成为改善室内环境的重要手段。绿化要素是最富有生气、最富有变化的室内装饰物，它除了利用自身的形态美（包括形态、色彩、肌理和气味等）为人们创造美感外，还可以通过不同的组合方式与所处环境有机地结合为一个整体，从而形成好的环境效果。通过各种植物的摆放，还可以起到分割空间、联系空间、指示空间、调整空间、柔化空间、填充空间等组织空间的作用。除此之外，利用植物自身的生态特点，通过绿化还可以起到改善、净化环境的作用。

（4）室内空间的构成 空间的构成因素很多，有政治方面的、哲学和宗教方面的、科学方面的、社会和经济方面的、技术方面的、生理和心理方面的、形式美方面的等。形式美的构成主要应从装饰的角度去分析，强调空间效果的协调、比例或律动，以及其他效果与空间效果的协调一致。而空间构成的节奏、韵律、均衡、渐变、跳跃、过渡、穿插、错落、虚拟等的形式美的力度变幻，同时也可唤起室内空间中与之相应的人们情感上的典雅、淡朴、温暖、亲切、含蓄、高贵、肃穆等感情美的力度变幻。构成的美还通过形、色、质的有机结合，打动视知觉使观者产生美的共鸣。要创造美的形态，必须以美感要素为出发点。

1）对称与均衡。对称是指规整、有中轴线的室内布置的平衡效果。例如，我国历代宫殿的对称形式，北京故宫中以中轴线分为东西两部分的左右对称形式；宫廷多种礼仪的对称形式；民间喜庆节日的红灯、花烛的对称。对称能给人以庄重、严肃、静穆、完美的感觉。但处理不当则有可能产生单调、呆板的感觉，室内一旦表现出极明显的相对性，则会显得刻板，从而丧失其舒畅感。此时，可以在室内利用设置匾额、字画、家具、陈设、绿化等手段打破相对性，以此带来室内动感的均衡。均衡是指不规整的、不突出中轴线室内布置的匀称效果。根据这条规则，室内中轴线的位置即使不突出，也要求在两侧的体量有相同的重量感。可以通过形、形体、色彩、肌理和物理量来综合调整达到均衡。在室内构成中，处理好体量的虚与实、形与形之间的适当关系、色彩组合关系及其他要素的构成关系，是获得均衡效果的关键。

2）对比与调和。对比是指突出事物相对抗性的因素，使个性鲜明化，连接数个不同个性的素材，就可以产生对比的现象。相反，调和是指在不同事物中，强调其共同性的因素，使事物之间协调化。在室内构成中，对比可使得空间形态生动活泼、个性鲜明。而调和又对相对比的两者起着过渡、中和的作用，使空间关系融合，产生协调美。室内空间要有生气，就必须在垂直线与水平线之间，在确定的与不可确定的形式之间，在体积之间和体量之间，表现出对比效果来。若要有丰富而不乱的表现，就需要使一种因素占主导地位。例如，哥特式教堂中垂直因素明显占优势，但如果没有水平因素的话，就没有对比，也就体现不出教堂的气势。创造空间形态要根据不同情况，或突出对比或强调调和。突出对比时，要注意到其调和；强调调和时，又要辅以少量的对比，使之形成对立统一的关系。

3）比例与尺度。比例是指形体中整体与局部，或局部与局部之间的大小关系，也就是室内空间各部的相互关系以及局部与整体的关系。比例是对室内空间进行划分的一种手段，目的是达到统一、均衡、重点突出，使空间具有对比、协调和节奏感。比例与整个室内空间的尺度是紧密联系在一起的，尺度是评判室内空间时不可缺少的因素。如果说人是所有东西的度量，那么确定比例但不确定其尺度就是一个错误，而确定尺度但不确定比例也是一个错误。一座建筑物的尺度可能是巨大的，如圣彼得教堂的室内空间（图9-12）；另一座建筑物的尺度可能较小，如波罗米尼设计的圣卡罗教堂，但后一座建筑物显得比前一座要宽敞得多。尺度意味着人们感受到大小的效果，意味着与人体大小相比的大小效果。

图 9-12
圣彼得教堂的
室内空间

4）节奏与韵律。节奏表现为一切造型要素有秩序、有规律地变化。所谓韵律，则是使节奏强弱起伏、悠扬急缓地变化，即赋予节奏一定的情调。韵律的构成比节奏难度更大，更有感情色彩。韵律包括以下几种：重复韵律、渐变韵律、交错韵律、起伏韵律。

空间构成除受尺度等因素的影响外，光会吸引视线构成自己一套独立的动向；受色彩的影响，深色地板配浅色顶棚，将呈现一种与深色顶棚配浅色地板所产生的效果完全不同的空间感；受占主导地位的线条的特色影响，垂直线突出的，就给人以高大的幻觉，水平线较重的，则给人以宽大的感觉。

总之，合理地运用构成要素，协调家具、纺织品、电器、陈设、绿化等室内要素之间的关系，形成巧妙的空间构成，以提高其审美效果。应把空间设计作为艺术品创作来看待，力求通过空间手段，激起进入该空间的人们的某种相应情绪。

（5）室内设计的基本原则　现代室内设计，从创造出满足现代功能、符合时代精神的要求出发，需要确立一些基本观点以及遵循一定原则：

1）以满足人和人际活动的需要为核心。"为人服务，这正是室内设计社会功能的基石。"室内设计的目的是创造室内空间环境为人服务，并将提高物质生活水准、增进室内环境的精神品质放在设计的首位。对于物质水准而言，实用性是加强室内效果的唯一途径，例如，对于空间计划、家具陈设、储藏、采光、通风以及人力、物力、财力的经济性因素，包括室内一切物资设备，必须进行精密预算，才能保持长期价值，发挥财力资源的最大效益；精神品质，包括艺术性、个性、精神性、个性法则、心理平衡、情感纾解、心智发展；艺术性，是指形式原理、形式要素，即造型、色彩、光线、材质等，必须在美学原理的规范下，达到取悦感官、鼓舞精神的作用；个别性，是指性格形态、学识教养深度各有不同的形式，反映不同格调，满足和表现个体与群体；个性因素，是指个性、偏好、生活方式、起居习惯及劳动工作性质等的群体结构意识。

现代室内设计需要满足人们的生理、心理等要求，需要综合地处理与环境、人际交往等的多项关系，需要在为人服务的前提下，综合解决使用功能、经济效益、舒适美观、环境氛围等种种要求。设计及实施的过程中还会涉及材料、设备、定额法规以及与施工管理的协调等诸多问题。现代室内设计特别重视对人体工程学、环境心理学、审美心理学等方面的研究，以科学地、深入地了解人的生理特点、行为心理和视觉感受等对室内环境的设计要求。

2）加强环境整体观。现代室内设计的立意、构思、室内风格和环境氛围的创造，需要着眼于对环境整体、文化特征以及建筑物的功能特点等方面的考虑。室内设计的"里"和室外环境的"外"（包括自然环境、文化特征、地域特征等），可以说是一对相辅相成的辩证统一的矛盾。正是为了更深入地做好室内设计，就越加需要对环境整体有足够的了解和分析，着手于室内，但着眼于"室外"。

3）明确功能与形式的关系。室内环境设计包含功能和形式两个相辅相成的结构层面。以安全—卫生—效率—舒适为基本原则，以解决综合性的人、空间、家具、设施等之间的关系问题为目标，创造出高品质的室内空间。自然界中的一切物体都有形状，也就是形式或造型。室内环境的功能总是以特定的形式或造型体现，因此形式便成为设计关注和研究的重点，按美的形式法则来创造室内空间形式，使室内环境的功能与形式达到和谐统一。

形式因功能的需要而产生，功能是形式的内在需求。功能决定形式，形式为功能服务，两者互为依存。应把握室内环境设计的真正功能，从众多要求中抽出那些最基本的并在将来继续起作用的功能，这就是被称为"功能的典型化"的东西。

4）科学性与艺术性相结合。创造室内环境中高度重视科学性、艺术性，以及二者的相互结合。社会生活和科学技术的进步，人们价值观和审美观的改变，促使室内设计充分重视并积极运用当代科学技术的成果，包括新型的材料、结构构成和施工工艺，以及为创造良好声、光、热环境的设施设备。同时，高度重视建筑美学原理，重视创造具有表现力和感染力的室内空间形象，创造具有视觉愉悦感和文化内涵的室内环境。总之，力求达到科学性与艺术性、生理要求与心理要求、物质因素与精神因素的平衡和综合。

5）时代感与历史文脉并重。从宏观角度看，室内环境设计反映当代社会物质生活和精神生活的特征，铭刻时代印记，现代室内设计应体现现代精神，满足当代社会生活活动和行为模式的需要，分析具有时代精神的价值观和审美观，积极采用当代物质技术手段。同时，人类社会的发展都有历史延续性，追踪时代和尊重历史，就其社会发展的本质是有机统一。室内设计中，都有可能因地制宜地采取有民族特点、地方风格、乡土风味，充分考虑历史文化的延续和发展的设计手法。这里所说的历史文脉，并不能简单地从形式、符号上来理解，而是广义地涉及规划思想、平面布局和空间组织特征，甚至涉及设计中的哲学思想和观点。

6）确立动态和可持续的发展观。室内设计因时、因地变化，应以动态的发展过程来对待。现代室内设计的一个显著特点，是由于时间的推移，而引起室内功能相应的变化和改变。当今建筑室内的功能复杂且多变，室内装饰材料、设施设备，甚至门窗等配件的更新换代也日新月异，新周期日益缩短。另外，人们对室内环境艺术风格和气氛的欣赏和追求，也随时间的推移而改变，更新周期只有 2~3 年，旅馆、宾馆的更新周期为 5~7 年。随着市场经济、竞争机制的引进，购物行为和经营方式发生变化，新型装饰材料、高效照明和空调设备的推出，以及防火规范、建筑标准的个性化等因素，都将促使现代室内设计在空间组织、平面布局、装修构造和设施安装等方面留有更新改造的余地。室内设计的依据因素、使用功能、审美要求等都不是一成不变的，要以动态发展的过程来认识和对待。

"可持续发展"是在 20 世纪 80 年代中期由欧洲的一些发达国家提出来的，1989 年 5 月联合国环境署发表了《关于可持续发展的声明》，提出"可持续发展是指满足当前需要而不削弱子孙后代满足其需要之能力的发展"。1993 年，联合国教科文组织和国际建筑师协会共同召开了"为可持续的未来进行设计"的世界大会，其主题为各类人为活动应重视有利于今后在生态、环境、能源、土地利用等方面的可持续发展，联系到现代室内环境的设计和创造，设计者不能急功近利、只顾眼前，而要确立节能、充分节约与利用室内空间、力求运用无污染的"绿色装饰材料"，以及创造人与环境、人工环境与自然环境相协调的观点。动态和可持续的发展观，要求室内设计者既考虑发展有更新可变的一面，又考虑发展在能源、环境、土地、生态等方面的可持续性。

二、公共环境设计与规划

1. 城市公共环境的定义

城市公共环境充分体现出城市与建筑、空间形态与社会使用功能之间的密切关联。它是城市建筑主体及其室内空间的延伸，也是城市环境体系的有机组成部分，以构成空间与形态要素为设计载体。城市公共环境包括户外空间与场所，如天空、山脉、地形、水面、河流、树木、草地等自然景观，以及城市外部空间、道路、桥梁、广场、建筑物、公共设施、构筑物、公共设施等。

2. 城市公共环境的分类

对城市公共环境进行分类，大到街区地段环境，小至环境设施，其设计内容不仅局限于单纯的空间功能与形态装饰，而且涵盖了城市、社会、生态、美学等综合性问题。同时，由于城市公共环境自身的复杂性和多层性，决定了设计者在对其进行综合研究与设计的过程中，有必要架构起相应的指导原则或价值体系，并将各种相关因素有效地融入其中。

城市公共环境分类如下：

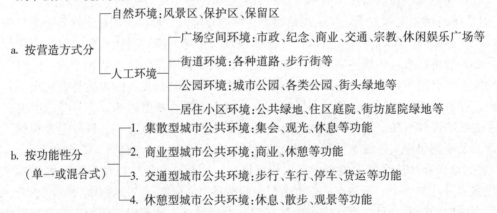

a. 按营造方式分
- 自然环境：风景区、保护区、保留区
- 人工环境
  - 广场空间环境：市政、纪念、商业、交通、宗教、休闲娱乐广场等
  - 街道环境：各种道路、步行街等
  - 公园环境：城市公园、各类公园、街头绿地等
  - 居住小区环境：公共绿地、住区庭院、街坊庭院绿地等

b. 按功能性分（单一或混合式）
1. 集散型城市公共环境：集会、观光、休息等功能
2. 商业型城市公共环境：商业、休憩等功能
3. 交通型城市公共环境：步行、车行、停车、货运等功能
4. 休憩型城市公共环境：休息、散步、观景等功能

3. 城市各类公共环境设计

（1）城市广场环境设计　城市广场是指为满足多种城市社会生活需要而建设的，以建筑、道路、山水、地形等围合，由多种软、硬质景观构成，采用步行交通手段，具有一定的主题思想和规模的结点型城市户外公共活动空间。如图 9-13 所示，罗马的圣彼得广场（Piazza San Pietro）是由世界著名建筑大师贝尔尼尼于 1656 年亲自监督建设的，其建设耗时十一载，集中了各个时代的精华，是世界闻名的城市广场代表之作。

城市广场的分类如下：

分类
- 按功能：行政广场、纪念广场、交通广场、商业广场、文化游憩广场
- 按形态：平面型或立面型（上升式、下沉式）的规则广场、不规则广场、广场群
- 按围合方式：三面开敞、两面围合、三面围合、四面围合型

图 9-13
**罗马圣彼得城市
广场**

城市广场设计主要分为场地分析与设计、出入口设计、景观与功能分区设计和道路设计四大部分。

1）场地分析与设计。要求保持与城市街道、周围步行系统的合理联系，交通应便利；在复杂交通系统中，可采用过街天桥或地下通道；与城市环境相联系，对周围的历史标识性建筑、邻近自然景观、城市公共空间等进行整体化研究；充分考虑自然环境中光照、温度、风等气候因素对广场设计的影响；对旧城改造中的广场改建设计，应尽可能地保留广场原有空间的整体风貌和历史景观特色。

2）出入口设计。出入口设计的要求如下：

① 与公交车点、地铁口等保持一定联系。

② 数量、面积、位置应保持广场空间的整体性和相对封闭性。

③ 当道路设置在相对街面上时，应尽量错开布置，并需要设置增加视觉层次的中景，以及保留一定的阴角区域，以提高领域空间的使用率。

3）景观与功能分区设计。根据广场各区域功能、使用对象与方式、景观层次进行分区，按序景—主景—后景的形式，增强广场的统一性与可识别性。

4）道路设计。通过道路分级，引导广场空间和人流路线。主、次干道间在宽度、铺装形式、材料设计上应有所区别；道路形式宜简捷，并与轴线建立联系，通过轴线关系产生方位性、秩序性和导向性；在道路转角处的限制性区域宜采用弧线形代替直角。

（2）城市街道环境设计 在古代，街道既是交通运输的动脉，也是组织市井生活的空间场所。在没有汽车的年代，街道和道路是属于行人的空间，人们可以在这里游玩、购物、闲聊交往、欢娱寻乐，完成"逛街"所需要的全部活动。发展到马车时代，人行与车行的冲突已开始暴露出来，但矛盾并不突出；而到了汽车时代，街道的性质发生了质的变化，由于人车混行，人们不得不终日冒着危险外出，借助于交通安全岛、专用人行道和交通标识及管理系统等在街道上行走，而且不得不忍受嘈杂的噪声和汽车尾气的污染，因此严重影响了人们逛街的乐趣。

在现代城市中，高层建筑把人在垂直方向上分隔开，剥夺了家庭的基本户外生活要求，难以维持邻里关系和家庭间的日常接触和交往，把人与人之间的睦邻友好关系控制在了狭窄的楼梯平台上。街道空间形态与人的生活矛盾突出地暴露了出来。20 世纪 50 年代末，"Team 10 空中街道"设想的提出者在恢复被人们所遗忘的街道概念，重建富有生活活力的城市社区方面进行了有益的探索，20 世纪 60～70 年代便演变为今天的"现代步行街区的空间原型"。

1980 年，在日本东京召开的"我的城市构想"座谈会上，人们提出了街道建设的三项基本目标：能安心居住的街道；有美好生活的街道；被看作自己故乡的街道。以上努力均旨在建立以人为本的街道生活环境。

（3）街道空间形态的演变与发展　随着时代的变迁，街道概念及其组合方式、功能特征、空间形态的营造等方面都有了进一步发展，人们一直在对街道进行着反复的革新，其内涵变得越来越丰富。

对于未来城市街道空间的环境设计，应注意以下三个基本观点与原则：

1）城市街道应注重新陈代谢。日本"新陈代谢"学派在城市发展和规划中的很多设想值得我们学习和借鉴，像菊竹清训的"人工生态环境""浮动城市""海上城市"等设想，目的是为人类创造一种新的生活秩序，包括空间秩序和社会秩序，沿用到街道设计上来，就是应尊重历史，应废除一切建设"某某一条街"的口号，严禁视现状而不顾，要像教师对待调皮学生的马虎作业一样，对街道大呼"推倒重建"。通过街道的改建或改造设计，让街道留下时间的脚印、历史的印记，保留有价值、有意义的建筑及其环境，汲取其精华，剔除其糟粕，让人们对街道不再陌生且能认识其成长过程，这是人们熟知而又不为人们重视的问题。

2）观念的转变和环境实质性的转变改善。有道路必有街市，到处可见沿路的商业门面房，可谓我国城镇建设的一大特色。不知从何时起，人们把路与街、街与商业用房画上等号，所谓提高土地利用的经济效益，注重城市（沿路）形象，但最终结果是造就了千篇一律，甚至"荒无人烟"的街道。所以应淡化街道概念，尤其是淡化街道商业化，甚至大胆地取消为建商业用房而建的街道，让城市回归自然，建立一个阶段性、科学合理和可望可及的生态建设目标，不单纯追求短期的经济效益和所谓的沿街形象，通过有序的、可持续发展的精心设计与营建过程，让城市环境在一定时期内得到实质性的改善，让人们对街道概念有进一步的深刻认识。

3）以人为本，环境优先。这里的人应该是城市中大多数的市民，而不能是少数的"长官"。街道设计应在公众参与的前提下进行，设计师应尊重公众的意愿，不能一味妥协于"长官"的意见，同时"长官"们也应了解公众意愿，尊重设计师的构想。

4. 城市公园景观环境设计

公园，即由国家或私人出资营建的，直接对广大公众开放的游憩和娱乐场所。直到 19 世纪初，公园才在世界范围内开始逐步出现，它是在私人风景园的基础上逐步发展起来的。公园是人与自然接触和交流的极好场所，特别是对于当今生活在城市中的人们，紧张的工作使其倍感身心疲惫，人们需要一个可以使自己的身心得到放松的地方，正如长跑的人急需得到哪怕是短暂的休息一样，公园可以给人们提供这种机会。

城市公园主要分为三大类：市、区级综合性公园；居住区公园；专类公园（风景名胜、植物园、动物园、历史名园、主题公园、博览园、雕塑园、运动公园、滨河公园、森林公园）。

城市公园景观的设计，可以从场地、入口、功能、交通和空间几个方面入口。其中，场地设计应注意局部和整体之间关系的处理，对景观、标识、管理、游艺等设施进行一体化形象设计；入口设计一般朝向市内主要广场和干道，可在入口前后设置广场空间，作为起始空间和引导区域；功能区域应注意彼此之间的联系，动静应合理分布；景观分区主要考虑景观特色、动静、主次、疏密等方面；交通设计应因地制宜，主次分明地规划配置。主路贯穿各景区、主要景点和活动设施，形成道路骨架和回环，宽度以 4~6m 为宜；支路的自然曲度大于主路，其空间设计应利用地形起伏、密植植被、复式林带隔离噪声，限制交通。主路和支路相互渗透和交融，二者柔性连接。充分利用植物造景，制造开敞空间、半开敞空间、封闭空间、冠下空间、带状空间等多样化类型；利用对景、障景、隔景、借景、框景等传统造园手法达到空间收放、场景变化的效果。

三、新媒体与展示设计

1. 新媒体与展示设计概述

（1）新媒体　所谓新媒体，是相对于传统媒体而言的，新媒体与传统媒体的区别，不在于出现时间的先后，而在于传播方式和内容形态的不同。新媒体是利用数字技术、网络技术和移动通信技术，通过互联网和移动通信网等网络渠道连接计算机、手机、数字电视等终端，实现用户信息交流传播的媒体形态。目前，国内常见的新媒体形态主要包括网络媒体和移动媒体两大类，其中，网络媒体有搜索引擎、门户网站、新闻网站、视频网站、社交网站、网络论坛、IPTV、网络报纸/期刊、网络图书、即时通信、博客、播客、微博等；移动媒体有短信彩信、手机报纸/期刊/图书、移动电视、其他手机网络应用，以及数字电视类新媒体（如 IPTV、数字广播、户外数字电视等）。

（2）展示设计　各种形式的展示是人类特有的一种社会化活动。展示设计在国际上称为 Display Design，泛指室内外的装饰性很强的展示设计。现代社会的展示活动具有丰富的内涵，涉及诸多领域，并随着时代的发展而不断充实其内容。展示活动是一项综合了现代设计艺术和设计科学成果的综合性设计学科。

展示环境的设计是一项以环境艺术设计为主，涉及诸多相关学科的设计领域。在设计方法和设计程序上，展示环境设计有着与艺术学科相关的广泛领域，如室内设计、公共空间设计、景观设计及家具设计等方面的特点，同时又兼有其自身的专业特征。展示内容的陈列方式与视觉信息传达的设计、现代设计艺术中的视觉传达设计、多媒体艺术等有着密切的关系。展示设计还涉及照明科学、计算机控制技术、声学技术等诸多现代技术领域。

2. 新媒体与展示设计的特性

（1）新媒体的特性　新媒体虽具有新特性，但依然具有媒体的一些共同特性。媒体是具备价值的信息载体，有一定的受众，具备传递信息的时间、空间及满足受众心理等条件。新媒体所走的传播路线是一条具有颠覆性的、彻底的亲民路线。新媒体之所以被称为新媒体，其核心仍在"新"字上。"新"就是要有理念的创新和技术的创新，二者相比，理念的创新更为核心，其次才是技术的创新。新媒体的成功不仅是因为其在感性上占领了大众的心理，也因为它在技术层面同样有着不可比拟的优越性。

1）快速、范围广。网络新媒体在极大程度上缩短了信息传播的时间，并且凭借其近乎无限的虚拟空间实现了对各类信息的海量存储。我们从数字系统所获得的信息要比通过模拟技术获得的多。数字系统有效降低了储存、处理及传输信息所需的数据量，可以实现高精度、低操作要求的数据控制。数字语言可以识别字词、图片、声音、影像等，并使之缩减为无法区分的计算机"比特"，这些数据可以被无限复制而没有明显的质量损失。有了技术上的保障，新媒体在传播广度的探索中同样实现了质的拓展。从 Web1.0 到 Web2.0，网络传媒成功地推倒了传播的围墙，使传播手段跳下高台一头钻进平民百姓的人海，实现了信息的更快速、更主动的传播。Web1.0是一点向多点的传播，就好像教师向众学生授课一样，只是知识的单方面下传；而进入Web2.0时代，信息的发出与接收没有了明显的界限，它以对等网络为主，每个用户既可以是信息的发出者，也可以是信息的接收者。技术手段与传播理念的更新换代，使大容量的硬质信息块被敲碎，无数信息碎片被挥洒进网络世界，通过广阔的空间维度被传播得很广、很远。

网络传媒的快速上传功能，在实际应用中也创造出不少胜于专业新闻传播的成功实例。网络以其迅捷、及时的特点，依靠在场者的捕捉创制出新闻。例如，2003年美伊战争期间，许多人每天所接收的战地报道不是来自于专业新闻机构，而是来自于一个叫作萨拉姆·帕克斯的普通巴格达居民的博客；2006年10月11日，曼哈顿一家小型飞机撞上大楼，几乎所用媒体都选用了同样一张精彩的新闻图片，而这张图片来自于临近大楼上一名软件咨询师——柯林斯的电邮；2006年2月28日，"天涯社区"贴出一组女子虐猫的照片，六天后即锁定了嫌疑人，发起寻找和提供线索的皆是网友，到了2006年4月25号，央视《新闻调查》才做了一期关于虐猫事件的调查，这在时效性上明显有所不及。

2）主体性。在新媒体之前的传播模式中，信息的接收端被称为"受众"，也就是接收信息的芸芸众生。而在网络中，QQ里的多人聊天模式被叫作"群"，各类虚拟社区有着五花八门的"群"分类，供用户按照自己的喜好进行选择。新媒体所引领的传播理念是实现一种由"众"向"群"的转化，从"众"到"群"是一种受众目标的缩小化，同样也是一个个性化的过程。在以前的传播理念中，既然是"众"，那就理所当然地成为接收信息的目标，但以泛化的群体为目标的传播是低效率的、缺乏主动性的。信息的单方面传出忽略了对目标的接收效果，以"总有人会关心"的借口和寄希望于庞大的受众基数的传播理念在某种程度上是不负责任的。而"群"的出现虽然在人数上缩减了范围，但实质上是对受众进行了进一步的细化区分。组织有相同爱好和要求的受众成为一个小范围的传播网络，并且激发了该小网络中的活跃性。这里没有发出和接收的对象限制，针对某些话题的群友们既是信息源又是接收者。赋予受众选择权与主体性是新媒体的进步。

在新闻传播中，新媒体同样将其用户的主体性诠释得淋漓尽致，网络新媒体的特有形式甚至改变了新闻的传播模式。一种"参与式新闻"应运而生，网络热门词汇"人肉搜索引擎"便是一个最好的例子，比"虐猫事件"更加引起轰动的是2007年的"华南虎照"事件，2007年10月12日，陕西省林业厅公布了镇坪县农民周正龙拍摄到的野生华南虎照片。三天后，天涯社区网友质疑其真实性。事件由此升温，在随后引发的大辩论中，政府、学者、法律界人士、网民统统参与其中。最终在2008年"虎照闹剧"终于尘埃落定，造假的相关人员受到了法律的处罚。类似这样的事件还有很多，网友的质疑与自发性的调查取证是引起事端的最初力量，代表正义的网络力量在各种现实事件中不断地探寻着真相。正如人们所说的那样，"永远不要低估网友的智商"，网络所蕴含的无穷力量真实地影响着信息的传播和人们对真实与正义的探寻。

3）民主性。新媒体的网络平台无疑为公众开辟了一块相对而言可以自由表达个人看法的平台。网络的低准入特性赋予公众更多的话语权，使其可以陈述自己身边的所见所闻，发表自己的看法。如果得到正确的鼓励与恰当的运用，网络将可以成为政府部门汲取民意、改进服务的窗口。2006年1月1日，"中国政府网"开通，为政务透明、广开民意做出了示范性举动。在近几年的"两会"期间，一个名为"我有问题问总理"的公众答疑活动吸引了几千万网络访问量。网络平台充当了一个出口，让民众有地方说话。这在一定程度上有助于政府服务体系的完善以及整个和谐社会的构建。

（2）展示设计的特性　展示设计是集体智慧与劳动的结晶，是必须依靠集体力量才能完成的展示活动，其特性具体体现在以下几个方面：

1）多样性。展示设计的范围很广，其室外展示是指建筑、商店、街道外部的装饰展示设计。展示设计包括像花卉展览、游艺会这样集展示、游玩于一体的大型活动的设计，国际上称为 Event Design，是展示设计的一个分支。特别是那些大型博览会，如日本筑波科学展览会、西班牙巴塞罗那奥运会等。展示在国际上称为 Exhibition Design，它也是展示设计的一个分支。例如，世界汽车展览，即使有造型别致的汽车与漂亮动人的模特，如果没有展示设计师的锦上添花，这些展览的效果将会大为逊色。特别是当今国际交流频繁、大型展览不断，一个出色的展示设计也能从侧面反映一个国家的实力。展示设计还包括那些街道上的商业橱窗、大型商场的陈列、博物馆的陈设等。

2）艺术性。展示设计不同于一般的功能性很强的设计，它更强调满足人们心理上的功能需要和艺术审美上的需要。例如，迪士尼乐园就不是一般建筑师或室内设计师所能设计的，它极富艺术性与装饰性，已经成为一种文化。当然，展示设计师主要是对整个展示进行综合设计，还需要其他工种的共同参与，如环境艺术家、图形设计师、电气工程师、结构工程师等。

3）工程性。展示设计要求高超的艺术，但也不是纯艺术家所能胜任的，还需要建筑工程人员共同完成。例如，一个大型户外发布广告的面积可达上千平方米，负荷很大，展示设计师不仅要考虑展示效果，还要考虑大略的结构形式、照明方式等。然后由结构工程师进行结构计算，由照明工程师来确定灯光照度与光色系数，对于大型展示设计的图样，还要有建筑设计资质的单位盖章才能交付施工。由于展示设计涉及面广、新材料多、绘图高精，因此，展示设计师是需要经过专业训练的。

4）民族文化性。越是民族的，越是世界的。在世界多元的文化语境中，本土文化的价值已经成为一个国家巨大的话语资源和文化资本，充分挖掘与利用本民族文化是设计界的共识。新的世纪是一个交流的世纪，越来越广泛的经济合作带来的不仅是消费者的便利和企业家的利润，还伴随着文化的沟通与融合。设计的国际化是不可避免的趋势，因此，在现代社会中保持自己的文化个性、体现自己的文化感，展示作品才能更具有艺术魅力，才能更具有生命力。总之，只有真正认识了中华民族文化的价值因素与其现代意义，才能真正创造出属于自己的当代设计与设计文化。

3. 新媒体展示设计的功能与运用

（1）功能

1）教育功能：展示设计艺术是最直观有效的教育方式与手段之一。

2）促产销功能：展示活动不仅能促进商品销售、生产发展，而且能促进社会经济、商业贸易的发展。

3）促进科技进步的功能：通过举办展示活动，推出科技新成果，提供大量信息，起到科技交流作用，从而加快科学技术的进步。

4）窗口功能：通过举办各类展示活动来传播文明、弘扬民族文化，在对外宣传方面起到窗口作用。

5）文化功能：展示设计艺术不仅能美化市容、美化人们的生活，还能使人们受到审美的教育，提高人民的文化素质，拓层旅游，开阔眼界，有利于身心健康。

总之，展示设计艺术是国际交流的重要桥梁和媒介，是人类进行自我教育和争取进步的重要措施，是检验社会文明的晴雨表。

（2）新媒体与展示设计的关系和应用

1）新媒体在产品展示方面的应用。如今，随着网络信息技术的发展，电子商务网站已经成为企业产品展示的重要途径之一，电子商务的发展也促使人们对产品展示有了更多的尝试，Flash 动画、虚拟现实空间、视频拍摄等方式层出不穷。总的来说，也就是加强了产品形象的宣传，促进了成交，创造了效益。作为消费者，最希望清楚地看到的是产品的各个角度形态，就像看到实物一般。而虚拟现实技术的应用，使产品得以被 360° 全景展示，这是接近于实物般的展示方式，也逐渐成为电子商务以及会展应用的全新形式。平板计算机的普及也使产品展示范围有了更广阔的空间，在京东商城、新蛋网等商务电子平台都可以看到它的应用。

无论是未来还是现在，产品展示的核心目的都是传递商品信息以促进销售，而通过新媒体技术的介入展示设计，使用三维虚拟展示来吸引人们的注意力，同时打破平面二维的限制，有效地解决了产品展示缺少真实感这一问题。产品 360° 的展示作为产品图片的补充，在商家追求华丽包装的同时，能够更加接近实物地传达产品信息，也减少了产品的退换率。与此同时，虚拟产品代替真实的产品进行展示，既降低了宣传所投入的费用，又提高了展示的效率，并适应了可持续发展的时代潮流。

2）新媒体在建筑展示方面的应用。新媒体作为一种新型的展示手段运用到建筑当中，可以使人漫步于真实的虚拟环境之中。目前，电子楼书（图 9-14）已成为开发商进行建筑展示的一种重要营销手段，对于楼盘销售、消费者购房指导以及房地产市场的宣传推广等起到了不可忽视的重要作用。目前，房地产市场上出现的楼书绝大多数是以纸质为载体，其传播信息的能力受到"平面媒体"固有特性的限制，总是无法跨越语言之外的意境，尽管有"一图抵万言"之说，但毕竟平面构图不易产生具有很强冲击力的震撼效果。所以，目前国内已经有许多楼盘开始在现场推广时运用电视向客户播放关于楼盘的介绍信息，这也可以归纳为电子楼书的雏形。当然，这其中也有一些房产商在推广时结合楼盘的定位特征，专项地向客户派发蕴含楼盘定位特征的光盘，以提高人们对楼盘的关注度。

图 9-14
电子楼书

其实，电子楼书主要是运用当今流行的数码技术，包括三维模拟技术、多媒体技术、互动多媒体技术与网络技术等，将其巧妙结合起来的一种全新的房地产宣传模式。它通过 VCD 光盘、互动多媒体光盘、触摸屏、电子名片、互联网站等传播载体，借助数码拍摄、三维动画、数码特效、互动多媒体、背景音乐、配音、文字、图片等具体表现方式，形成全方位的互动立体宣传体系，以图文并茂、生动形象的动态形式表现于受众面前。

3）新媒体在文化古迹遗产方面的应用。融中国古代造园艺术之精华的举世名园——圆明园，利用虚拟现实技术，完全依据复原设计图样，得以重现万园之园。作为展示现实历史文化古迹遗产的虚拟世界，其全新的视觉冲击力让每一个观看者犹如身临其境，全方位地感受到我国文化历史的博大精深。如今，在伟景 City Maker 软件平台的支持下，我们只需要移动鼠标就能够了解圆明园所有的建筑物及其特征，当然也可以通过自己设计的路线，自由地游览，亲身感受这一旷世名园，这一切要归功于虚拟现实技术的应用（图9-15）。

图 9-15
基于 City Maker
技术重现的圆明
园图景

虚拟现实技术可以将文物古迹复原，以展示文物的原貌，还可以根据考古数据和文献记载模拟展示已经灭绝的遗存遗址。通过虚拟展示技术及网络技术将这些文物整合起来，可以让观众欣赏到清晰的、真实的展示效果。这种观赏方式不仅可以保护文物，节省大量展示费用，同时对文物本身的安全也不会产生丝毫影响。

所以说，使用虚拟现实技术，不仅使文化遗产得到了全方位展示以及可持续性保护，而且可以通过网络技术整合古迹遗产资源，利用虚拟技术全面、逼真、生动地展示文物，资源还可以得到共享，真正地实现了文物古迹遗迹展示现代化。

以上叙述充分验证了数字技术是交互式虚拟展示设计的主要实现手段，而当中涉及的有视觉艺术、听觉艺术、造型艺术和人机工程学，还包括多媒体信息采集、数字建模、图形处理等技术。通过对新媒体技术的应用，设计师可以在虚拟的设计空间中随意发挥想象力，也不再局限于物质的设计介质，将他们的手从笔和纸的束缚中解放出来，其设计作品也逐渐变得灵活，由静或动向互动的方向发展，以计算机或网络为载体直接呈现给观众以最直观的认知和体验。

如今，以计算机为代表的数字技术正以前所未有的深度和广度渗透到艺术的各个层面中，艺术也已经进入了多样化和数字化的时代。由于不断更新的创作观念，逐渐开放的创作环境，新媒体语境下的展示设计业显示出了日益丰富的展示形式。这让艺术创作的主体也受到了相应的影响，激励着创作主体定位于"多方位、多视角、多面向"的原则，并且具有多视角的知识结构技能和较高的专业素养，不断推陈出新地创作出与时代共同进步的艺术作品。

之前人们无法想象的奇妙技巧，现在都可以通过计算机图像和互动技术表达出来。这些技术不但丰富了创作者的创作语言，也充分满足了大众的审美期待的视觉奇观，更让艺术创作者有能力创作出激发审美感动和反映深刻思想的艺术作品。

4）新媒体技术在博物馆中的应用。传统历史博物馆展现给用户的永远是人类历史上最为灿烂辉煌的文明遗存，普通用户唯有抬头仰望。近年来，人类学博物馆、生态学博物馆的兴起，已经开始将传统博物馆从高高的圣堂上拉了下来，博物馆终于可以展示离人们生活很近的东西了。新媒体的发展，使用户完全有可能打破时间和空间的限制，欣赏自己喜欢的东西。用户所看到的东西既不是旧的也不是异国情调的，而是现如今的东西，甚至是用户生活当中的东西。通过新媒体，用户甚至可能觉得自己就是历史的主角。从某种意义上说，新媒体事实上已经构成了一种新的博物馆形态。短信、微博、评论是藏品，用户的每一次网上行程都将是一次博物馆的参观之旅。新媒体博物馆将是一种传播特有文化的博物馆，这种文化是独创、全新、复杂且多样化的。新媒体时代博物馆中的一切都在改变，不只是指那些博物馆的展览，也包括参观者与展览之间所维持的关系、参观路线和所传播的信息（图9-16）。

图 9-16
北京电影博物馆

课后思考题 V

1. 通常一个完整的环境设计程序应该具备哪几个阶段？
2. 现代环境设计的趋向是什么？
4. 室内设计的基本原则有哪些？
4. 展示设计的特性是什么？
5. 新媒体展示在环境艺术设计中的功能有哪些？

第十章

设计管理

设计管理是从社会、产业、行业和企业的角度，整体地理解工业设计全部内容的一种管理方式。它是对品牌、产品、服务、环境的设计及其背后所涉及的人员、项目、流程和步骤进行有效管理的学科。

第一节　设计管理的根本目标与基本任务

从设计管理的唯一目标入手，分析达成目标的两个基本任务，可以从中推知设计管理的根本内容——评价和事务实施。评价是相对的、辩证的，它因具体情况的不同而各异。一旦评价的标准得以具体确定，需要达成的目标也就随之得以确定。反之，目标的确定也使评价的内容得以确定。只有明确了这两个问题，才能据此进行各种资源的学习、研究和管理工作。

一、设计管理的根本目标

任何一个企业，一旦明确了自己的最终目标，就能根据其所处的环境、自身的特点梳理出合理的任务体系。根据完成任务需要满足的条件和需要解决的问题，就能够设计出相应的组织机构和运作机制。研究设计管理的事务体系的结构与内容，从目标入手，是再自然不过的事了。

设计组织管理、设计人事管理、设计事务管理、设计战略管理、环境设计管理、视觉传达设计管理……无论如何定义设计管理，获得好的产品设计总是其唯一的核心目标。没有足以吸引消费者的产品，而去评价广告、环境、人力资源的优劣是毫无意义的。

现代商业中，对产品概念的理解越来越全面，越来越非物质化。如何正确地理解产品的全部内容，并寻找一种有助于企业个体深入认知具有自身特色、符合自身发展的产品设计概念体系，应当是设计管理首先要解决的问题。

首先，企业总是以产品来满足消费，并从中获取利润。随着基本需求的满足，需求变得越来越多样化，使产品越发地个性化。"量体裁衣"成为工业设计最理想化的境界。在这个境界中，研究消费者的差异，根据经济学的成本和效益理论，对消费者进行合理的细分，构建合理的市场区隔，就成为企业产品设计必须解决的问题。因为就消费满足来讲，以人为本地迎合消费者潜在或存在的身心需求必然是企业销售产品的根本手段。因此，需要研究目标消费群的文化背景和由此形成的消费偏好，通过差异化的设计符号及其构成意象，塑造企业产品独特的外观形态。这是设计管理基本内容中的美学考虑。

其次，易于获取利润的市场总是能够吸引众多的投资者进入，由此产生的竞争迫使企业在产品设计阶段就必须考虑与竞争对手间的差异，这种差异最终体现为企业的品牌形象与内涵。

对于为同一消费目标生产并销售同一产品的企业而言，A 企业的产品之所以不同于 B 企业的产品，在于迎合或引导目标消费时不同的偏好理解，或时尚或复古，或魔幻或自然，或理性或激情，或简约或繁缛……

当然，对于生产同一种产品的企业来说，多数情况下更愿意考虑消费群的不同细分，然后结合前面的美学考虑，设计出具有差异性的产品，为消费满足提供尽可能多的选择。这种差异性使企业的品牌识别成为可能，体现为产品的形式符号及其包含的文化意象，最终构成企业识别的内核，满足于企业间的竞争需求。这是美学形态的企业考虑。

最后，我们知道，企业出于经济学中成本与效益的考虑，总是长期针对相同市场生产相同的产品，进行持续不断的产品延伸与拓展。这是成本最小化和效益最大化的必然考虑。于是，企业年复一年、持续不断地推出同类产品来满足市场需求与竞争，就成为企业产品经营的最核心内容。这样，市场的需求与竞争就成为决定企业产品特性的根本因素。对于生产相同产品的竞争者，瓜分和抢夺消费者也就成为增加利润的最根本途径。无论从生产、营销还是从售后环节来看，成本控制都必然要与产品的长期持续性和功能满足的即定性相结合。功能的满足有生理满足和心理满足两个方面。虽然不同的企业可以生产满足相同生理功能的产品，如针对中学生的便携时尚收音机，但是企业总是企图拉近与目标消费群的距离，将其经营的产品和谐地融入消费者个性化的生活中，满足他们潜在的心理需求。例如，某企业专营具有某种特征的收音机，而其他竞争者也采取相同策略，一旦该市场饱和，恶性的价格战就会成为营销手段。因此，在选定的市场区隔组合中合理地分布经营的产品就成为企业产品市场定位的中心任务，最终以此满足不同消费者的个性需求。讨好某一特定消费偏好人群的产品，理所当然地被打上象征性的烙印，形成一种特有的风格。而这种特有的风格取向通过形态、形态的构成手法及理念表现在产品的外在形象上，形成特定的文化现象。这些风格文化在历史上表现为一种盛衰起伏、加加减减的生长态势。在相当长的一段时期内又表现得相对稳定。在这种情况下，睿智的企业总是希望其产品形象在风格上能保持相对稳定地延续发展，从而形成具有鲜明特色的产品品牌形象。

综上所述，研究目标市场的个性需求，研究竞争对手的特征文化取向，选择具有合理差别的文化取向，通过产品设计的手段来培育鲜活而独特的企业品牌形象和识别文化，就是产品设计管理的根本目标，研究达成这一目标的充分和必要条件，工具、手段和方法就构成了设计管理中的相关理论。

二、设计管理的任务

要获得好的设计，需要完成两个根本的任务：一是如何评价好的设计，二是如何获得好的设计。

评价设计的优劣其实是一个环境评价的问题。相同的一个设计，既可能是上好的，也可能是极差的。例如，学生竞赛中的大奖作品对于一个具体的企业来说，多数情况下都是不匹配的。因为它们在根本上多数不具备企业品牌的识别特征。再如，把 IBM 的 Think Pad 与 Apple 的 iMac 互换一下，糟糕的结果是显而易见的。实际上，评价是一个标准的确立、评估与调整的机制与体系问题，包括了由谁评价，为何评价，从何评价，评价什么，结果如何等一系列问题。这是设计管理需要解决的基础任务的主要内容。所有的管理内容，都是以此为依托的。

倘若不能正确地评价产品设计的优劣，必然不能合理地计划、组织和跟踪设计。

要获得好的设计，无非要满足三个条件：第一，设定合理而正确的目标体系；第二，合理而正确地分析达到目标需要满足的充分必要条件；第三，具备灵活而弹性的实施和反应能力。这也是设计管理中关于设计事务的核心内容。

三、设计管理的一般分类

设计管理因设计内容的宽泛，其分类方法也是多种多样的。

1）按专业划分：图案设计、包装设计、产品设计、空间设计、环艺设计、数字媒体设计、网站设计、服务设计、体验设计等的管理。

2）按管理要素划分：事务、组织、人事、资源等的设计管理。

3）按目标任务划分：设计战略、设计战术等的设计管理。

4）按层级划分：国家、区域、产业、大型企业、中小型企业等的设计管理。

5）按文化事务划分：哲学、主题、概念、原型、素材等的设计管理。

6）按产品设计事务划分：品牌、战略、项目、产品组合、产品线、产品概念等的设计管理。

四、设计管理的作用

设计和管理之间的关系正随着快速变化的环境而不断演变。历史上，设计曾被看作是内部设计资源和其他组织之间的联系纽带，如市场营销、管理和战略之间的桥梁。现在设计越来越多地发挥着催化剂的作用，通过工作职能交叉，在部门和目标之间建立着共同点。

设计并不是独立于其他学科和职业而单独运行的，它和诸多因素关系密切。设计相关的外部背景很显然是商业、社会、技术、政治以及环境，设计与市场营销、管理、工程、金融、法律和经济学的关系也很明显。设计相关的内部背景包括品牌与创新、用户与市场调研、客户情况与设计稽核、预算与团队以及项目目标，这些内部背景被用来控制设计活动的力量，从而达到优化商业、社会和经济利益的目的。

在所有这些内因和外因、学科和角色、关系和联系的相互作用下，设计如何产生积极的影响、如何完善地运作，是现在设计、商业和创意产业领域从业者们面对的一项重要挑战。

设计是以有形的形式存在的，存在于人、项目，以及我们每天接触到的产品和服务中。这些被称为设计的"触点"，形成了设计师和管理者考虑（如人们体验一个机构或品牌的方式）的重要内容。

然而，设计也以无形的形式存在于工作流程中和学科交叉中，这种交叉是设计流程不可或缺的组成部分。

设计管理可帮助我们解决如下问题：

1）如何管理人与人的关系，包括客户、设计顾问、股权持有者、终端使用者和消费者之间的关系。

2）如何组织设计项目的团队，以及设计流程和步骤。

3）如何决定产品和服务的市场进入方式（这是系统间的链接问题，涉及如何设计和管理用户体验及其使用效果）。

向市场引进任何产品、服务或者体验时，常常需要广泛的不同群体的大力介入和支持，他们拥有各自的专业、能力和技术。人员、流程和项目的管理方式对最终的成败会产生重大的影响。学习设计管理，我们关心的是在一种学科交叉情况下，在更宽泛的商业、社会和政治环境大背景中，在一种充分考虑可持续发展、经济的可行性和令人愉悦的体验中，如何把这些人员、项目和流程组织到一起。

设计管理学作为一种方法论，非常重要的一点是，它提供了一种用现有方法清晰整合设计流程的框架。作为一个解决问题的过程，设计问题的同时也是设计机会。必要时，设计管理需要寻找一种全新的方法或者让参与者去寻找一种全新的方法。例如，在合作设计、普适设计（涉及普适人群需要）和可持续性（设计的长期影响）等领域，这类"机会"显然有日益增长的趋势。

此外，越来越多的人希望设计师与其他专家合作（如营销者、工程师和社会学家），这就有必要理解设计所赖以运行的更宽泛的背景（如商业运作和社会问题）。专家们对于某一特定项目的贡献或许是独立的，或许是一个跨学科的团队的一部分，也或许是一个更大的由新技术支持的合作工作的一部分。

第二节 设计管理的历史与三个发展阶段

一、设计管理简史

设计管理是一门新学科，西方从 1966 年设计管理师的提出至今经历了 50 余年的历史。在我国，从何人可先生于 1989 年在湖南大学开设"设计管理"课程以来，也不过 20 余年的历史。即便是今天的一些企业已经成立了设计中心或设计部门，但设计管理理论仍处于开始阶段的探索时期。

图 10-1 所示为邓成连教授在《设计管理——产品设计之组织、沟通与运作》一书中提出的设计管理观念分类发展表。书中清楚地写道："该图表是 1994 年对各国学者相关言论的综合与发展。"

而之前的设计管理并没有清晰成形的历史言论，甚至没有成形的系统理论著述。于是在发展表中，邓成连教授将设计管理的内容按照企业中组织的层级结构分为四个层面的内容（表 10-1）。其中，组织的层级和运作是决定设计事务内容的关键因素。

表 10-1 设计管理的组织层级

组 织 层 级	设计管理层次	负责的经理级	主 要 职 责
（一）高阶设计管理	设计政策管理	高阶管理阶层	➢ 公司计划 ➢ 产品计划 ➢ 形成设计政策 ➢ 负责设计监督 ➢ 主要设计投资政策的评估
（二）中阶设计管理	设计策略管理	设计副总经理	➢ 规划设计策略 ➢ 组织设计资源 ➢ 协调设计部门与其他功能部门 ➢ 公司与外部设计顾问的沟通管道

（续）

组织层级	设计管理层次	负责的经理级	主要职责
（三）低阶设计管理	设计行政管理	设计经理	➤ 设计组织的日常设计行政 ➤ 组织设计资源（包括人员与设备） ➤ 提出设计专案企划 ➤ 提供明确的设计规范 ➤ 日常的沟通协调 ➤ 设计专案的控制与审查
（四）设计执行管理	设计专案管理	设计专案负责人	➤ 负责控制设计进度 ➤ 主持各型专案小组会议

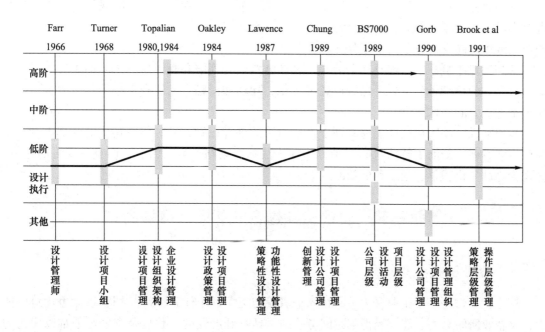

图 10-1
设计管理观念
分类发展表

　　值得质疑的是，企业中往往是事务先于组织，组织结构的形成是在完成事务的过程中逐渐成形的。从组织的层级结构中确定事务管理内容，或许仅适用于事务经营已经走上正轨的企业。

　　这种分类方式的理论内核是基于传统企业管理中产品开发的组织模式和运作流程，而后者的理论内核是基于企业管理中产品开发事务的模式和流程。其优点在于能够从企业经营的角度去管理设计的层级组织结构和产品设计的效率运作；其缺点则在于在架构理论框架时，过于重组织构建而轻事务探讨，重流程效率而轻内容研发。这似乎与我国台湾地区历来偏强于制造而弱于研发的历史颇为巧合。也是因为如此，近年来我国台湾地区大力发展设计，并已经开始取得了较为明显的进步。

二、设计管理的三个发展阶段

　　作为一门多学科交叉的综合学科，设计管理的发展大致经历了三个比较重要的时期。

　　一是以 1980 年代为代表的新兴时期。在这一阶段，设计管理主要体现为对消费热潮、社会美学、设计工业的研究。管理者认为面对商业化市场中挑剔的大众，必须进行尽可能多的调研、评估，以获得最多的商业成功。商业性设计也因此被不断地提及。

二是以 20 世纪 90 年代为代表的专业化发展时期。在这一阶段，设计管理课程开始出现在设计院校（和一些管理学校）中，初步形成了多学科组成的研究和管理团队，该团队致力于发现设计在竞争中的真实作用。同时，企业识别系统（CIS）被不断地提及，在营销时代，CIS 通常由 MI（企业理念识别系统）、BI（企业行为识别系统）和 VI（企业视觉识别系统）构成。而在其后以产品设计为导向的时期，PI（企业产品识别系统）开始被不断提及，这导致了下一阶段品牌及其整合的发生。

三是以 21 世纪初期为代表的整合化发展时期。在这一阶段，品牌管理成为整合各类设计资源的内核。以用户需求研究为基础的体验经济，以数字化为手段的网络经济被不断重复。创新管理成为设计管理的战略内容。自 2003 年以来，品牌管理开始占据主导地位。

作为企业的组织工具，品牌是连接企业内部运作（包括其愿景、价值观和目标）和外部世界中的受众、利益相关者、消费者和用户的关键纽带。它能够帮助用户清楚地将一家企业的产品或服务同它的竞争对手区分开来。

每当用户体验某个品牌及其主题时，设计已然成为理解和翻译这一情境的主要手段。提炼一个品牌的精髓十分重要，之后再透过文化、互动和接触点的组合来平衡各方力量，以增加销量并提升品牌认知度。

一般来说，品牌往往体现为有别于竞争对手的外部识别，品牌体系构成的内部识别，以及产生、发展、新旧更替的时间识别；体现为战略、策略产生、界定、调整、变更的过程；体现为品牌文化积累、延续和更新的过程。

第三节　设计管理是企业的核心竞争力

一、企业的核心竞争力

核心竞争力是一个企业（人才、国家或者参与竞争的个体）能够长期获得竞争优势的能力，是企业所特有的、能够经得起时间考验的、具有延展性的，并且是竞争对手难以模仿的技术或能力。

核心竞争力是企业竞争力中那些最基本的，能使整个企业保持长期稳定的竞争优势、获得稳定超额利润的竞争力，是将技能资产和运作机制有机融合的企业自身组织能力，是企业推行内部管理性战略和外部交易性战略的结果。现代企业的核心竞争力是一个以知识、创新为基本内核的某种关键资源或关键能力的组合，是能够使企业、行业和国家在一定时期内保持现实或潜在竞争优势的动态平衡系统。

企业核心竞争力的识别标准有以下四个：

1）价值性。这种能力首先能很好地实现顾客所看重的价值，例如，能显著地降低成本，提高产品质量，提高服务效率，增加顾客的效用，从而给企业带来竞争优势。

2）稀缺性。这种能力必须是稀缺的，只有少数的企业才能拥有它。

3）不可替代性。竞争对手无法通过其他能力来替代它，它在为顾客创造价值的过程中具有不可替代的作用。

4）难以模仿性。核心竞争力还必须是企业所特有的，并且是竞争对手难以模仿的，也就是说它不像材料、机器设备那样能在市场上购买到，而是难以转移或复制的。这种难以模仿的能力能为企业带来超过平均水平的利润。

二、把设计创新作为最重要的核心竞争力

无论是从国家层面、产业层面，还是企业层面，创新都已经成为核心竞争力的一种战略体现。作为创新的一种最为主要的内容，设计因其自身的特性，理所应当地成为最为重要的核心能力。

1. 设计、管理和创新

创新有三种类型：①渐进式创新，这是利用现有的形式或技术，例如，通过基于已有知识和现有组织能力的微小变化，来改进和重新配置产品；②模块化创新（一个或多个系统组件内），这种创新尽管很明显，但不是根本性变革；③激进的创新，这是从现有的知识、能力或技术出发，去创造世界上新的东西，可能是被已经过时的新机遇或能力所触发（激进的创新也称为突破、间断或变革创新）。现如今，互联网为设计、管理和创新提供了新的可能性，例如，利用技术去扰乱现有流程的能力（破坏性创新）、新的组织模式（社会创新）、以及新的环保意识的挑战（生态创新）。

在开发新工艺、产品和服务时，设计秉持以用户为中心（或以客户为中心）的观点（而非侧重于内部的层次结构或传统的核心能力），同样秉持以人为本的解决方案，无论是针对产品、服务环境还是组织环境。如何管理设计、商业目标、战略和运营之间的联系，是设计管理的主要研究内容之一。

对创意、设计和创新的关系而言，创意是指产生新想法，无论是以新的方式审视已存在的问题，还是发现新机遇；创新是指开发新思路；设计则连接这两者，它塑造想法，使其成为对用户和客户而言实际和具有吸引力的主张。

设计创造价值，并有助于刺激创新和增长；当企业能够利用设计发掘出其功能性的、社会的和经济的内在潜力时，也就创造出了好的设计。对于那些在生产成本上缺乏竞争力的企业来说，意识到战略性的运用设计的巨大潜力显得尤为重要。

2. 以设计为驱动的创新

设计驱动的创新，涉及管理设计和创新的关系，受创新用户和客户的需求驱动。它多采取"自下而上"（以用户为中心）的方式为客户提供服务。

以设计为驱动的创新需要以人为本的设计流程，它要求最终用户参与到设计流程中。这是一种产生新产品和服务的绝妙方式，它使现有品牌、新品牌或市场具有很好的适应性。人的需求是新产品和服务背后的驱动力，这种"真正的"的个人需求（并非市场需求）可以传达更新、更实用的设计思维，而且更具创新性、道德性和可持续性。这样的例子极为常见，如公共服务的设计、社区的设计、全球创新设计，以及高科技初创企业设计等。

以设计为驱动的创新需要由企业和用户共同设计和共同创造。由于高度关注"客户创造价值"，许多组织正在重新设计一个系统，试图和客户共同创造价值，并将公司的所有部分都连接到这个过程中。他们将战略和执行相联系，并使公司有能力实现持续的变化和创新。通过充分利用全球网络资源去与客户一对一地共同创造个性体验。这里，客户在创造价值和谋求公司未来发展方面显然十分关键。

3. 以品牌为驱动的创新

那些已经建立起品牌资产、品牌价值并拥有一批忠实追随者的企业，通过运用创新思维可以找到更多的方法构建品牌，并利用这些资源确立新产品和新服务的竞争优势。例如，把目标瞄准现有或新的客户；再如，创新性的新技术和新材料也可以推动一个全新品牌的诞生，凭借技术材料的独特性来确保市场的领先地位。

以品牌为导向的创新，更多地采取"自上而下"（品牌和营销）的方式，通过引入创新性的新产品、新服务和新方法，为品牌增加价值。如果一个品牌从组织到终端用户都是一种承诺的话，那么品牌愿景、价值观和"故事"将成为保持客户关系"新鲜活力"这一创新的核心驱动力。

之后，品牌即可通过一系列品牌接触点的设计，让人们通过有形的方式进行品牌体验，以此来满足不同文化和地理背景的需要。这一方法在大中型企业的产品和服务方面很常见，而且作为一种创造性服务，被广告和品牌资讯广为传播。

正如飞利浦公司在 2008 年所认为的："每当体验某个品牌及其主题时，设计已然成为理解和翻译这一情境的主要手段。提炼一个品牌的精髓十分重要，之后再透过文化、互动和接触点的组合来平衡各方力量，以增加销量并提升品牌认知度。"

三、将设计管理作为企业的核心竞争力

作为将设计管理提升到企业核心竞争能力高度，并真正将其应用于企业竞争的先行者，Alessi 首次公开这一书面提法是在 2002 年，它是由公司总裁阿尔贝托·阿莱西在为整体浴室项目品牌的宣传作序中明确提出的。阿尔贝托比较了公司与其他三家传统的老牌企业的核心能力，特别强调指出了公司的核心能力就是其他传统企业所不具备的设计管理能力，并对这种能力的内容做了明确的事务性说明：设计概念的生发和产品项目的管理（图 10-2 和图 10-3）。

图 10-2

Alessi 的核心竞争力

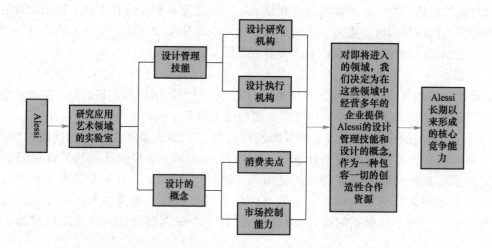

正是设计与设计管理这种独特的核心竞争能力，使 Alessi 成为了一个传奇，也因此被冠以设计工厂、梦想工厂等美誉。有人说，要研究后现代主义以来的意大利设计，只要研究 Alessi 就可以了；也有人说，要研究后现代主义的设计，只要研究 Alessi 就足够了。其实要研究设计管理，研究 Alessi 或以 Alessi 为研究的出发点，就可以获得非常全面的案例和理论知识。

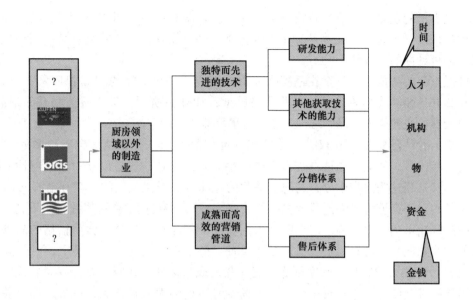

图 10-3
Alessi 整体浴室
项目合作企业的
核心竞争力

　　Alessi 并不单纯是一个某类产品的制造商，也不单纯是一家专注于某一产品领域的设计工厂。事实上，这个总部位于米兰附近的企业虽然以金属制品加工厂的面目成立于 1921 年，但是，其现任总裁阿尔贝托·阿莱西（Alberto Alessi）自 1970 年掌管公司以来，就从来没有承认过公司是一个厨房桌面制品的制造商。他认为 Alessi 是一个研究应用艺术的实验室。而公司在 1990 年以前专注于厨房桌面制品的生产，以及在材料工艺研究上推行金属核心革新计划，只不过是在综合能力相对欠缺的情况下，借助这一与大众生活息息相关的产品集合作为理解和表达公司对新生活的诗意化理解、预测和倡导罢了。这种基于战略层面的定义，使 Alessi 能够不囿于产品的门类限制，不断地推出全新的创意。以至于阿尔贝托·阿莱西在 1998 年撰写公司志时，不得不以《阿莱西，设计的工厂》（Alessi，Design Factory）来命名。纵观阿尔贝托时期的 Alessi，实验室的公司定义也在内涵上伴随公司的发展而不断发生着耐人寻味的转变。在 2002 年公司进行多元化产品拓展时，阿尔贝托·阿莱西自豪地宣称，公司能够与其他产品领域合作并让它们优先使用 Alessi 品牌的根本原因在于：完善的设计管理技术和永不落伍的设计概念研究，构成了 Alessi 特有的核心竞争力。

第四节　品牌整合设计管理

一、什么是品牌

　　一个品牌既可以为一家公司整体所用（如"宝洁"公司），也可为企业的某一条产品线或服务线单独使用（如宝洁旗下的洗涤剂品牌"Fairy"）。品牌传播着一种"个性"。那么，广大受众，如客户、员工和利益相关者而言，品牌代表什么？又承诺什么？

　　一般来说，品牌有四个作用：第一，它是设计、营销、沟通和人力资源等方面通用的一个工具；第二，它将始终对企业的所有部门和所有个人产生影响；第三，它是一个统筹资源，因为它能够使企业活动协调一致；第四，它能让所有受众实实在在地看到和感受到企业的战略所在。

无论是有形的还是无形的，品牌都可以在产品、服务和经验当中显示其自身。通常情况下，品牌的商标（或标识）是为帮助每个人识别、区分品牌，并在同类商品中间做出选择所提供的一种可见性的"速记"方式。

品牌最重要的功能之一就是在消费者心目中树立起一个积极的"品牌形象"，这是一种持久存在，并且能够将具体品牌与一些积极因素，如高品质、奢华或诚信联系起来的印象，这种印象能够很快使个人与品牌之间形成紧密的联系。

从历史上看，品牌是所有权、一致性和标准化品质的一种象征。越来越多的"感性品牌"理念开始出现，它是一条能够连接人的情感需求的途径，这是创立一个全球性品牌的最佳方式，尤其是当这些需求十分普遍时。品牌的关注点在于"人们的心境和脑海"，"产品的情感因素及其营销渠道将成为消费者之间的关键差异"，最终用户会选择并且买下它。

好的品牌注重建立信赖感，这有助于人们在同类产品中的选择。值得信赖的品牌可以打造强势的品牌忠诚度，这有利于吸引重复购买者、使用者和追随者。事实上，对于某些企业（如苹果公司），强大的客户忠诚度可能会使一些人成为该品牌和服务的倡导者。最终，品牌的定义需要依靠个体来完成，而非企业、市场或是所谓的大众来完成，每个人都能够从根本上建立自己对该品牌的不同概念："尽管企业无法控制这一过程，但它仍可以通过宣传产品的独有属性来加以影响。"

二、品牌的打造

品牌的打造始于确定市场的"定位"或"缺口"，然后尝试提出一个消费者议题，即一个可以填补此市场缺口的命题（市场机遇）。这一解决方案（通常是提供产品、服务或业务）需要品牌定位，这是一个消费者能认同的立场和主张（将吸引目标受众）。一个品牌咨询或设计机构往往会承担诸如构建一个新品牌的"核心理念"或"DNA"的任务，这将满足所需的品牌认知度。

第一步是构思品牌名称、品牌愿景和品牌价值。这个牌子叫什么？它是否有一个名字或标识？它象征着什么？

品牌名称和标识应当依法注册，这样它们可以受到更好的保护。品牌价值传达着该品牌的精髓，它应当是一些能够充分阐明品牌品质的关键词。无论企业内外，品牌愿景和价值都会在以后的决策过程中时刻与品牌联系在一起。

品牌的定位声明反映了品牌的价值主张，即其市场定位。它解决了三个问题：我们是谁，我们在做什么（定义），消费者的利益（成果）和我们怎样与众不同地做到这一点（差异化）。

三、品牌传播

品牌运用形象化和经验化的设计来展示自己。"品牌表达"是指将品牌的愿景、价值理念和承诺转化为具体形象，使顾客可以从感知层面对品牌进行体验。

品牌传播最为重要的一点是界定品牌的接触点。

人群与企业可以通过标识、零售店、营业处、网站和员工等互相接触，这些都可能给顾客留下印象。因此，对这些所谓的"品牌接触点"必须进行持续一致的管理，以求给每位顾客留下良好的体验。品牌接触点通过几种不同类型的渠道、媒体和平台进行传播，以增强其在现有和潜在客户心中的品牌形象。

品牌核心理念有四种表达方式，即通过产品、环境、传播和行为这些渠道，使品牌故事得以有效传播。

品牌接触点包括硬件（建筑、零售处、移动设备、运营商和平台、印刷品和宣传活动、销售点、事件和节日等）以及软件/媒体（网络、外围数字化媒体、网站、商业和病毒性广告活动、在线传播和社交网络等）。

品牌管理包括管理所有的产品、品牌、品牌资产以及所涉及的供应商关系，以便使客户所感知的品牌价值最大化。设计在品牌管理中起着中至关重要的作用，它通过感官体验将品牌"鲜活地"展现。提供品牌接触点的原则应与品牌设计准则（关于如何实现品牌表现的概述性文件）进行经常性沟通。

四、从企业的品牌到企业的产品品牌文化内容推演（图 10-4）

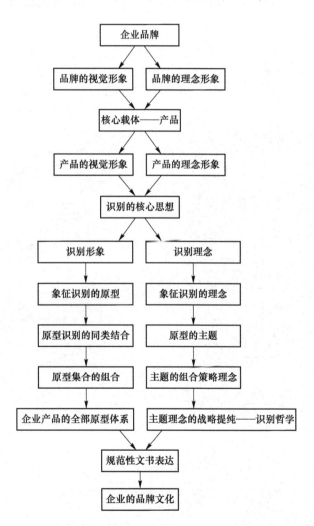

图 10-4
企业品牌与文化的关系

从标识到由 VI、BI、MI 和 PI 组成的 CIS，从办公用品到办公环境，从店面到橱窗，从服装到交通工具，企业的品牌均由理念及其外在的感知形象构成。

在品牌涉及的各个环节去创造各种美学形式，引发顾客的感官体验。当然，这些形式的存在必须统合于企业的战略定位。

在品牌识别中，产品成为品牌文化的核心载体。消费者认可的企业形象，是在产品形象上能代表消费品位的特征文化形象。相应的，这种可识别的产品形式文化也是由产品独特的消费理念及其外在的视觉形象构成的。在新时期，产品意味着生产个性品位，个性文化成为产品设计的必然追求。

独特文化的基本特征在于识别，因为它与众不同，而识别的基本特征就在于文脉，因为它使群体文化的识别成为可能，而不是昙花一现。

在经营中，有远见的企业总是希望借助其所有产品的全部原型体系和所有产品概念所体现的主题体系，使用文化层面的哲学理念，以及这些要素的文脉特征，形成其特有的产品品牌文化，成为企业品牌文化的最核心内容。

通过品牌设计文化来进行设计资源的整合，是设计管理的基本思路（图10-5）。

图 10-5
**文化与识别构成
要素的对应关系**

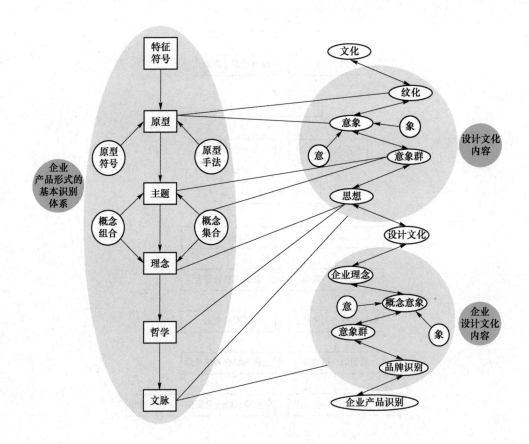

第五节 设计美学的评价与管理

一、设计美学的评价

如何全面地评价设计，是开展新一轮设计计划的基础，这涉及设计评价标准的建立。因为具体品牌的独特个性决定了设计标准的个体唯一性，同时，每一个个体的设计要求，又必须符合品牌的长远和近期发展目标，这就要求我们在评价具体的设计时，应植根于一个具体品牌的设计文化体系中整体地加以考虑，这是设计管理内容体系的基础部分。

设计的评价很多时候体现在对概念的直接评价上。作为形式与功能的有机结合，概念的评价很多时候就集中在因用户个性品位形成的风格美学上。

树立全面的形式美评价的基本观点，是寻找有效美学评价工具的基础。我们熟知的工业设计美学评价，基本上是基于现代主义的抽象美学，它符合机器生产的美学特征。这是从一开始就标榜与传统决裂的美学。然而，新时期对个性生活文化的回归，必然会在美学中引入众多的传统因素。后现代主张的文脉就是回应时代需求的必然反应。

"量身定做"被认为是设计最理想的境界。通常，大多数使用者都不具备设计专业知识，更不用说和设计师一样拥有共同的设计品位了。即便是接受过专业训练，在美学偏好上也各有不同。因此，深入而透彻地掌握各种形式美的特征与获得手法，应该是设计师必修的基础课程。此外，企业的品牌差异也要求设计师根据企业的实际情况创造出符合其品牌特征的产品外形，这就是说，设计师必须了解尽可能多的形式美的表现。

二、形式美与风格的区别

在评价一件设计作品时，我们通常能听到"造型感觉不错""线条非常到位"或者"这个造型非常巴洛克，那个设计非常波普"等诸如此类的描述。然而，用点、线、面的构成法则或风格的特征来解释形式的美感，正如用造字的法则来解释文学的形式美感一样，只不过是缘木求鱼罢了。同样，试图用风格的特征来解释形式的美感又往往会让我们陷入历史的泥潭。例如，描述一件设计是非常现代的，可是和更现代的设计相比，它一定是传统的或古典的。在这种混乱的理解下，自然产生了下面关于形式设计学习的玄学观点：设计首先是意识形态的东西，加以环境、文化、经济、政治等因素的参与，因此形式风格有如天上的云霞，瞬息万变，难以名状。这样形式设计的学习关键就在于设计人员的悟性和感觉，对形式美的基本分类和由此而来的系统学习方法，则被视为设计灵感的限制和不可能完成的任务。

这类说法混淆了风格和形式美感的基本概念。一种风格，其中的形式可能有时典雅，有时繁复，有时简约，有时柔美，有时怪诞。风格的产生在于社会思潮，属于历史研究的范畴；而形式的某一种时尚美感则因为设计在特定时期的主张而有所侧重，同一件产品中可以有两种以上的不同美感的视觉符号和设计手法（就像巴洛克的壮美形式并不拒绝古典的优雅和矫饰的繁缛一样），这属于形式艺术的美学范畴。用风格去阐释形式美和用形式美的特征去解释风格流派的演变，或许只能导致形式设计学习的混乱，导致学习风格演义史的片面。这是风格和形式美的简单区别。

三、形式美及其分类

在形式美法则中，魏晋时期刘勰将形式美分为八种：一是典雅，二是远奥，三是精约，四是显附，五是繁缛，六是壮丽，七是新奇，八是轻靡。唐代司空图在此基础上将其细分为二十四种，清代袁枚则增加至三十六种。

形式美的分类和演绎在历史上沉浮起伏并延续至今的风格流派中体现得尤为显著：复兴古典或新古典，优良设计基于理想人文的精神内核，表现手法理所当然地运用具有人情味的曲线和优美的层次，追求适度的装饰与设计，造型因而法度而严谨，节奏张弛有致，具有整齐划一，却也不拒绝细部的繁缛与富丽；以壮丽著称的巴洛克承传古典影射洛可可，手法和样式却又取法于古典和矫饰，来追求生命力的张扬和深层思想的释放，造型富于肥硕厚重的动感；洛可可、新艺术、表现主义、象征主义基于享乐的浪漫情怀，是对忠实于现实的悖逆，优雅的造型自然追求扭曲和变形的玄妙或深奥之美，试图寻找不同事物的相同品质，从而产生象征、隐喻、以视觉表听觉的通感等造型手法，而写实与新奇又穿插其间；"国际风格"基于少就是多的主张，在整体上极度地净化形体，试图通过几何元素之间的节奏和细部的微妙变化来体现精约的主张，但也不乏优雅的形体和细部的寓意表达；叙事风格基于理性主义的滥觞，在造型手法上强调事理情节的巧妙安排，由此形成形式上的戏剧性效果，产生显附之美，却也鼓吹语义的象征；折中主义、装饰主义、商业性设计基于对现实主义的批判，形式上必然追求新奇和富丽，追求多即是美的样式堆砌，各种美的形式法则相映成趣。全面理解和运用各种形式美则完备地体现于后现代思潮的设计中，后现代是历代风格流派的大融合，它反对固有观念，追求无限可能，导致了对简化、变形、夸张等手法空前的综合运用和形式的极大丰富，如波普的艳丽和玩世不恭的轻靡，超现实的荒诞、繁缛等。

以上八种基本形式虽然各不相同，但是形异质同，而且相辅相成，互为补益；八种基本形式虽然分类有别，但是彼此穿插，相互融合，因而衍生无数形式。

形式的产生或出现有其自然的脉络和渊源，是设计师或群的特质外现，而绝非偶然的凭空捏造。这也是形式设计管理、预测和评估的理论依据。在管理中，通过形式的图文描述，可以建立以设计为核心的族群组合与分布模型，也可以建立因循时间发展的脉络模型，形成横向、纵向和历史发展的多维度管理体系。

四、风格及其管理

风格的产生于社会思潮，是群体意识审美偏好的结果，体现为设计的各种流派。特定形式的时尚美感则因为设计在特定时期的主张而有所侧重，同一件产品中可以有两种以上的不同美感的视觉符号和设计手法。

"打造经典，引领时尚"是每个企业，也是每个设计师的长期追求。其中的经典，从产品品牌识别的角度讲，就是经典风格的意思。经典的风格会因为时代的要求，被企业与设计师打上流行的元素和手法烙印，从而呈现出时尚的气息。以风格实现定位，用时尚经营风格，这是产品系列品牌化的一个有效实现途径。

就经典风格而言，企业与商业设计需要打造的，其实就是具有独特个性，或者说，具有识别特征的产品体系。这种识别体系开始于系列产品的首款原型概念，随后集中体现在由此衍生出来的产品线上。例如，爱彼表中的皇家橡树系列（图10-6），这一系列概念在管理中表现为该产品线的深度延伸和广度拓展，体现了公司在产品设计与经营上的战略与策略定位。

就时尚的形成而言，喜新厌旧是消费者的共性，也是市场发展的基本属性。时尚，作为时下崇尚的美，一方面体现为风格的更替；另一方面，则体现为风格的要素调整与丰富。对于皇家橡树系列，爱彼一方面通过同类款式的不同时期延续变化，另一方面通过增加不同类款式和产品线来实现变化。

图10-6
爱彼表皇家橡树
系列经典款
1972—2012 的设
计对照

任何一个品牌的产品，在设计之初都需要确定一个具有延续性的风格特征，以期识别于企业内其他品牌的产品，识别于市场上其他企业的品牌产品。这是我们一直以来强调的内部识别和外部识别。正如爱彼通过来自潜水头盔设计元素和功能美学特征，以结构外露的机器美学重新界定当时的艺术装饰风格一样，八角品牌的识别原则得以确立。而后，随着时尚需求的变化，八角表系陆续引入多样化的功能来丰富表款；在设计元素的素材库中，逐渐拓展到F1方程式赛车和汽车工业，这反过来又丰富了机器美学艺术装饰风格的内涵，而这一风格的即时演变，也体现出设计对时尚的应对与诠释。打造经典的风格，通过对流行元素、美学特征的即时调整，不断地经营这一经典风格，使其不断成为流行的时尚，而这些时尚元素，反过来又不断丰富这风格。这是风格与时尚的体用和表里关系，也是企业产品设计的根本任务。

第六节 设计管理的核心内容——产品设计管理

产品是品牌培育的核心，所有活动都是围绕产品展开的。因此在设计中，产品设计是所有设计依存的根本。设计管理的中心任务，就在于获得好的产品的标准和途径。

一、产品设计中的战略问题

源于战争的商战战略，解决的是全局性、方向性和持续性的问题。产品设计战略，自然需要解决产品设计上的全局性、方向性和持续性的问题。

无论是单一品牌还是多品牌，都是品牌产品设计的企业化战略体现，企业产品的设计战略从属于企业总战略，是设计战略的最核心内容，体现在其产品的设计上。在产品设计范围内，它们的内容是一致的。但是，设计战略并不等同于企业战略，它必须植根于设计专业领域，切实指导企业的产品设计。单纯地把管理理论移植到设计管理中，是绝对不可取的。

无论时代如何变化，技术如何翻新，用户如何参与，"形式追随功能"始终是现代工业设计的理论源头。"ID = 技术 + 艺术"也必然是最核心的问题。企业的产品设计，需要解决的也无非是"技术 + 艺术"品牌化问题罢了，这是艺术适应工业生产的必然，也是基于概率论的圈子市场细分的必然。因此，企业如何从设计领域去定位产品及其品牌化，就应当是其研究的切入点。至于企业的产品理解，则集中体现在产品层级体系及其产品个体上。而每个企业的产品层级体系，又都基于其特有的产品分类。不同的产品分类源自用户的需求，体现为产品及其族群的功能组合。根据这些分类的层级参数，可以建立产品战略的基本变量体系。

研究由这些变量构成的模型，可以获知变量变化及其导致结果的规律。

在市场竞争中，企业通常以产品族群的分类实现品牌营销的目的。基于功能的分类体现了产品设计的共性，在此基础上的圈子艺术概念定义和分类，则实现产品设计的个性化。因此，研究从设计艺术的概念及其族群描述入手，可以获得基本的层级变量，从而获得设计战略的研究变量。

造型艺术概念与分类描述的最有效工具是设计元素与风格，设计元素中能够用来实现交流的则是原型。这样，就可以推导出影响设计的层级变量体系。

在上述功能与艺术两类变量确定之后，就可以建立产品设计战略中产品设计差异化定位与产品设计分布的组合模式，从而实现外部产品品牌识别与内部产品品牌区隔识别的战略目的（图10-7和图10-8）。

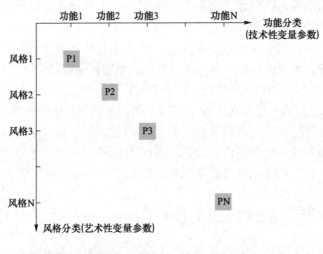

图10-7
产品设计战略定位与分布的基本模型

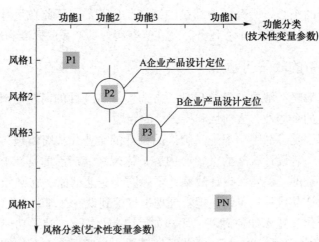

图10-8
产品设计战略定位与分布的外部识别模型

二、产品设计战略的基本内容、工具与方法

一般的，企业产品战略的全局性、方向性和持续性问题对应的是产品设计的创新战略、差异战略和延展战略。

1. 产品设计的创新战略

所谓产品设计创新，是指在产品技术的基础上，针对目标用户需求变化形成的新产品概念创新。就工业设计而言，首先体现在使用方式与形式美感上，这与"技术＋艺术"的提法是一致的。使用方式体现于产品的功能界定上，并体现为设计中的功能结构形态；形式美感通常用风格来表达，风格的具化则通过设计元素来实现，而设计元素又必须符合用户的个性体验，具备个性交流的可传递性，这类具有文化意象的设计元素，称为特征原型要素。原型要素的可传递性通常来自符合目标个性品位的素材库，这些素材库构成了圈子用户的生活形态板。而由原型要素、风格结合功能构成的产品则构成了企业产品的设计概念。对于企业而言，产品的设计创新首先体现于设计概念的创新；产品设计战略的创新内容自然也就集中体现于设计概念的创新。

从战略层面来说，设计概念的哪些问题才是全局性的？才是具有指导意义的？换句话说，产品设计的战略问题具体包含哪些内容？要回答这个问题，就必须从消费满足和市场竞争的角度，对设计概念的构成要素和关联内容进行详尽的剖析。设计战略无非就是要解决这些要素及其关联性的全局性、方向性和持续性的问题。就设计创新战略来说，自然就应该是回答上述问题的创新特性。

从企业经营的角度来看，创新集中体现在产品的推陈出新和产品体系的新陈代谢上。这是一个突破现有标准，创立新标准的过程。也就是说，产品设计创新就是解决产品设计概念和以此为基础的概念层级体系的有无和发展问题。从创新上，大致可分为三个层面的内容：一是确立突破性新产品的概念，这类产品具有较强的颠覆性，是设计发展历史中的里程碑式产品；二是确立以这种创新设计概念为原型的新设计方向，以形成可构成产品品牌的产品线，并进一步形成以设计主题、风格、原型要素为基本特征的产品体系；三是在这一体系下，确立合理的变化原则，以指导以原型产品为基准的，以原型设计要素增添和置换变形为特征的有限的延续式设计创新。

创新作为企业经营的核心战略，在产品设计上体现为基于个体产品的生态群落体系的改善和发展。具体表现为以个性风格形成为目的差异化战略，以设计概念的创意为基础，以形态原型要素为特征，以产品线的繁殖和拓展为表现的延展战略。

2. 产品设计的差异战略（定位）

差异化战略是设计战略最核心的内容，它解决的设计企业设计的定位问题。产品设计的差异化，源于目标消费群的个性需求——圈子文化，集中体现在企业产品的外部识别（与其他企业的产品有何不同）和内部识别（与企业产品体系中的其他产品有何不同）上。

从本质上，首先体现在企业对自身产品的理解上。通常可以用特质来进行描述（图10-9），并体现出产品设计的共性与个性（图10-10）。

如何理解产品设计的特质？"质"是本质，指产品的功能区隔与细分。例如，高档运动腕表还可以细分为自动上链的基本款、追加功能后的三问表、万年历表、大复杂功能表等。这是行业内部所有竞争者都认同并统一使用的，基于用户需求细分的产品功能分类方法。"特"是特性，体现了创意及其表现形式。产品特质共同构成企业产品的设计概念，诸多设计概念的共有特质则构成了产品品牌的设计理念，体现为主题和产生主题的多种因素。例如，爱彼的高档运动腕表，无论功能如何区分，都可以统合到最初的皇家橡树设计概念及其品牌体系中，形成皇家橡树和皇家橡树离岸型两条子品牌主线。

图 10-9
产品设计的特
性描述与分析
模式

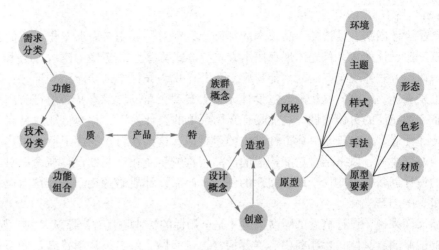

图 10-10
产品设计的共性
与个性分析模式

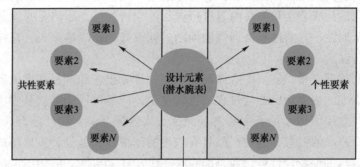

共性中的个性要素(基本识别要素)

目标消费群的个性需求，是一个圈子文化的问题，体现为市场细分。例如，针对高档运动腕表可以设定区域市场：为迎合意大利人的需求，设计一款前所未见的精钢运动腕表，以适合所有场合佩戴。如何界定圈子文化的特性，设计师从当时当地的时尚潜水运动出发，选择潜水头盔作为设计素材，区别于当时优雅的圆弧曲面主流时尚，采用了以功能结构外显的机械美学为特征的艺术装饰风格。基于圈子消费的生活形态板是提取设计特征要素的基本工具，而对某一风格的具化细分，是进行推陈出新的有效手段。

产品设计的特质结合图 10-10 的基本模式，可以衍生出产品设计定位的基本模型（图 10-11）。它与上文中的内、外部识别模型结合，以形式文化原型的意象结构分类图为背景，可衍生出设计定位的基本图系。

在产品设计差异化战略中，主要包含两个基本问题：一是设计的定点，二是设计的布点。定点体现为战略产品的界定；而布点体现为设计族群的区隔与关联，体现为多样化。

在设计研发过程中，企业的产品经营活动大致可以分为试验期、定型期和发展期，这种划分源自产品开发的生命周期曲线。能够获得商业成功的设计通常不是一蹴而就的，需要大面积地撒网，从众多的设计概念中，通过市场反应筛选出可以用作基点的产品。这种具备品牌潜质的原型产品，就是战略性产品，其在企业产品历史坐标中起着阶段性和标志性的分水岭作用，可称为节点产品或战略产品（图 10-12）。它体现了企业的设计战略转型与定位，通常是设计诊断的切入点。

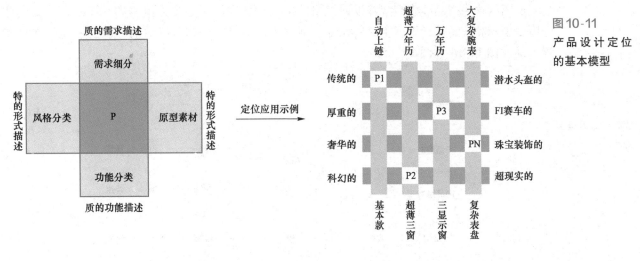

图 10-11
产品设计定位的基本模型

图 10-12
历史坐标与节点产品

在设计诊断和设计战略规划中，确定节点产品是定位的首要任务，这一时期就是试验期。当战略产品确定后，需要从品牌规划上对产品设计概念中的构成要素进行甄别、分析、规范，这是定型期。所谓定型，也可以解释为原型产品的确定。而后在发展期，主要是对原型产品进行产品线深度繁殖和广度拓展，以形成统一品牌下的产品族群。在这一阶段，特质的内容同样发生了族群变化，体现为产品线的分布、设计主题的分布、设计风格区隔分布。这是特质定位的第二重作用。

3. 产品设计的延展战略

延展战略解决的是企业产品设计的可持续发展问题。同类原型，在同一规律下，持续不断地重复出现，是控制成本、满足个性品位变化，以及形成时尚的有效手段。而在同类原型形式要素基础上形成的概念族群，可以自然地形成同一主题或相关的主题。这一措施结合功能多样化的产品策略，对应的就是市场细分和产品细分。

延展战略基本原则的确定始于定型期，并在发展期得以实现。而延展战略的形成通常需要在多次周期性的产品经营活动中得以加强。这一阶段，主要体现在产品线的繁殖与拓展上（图 10-13）。

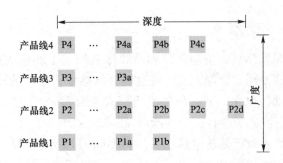

图 10-13
产品线的繁殖与拓展模型

试图以这一产品线模型解释设计战略的定位和延展问题是令人沮丧的；而结合产品设计的历史坐标和产品设计管理生命周期来重新分析，却是一个非常有效的产品品牌化的战略规划工具（图 10-14 和图 10-15）。

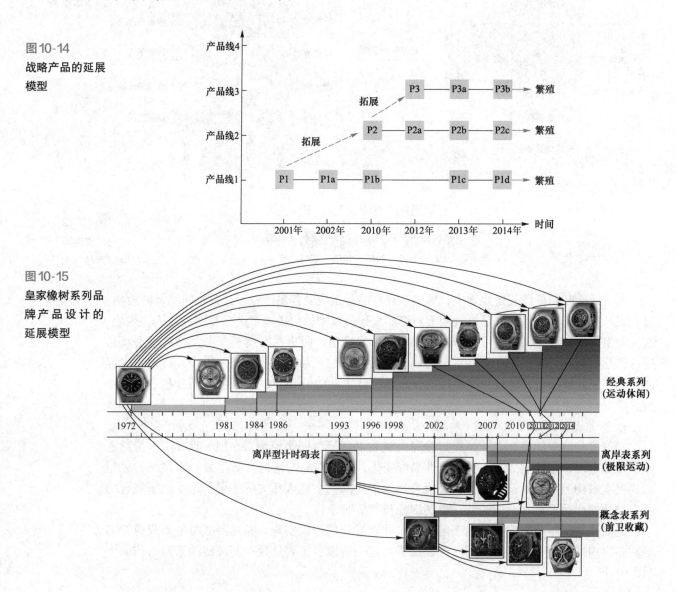

图 10-14
战略产品的延展模型

图 10-15
皇家橡树系列品牌产品设计的延展模型

三、产品设计中的识别体系

企业的产品体系、原型体系、主题体系和品牌体系构成了企业的产品识别的基本内容，由此构成了企业产品识别设计的全部内容。在这五大体系中，企业的产品体系即为原型、主题、品牌的体系结构基础，也是三者的最终形成模式。四大体系的形成都不是一蹴而就的，而是在企业持续不断的研发和经营过程中逐渐形成的。

在此过程中，企业需要对产品的全部内容进行不断的研究、尝试、再研究、再尝试。在这一周而复始、循环不息的过程中，企业必须从每一次研究中总结至少可以在本企业内部推广的规律，从每一次尝试中寻找成功与失败的原因。这些规律和原因必须用文书的形式记录下来，并不断地丰富、更新。这种持续不断并呈逐渐累积状态的自我更新过程，集中地体现了企业产品研发能力的持续培育。

当企业从战略、战术的角度对产品识别的所有内容做出体系性的考虑时，通常需要在推断和实践之间来回分析、总结，以便在下一次进行推断时能做出更为合理的预先判断。这样，就必须以规范的文书形式来归纳、总结每一时期的产品原型、主题和品牌内容，通过不同时期的分析调整和比较归纳，形成为下一次设计规划提供指导的各种相关资料和要求，以此作为设计和评价的基本标准。

例如，企业要根据其获得成功的产品线和各种组合，建立产品的原型数据库和相关联想的原型数据库。根据要设计产品的文化特征和定位要求，企业从原型数据库中提取相关的原型作为设计的参考依据。作为设计者来讲，有了明确的主体素材和明晰的特征形态要素，或者有了明确的手法规定，就可以将更多的时间投入到如何巧妙地、艺术地表现设计创意上。

在提供了相应的体系归属、品牌理念、主题描述和原型范畴的前提下，即便是更换不同的设计师，也能够保证企业产品在不同概念、不同形态下，在识别上具有一致性。在满足企业识别特征的情况下，设计师可以从企业通过原型与主题描述的个性文化，从目标的生活形态中寻找有趣的设计意念，而企业也因此能够获得置换变型后的或全新的原型。

第七节　设计师的选择与管理

一、选择设计师的三个基本原则

设计是一个智本行业，当设计师的选择与一般职员的选择等同时，企业就已经失去了主动构建自身市场品牌的先决机会。在商业化高度发展的时期，企业的文化内容与目标消费的文化内容趋于一致，个性的文化需要与此相适应的设计人才配备。

企业设计管理中设计师的选择主要解决的是以下三个方面工作的适配原则：

一是企业设计中美学需求的描述工作，这在企业产品的美学评价和企业及其产品的描述中有详细的介绍。

二是设计人才的分类描述。企业的竞争性发展导致的是信息量的加速产生，产品间关系的日益复杂，导致了产品开发设计难度逐渐增大；与此同时，产品开发周期却在不断地缩短。自然的，设计活动的分工就成为必然。从模型设计师到模拟设计师，从制作设计师到创意设计师，从自由设计师到首席设计师，从设计经理到设计顾问，这种分类的界定，大致根据企业设计事务的需求而自然形成。分类原则的划分与企业中产品体系的划分有紧密的联系，进而形成企业资源中的设计人才体系。一般来说，下级人才多是由上级人才来选择和评定的，这是组织管理中的普遍原则。这样，人才的描述就成为企业组织管理中最为重要的一环。技术因为技术标准，使技术人才在不同的企业间可以自由地流动；营销因为有类似的规范、流程、制度，而适合绝大多数乐于交流的人们从事。然而，企业间设计人才的流通有时却往往因为设计师的个性风格和审美偏好而显得非常困难。著名的设计师 Richard Sapper 在 Alessi 获得了巨大的成功，在 IBM 的顾问工作中也创造了 ThinkPad 的奇迹；但是另一位泰斗级的设计顾问 Alessandro Mendini 虽然成功地塑造了产品设计的梦工厂——Alessi，却败走于 IBM。其中的原因值得我们思考。

三是寻找企业设计文化需求与目标设计师的切合点。从设计师已有的想法中寻找并圈定符合企业产品研发可能方向的创意的确是一个很好的方法，也是企业产品的设计战略考虑与设计人才选择产生项目共振的一个有效方法。

二、如何构建适合的设计师梯队

要选择适合企业需求的设计师梯队，应当首先解决两个方面的问题：一方面，是要弄清楚企业中需要拥有的设计师种类及其层级关系；另一方面，是要构建企业自身的个性文化设计层级体系。事实上，前者只是后者在专业设计人员分工配备上的反映而已。

从设计政策的层级体系来看，企业中应当有不同的设计人才来关注不同层面的设计事务。这是设计管理作为独立学科存在的一个依据。事实上也是如此，从设计管理理论发展坐标中，我们可以清楚地知道，设计顾问、设计总监、设计经理、项目设计主管、首席设计师等称呼没有明确的区别。

对企业来说，设计行业的发展所带来的不仅是设计观念的更新，还有设计人才资源的专业细化和由此带来的人力资源多样化。从美国最早作为正式职业出现的自由设计师开始，除企业内部的驻厂设计师和由此形成的各种企业内部设计机构外，各种设计事务所、设计组合、设计公司、设计工作室开始繁荣起来。如何科学、合理地运用内部的和外部的设计人力资源，构建出行之有效的设计网络，以满足企业长期发展的战略需求，理所当然地成为企业需要长期进行的研究性工作。

1. 设计师的选择

用象征文字描述法和象征图形描述法分析设计师或组织的以往作品个性和性格特征，排列出设计人才的设计主张，然后与企业的识别要求一一比较，就可以判断出设计师是否是企业所需要的类型。这是选择设计师的基本方法。

设计师的选择需要科学的方法、工具和长期系统的研究工作。这是国内企业和设计行业中极易被人忽视的工作，但却是设计管理中一项极为重要的内容和任务。需要强调的是，企业对设计人力资源的选择工作在使用过程中还会继续进行，其后的二次或多次选择，或许会导致设计人力资源的角色变化，或称为角色的重新定位。

建立一个设计人力资源的评估机制，对企业设计活动中的设计师进行适时评估，深入挖掘其潜在的才智，从培养设计力量，积蓄企业的相关学识，并逐渐将之转化为企业的核心竞争能力上讲，应当是势在必行的工作之一。

需要特别强调的是，在寻找设计人才与企业识别需求的象征文字对应关系中，并不是要求设计师的个性特征必须完全符合企业需求的所有识别特征，只需要从某种契合中寻找值得发展的切入点即可。

2. 设计师档案

设计师档案库的创建是设计管理中非常重要的工作，它使管理者能够快速而准确地知道谁更适合从事企业的哪一个设计，而设计师数据库应该成为行业服务的一项重要内容。需要指出的是，作为用图说话的专业人员，设计师的档案与企业一般人才的档案在形式上应有所不同，图形、图标的使用能够让管理者在最短的时间内做出尽可能准确的判断和效果预测。

　　了解设计师的经历可以知晓他曾经接受的教育，了解其知识结构特点、常年形成的学识积累和习惯；了解设计师的性格特点有助于认识其作品的风格特点；了解设计师以往的作品有助于建立其特有的象征或代表性视觉符号数据库。也只有在建立了确实的设计人才资料库的基础上，才能准确判断他（她）是否就是企业需要的设计师类型。

　　建立设计师的个人档案，也是正确描述由其组成的各种设计机构的必然途径。

　　3. 创建设计师档案的基本原则与基本需求

　　无论是进行何种层级、何种形式的设计人才的档案建设，都必须适应设计工作本身所具有的基本特征和要求来考虑。

　　作为一个充满创造性的工作，设计管理追求的是如何有效地激发创新能力，并尽可能地将其保持在一个合理的高度上，即解决持续创新的问题。在这个问题上，顺水推舟和逆水行舟的效果是不言而喻的。保证设计人员对设计内容的强烈兴趣是最根本的要求。这种兴趣应该同时来自设计者和设计管理者的自然喜好，即偏好问题。这种偏好，极大地体现在设计人才的设计主张和理念中，同时在设计作品中体现为一种风格问题。这种偏好必须合乎企业的设计需求，决定了其描述的内容和方式。

　　首先需要满足一个先后条件，然后需要在两者之间寻找一一对应的因果关系。作为一种洋溢着人文气息的工作，诗意地诠释消费者的每一个生活需求，必然是设计者孜孜以求的直接目标。这样，合乎消费者天性的生活观念诠释最好是出自设计者真实的内心深处。这样，分析设计人才的生活观念、处事方式等就应该是档案建立的必需内容。事实上，设计作品的基本特征，或者是风格问题，先天性地决定于设计者的个性理解，这也是对艺术性的最佳理解。

　　作为一个需要鲜活地识别要求的工作，为每一个设计作品打上一个家族的烙印，或塑造出一种共同的气质属性，是设计者和设计管理者必须完成的工作。这就是现在最为企业所强调的品牌问题。如果要让产品自然、长期、持续地具备某种气质属性，最好的办法，是让它顺其自然地发乎情、止乎理，出自设计者的天性。因此，应分析设计者的个性化的生活习惯、最具识别性的性格特征，然后与此前用相同的方法、形式建立的企业的相关内容进行对照，建立一种对应的契合关系。

　　非常重要的是，在档案建设过程中，档案的创建形式、工具和方法，作为一个企业经营的内容，需要显得简明、扼要，对此工作的技术性要求相应较高。这就要求设计管理学科对此做出深入的系统研究。或许，从档案学中的各种学科应用中，可以获取更多的借鉴，经过长期实践，逐渐形成设计领域的档案科学。在档案建设中，设计人才的形容词性的限定评价由谁做出，是否客观，是两个非常重要和关键的问题。它最终涉及设计师评估和设计批评的问题，这也是业界近来逐渐开始关注的两个问题。

　　专业的评论在呼唤专业的批评理论的同时，还需要满足以下至少三个方面的条件：

　　一是需要专业的、多种形式的展示平台，如期刊杂志、报纸、电视、网站、会所、展示、馆藏。我们可以专门研究意大利展示体系与工业设计的关系，也可以研究德国的馆舍体系之于工业设计的作用。

　　二是专业的评价队伍，从不同的层面对作品和设计者做出不同于企业和设计者自身的第三方评价。在这个基础上建立设计人才资源库，或许就资料的真实性、客观性和全面性来说，会更加合理。

　　三是大众的参与。从生活中来的设计应该回到生活中去。一本《读者文摘》产生的影响有时甚至超过了一部文学名著，关键在于它让读者更贴近于文学本身，使文学真正的生活化了。脱离民众的艺术或许是高雅的，却因为缺乏参与和评论而不能在生活中得到大众的认同。

课后思考题 ∨

1. 什么是设计管理？它的作用是什么？
2. 简述设计管理发展的三个阶段。
3. 品牌有什么作用？
4. 简述产品设计管理的流程与方法。
5. 设计管理中选择设计师的三个基本原则是什么？

参 考 文 献

[1] 包林. 设计的视野：关于设计在大的知识门类之间的位置与状况 [M]. 石家庄：河北美术出版社，2003.

[2] 贝恩斯·施特密. 视觉与感受——营销美学 [M]. 上海：上海交通大学出版社，1999.

[3] 伯恩哈德·E·布尔德克. 产品设计：历史·理论与务实 [M]. 胡飞，译. 北京：中国建筑工业出版社，2007.

[4] 陈浩、高筠、肖金花. 语意的传达：产品设计符号理论与方法 [M]. 北京：中国建筑工业出版社，2005.

[5] 程能林. 工业设计手册 [M]. 北京：化学工业出版社，2008.

[6] 邓成连. 设计管理——产品设计之组织、沟通与运作 [M]. 台北：亚太图书出版社，2001.

[7] 邓成连. 设计策略——产品设计之管理工具与竞争利器 [M]. 台北：亚太图书出版社，2001.

[8] 丁亚平. 艺术文化学 [M]. 北京：文化艺术出版社，2005.

[9] 段炼. 世纪末的艺术反思 [M]. 上海：上海文艺出版社，1998.

[10] E·H·贡布里希. 秩序感——装饰艺术的心理学研究 [M]. 范景中，等译. 长沙：湖南科学技术出版社，2005.

[11] 方汉文. 西方文化概论 [M]. 北京：中国人民大学出版社，2006.

[12] 福井晃一. 设计小辞典 [M]. 东京：株式会社ダヴィッド社，1999.

[13] 花景勇. 设计管理：企业的产品识别设计 [M]. 北京：北京理工大学出版社，2007.

[14] 胡飞. 艺术设计符号基础 [M]. 北京：清华大学出版社，2008.

[15] 何人可. 工业设计史 [M]. 北京：高等教育出版社，2004.

[16] 金炳华. 马克思主义哲学大辞典 [M]. 上海：上海辞书出版社，2003.

[17] 凯瑟琳·贝斯特. 设计管理基础 [M]. 花景勇，译. 长沙：湖南大学出版社，2012.

[18] 科特·西格尔. 现代建筑的结构与造型 [M]. 陈莹犀，译. 北京：中国建筑工业出版社，2011.

[19] 李锋，吴丹，李飞. 从构成走向产品设计：产品基础形态设计 [M]. 北京：中国建筑工业出版社，2005.

[20] 李泽厚. 美学四讲 [M]. 天津：天津社会科学出版社，2001.

[21] 凌继尧，等. 艺术设计十五讲 [M]. 北京：北京大学出版社，2006.

[22] 凌继尧，徐恒醇. 艺术设计学 [M]. 上海：上海人民出版社，2006.

[23] 柳沙. 设计心理学 [M]. 北京：清华大学出版社，2006.

[24] 李幼蒸. 理论符号学导论 [M]. 北京：中国人民大学出版社，2007.

[25] 利普斯. 事物的起源 [M]. 汪宁生，译. 敦煌：敦煌出版社，2000.

[26] 玛乔里·艾略特·贝弗林. 艺术设计概论 [M]. 孙里宁，译. 上海：上海人民美术出版社，2006.

[27] 马克·第亚尼. 非物质社会 [M]. 滕守尧，译. 成都：四川人民出版社，1998.

[28] MBA必修核心课程编译组. 新产品开发 [M]. 北京：中国国际广播出版社，1999.

[29] 彭锋. 美学的感染力 [M]. 北京：中国人民大学出版社，2004.

[30] 世纪出版集团. 美学小辞典 [M]. 上海：上海辞书出版社，2004.

[31] 世纪出版集团. 哲学小辞典 [M]. 上海：上海辞书出版社，2003.

[32] 滕守尧. 审美心理描述 [M]. 成都：四川人民出版社，1998.

[33] 王受之. 世界现代设计史 [M]. 北京：中国青年出版社，2003.

[34] 徐恒醇. 生态美放谈——生态美学论纲 [J]. 理论与现代化，2000 (10).

[35] 徐恒醇. 设计符号学 [M]. 北京：清华大学出版社，2008.

[36] 徐恒醇. 现代产品设计的美学视野——从机器美学到技术美学和设计美学 [J]. 装饰，2010 (04)：21-25.

[37] 徐恒醇. 设计美学 [M]. 北京：清华大学出版社，2006.

[38] 叶仓岑. 修辞基本知识［M］. 北京：北京教育出版社，1999.

[39] 约翰·费斯克. 传播理论研究：过程与符号［M］. 许静，译. 北京：北京大学出版社，2008.

[40] 吴翔. 设计形态学［M］. 重庆：重庆大学出版社，2008.

[41] 王德胜. 美学教程［M］. 北京：人民教育出版社，2001.

[42] 张朵朵. 图说北欧设计［M］. 武汉：华中科技大学出版社，2013.

[43] 竹内敏雄. 论技术美. 载外国设计艺术经典论著选读：上［M］. 北京：清华大学出版社，2006.